"十四五"高等职业教育新形态一体化系列教材

数据存储技术

SHUJU CUNCHU JISHU

主　编◎付　雯　李　旭
副主编◎罗　攀　吴焱岷　李俊翰　于　鹏　于震宇

中国铁道出版社有限公司
CHINA RAILWAY PUBLISHING HOUSE CO., LTD.

内容简介

本书分为7章，全面系统地对数据存储技术进行讲解，并采用大量案例完成实操，此提高教师课堂教学的时效性，强化学生的动手能力，将行业与专业核心技术贯穿始终。

本书在深入企业调研的基础上，结合企业岗位需求，根据课程内容特点，采取任务驱动教学模式，确立职业岗位工作过程中工作任务，将工作任务内容转化为学习领域课程内容，与企业合作，共同完成对课程的设计和开发工作。本书内容贴近实际，按照学生职业能力成长的过程设计，培养学生的基本职业技能和实际操作能力，从而为大数据技术的发展打通更广阔的就业路径，满足专业岗位的需求。

本书适合职业院校大数据相关专业作为教材使用，同时也为本科院校学生专业课程的学习打下基础，也适合作为数据存储技术爱好者的参考用书。

图书在版编目（CIP）数据

数据存储技术/付雯,李旭主编. —北京：中国铁道出版社有限公司，2022.11

"十四五"高等职业教育新形态一体化系列教材

ISBN 978-7-113-29277-5

Ⅰ.①数… Ⅱ.①付… ②李… Ⅲ.①数据管理-高等职业教育-教材 Ⅳ.①TP274

中国版本图书馆CIP数据核字(2022)第107225号

书　　名	数据存储技术
作　　者	付　雯　李　旭

策　　划	王春霞	编辑部电话：(010) 63551006	
责任编辑	王春霞　贾淑媛		
封面设计	尚明龙		
责任校对	安海燕		
责任印制	樊启鹏		

出版发行	中国铁道出版社有限公司（100054，北京市西城区右安门西街8号）
网　　址	http://www.tdpress.com/51eds/
印　　刷	三河市国英印务有限公司
版　　次	2022年11月第1版　2022年11月第1次印刷
开　　本	850 mm×1 168 mm　1/16　印张：16　字数：303 千
书　　号	ISBN 978-7-113-29277-5
定　　价	49.80 元

版权所有　侵权必究

凡购买铁道版图书，如有印制质量问题，请与本社教材图书营销部联系调换。电话：(010) 63550836

打击盗版举报电话：(010) 63549461

前　言

随着信息技术的不断发展，以及云计算、物联网、社交网络等新兴技术和服务的不断涌现和广泛应用，数据的种类日益增多，数据规模急剧增长，大数据时代悄然来临。由于大数据对政府决策、商业规划和知识发现等所起的重大作用，大数据逐渐成为一种重要的战略性资源，受到政府、工业界及学术界的普遍关注。

大数据的多样性（Variety）、规模性（Volume）和高速性（Velocity）等特点，使得传统的数据存储、管理及数据分析技术已经无法满足大数据的处理要求。

为了实现对大数据的高效存储管理和快速分析，云计算、内存计算、流计算等新兴技术不断涌现；同时，为了实现对不同类型数据的有效管理，产生了文档数据库、图数据库、列存储、键值存储等不同的数据管理方法。另一方面，自然科学、社会科学等不同学科的研究人员开始探讨用大数据思维将不同学科进行交叉，对不同领域的数据进行集成管理和分析。

许多新兴的大数据分析技术，相比于传统的数据仓库应用，具有数据量大、查询分析复杂等特点。本书对目前大数据技术的发展进行了总结，并以项目实践为依托，对数据存储技术和数据分析技术分别展开叙述，以期为读者提供在实践中解决大数据问题的思路和方法。

全书共分 7 章，每章的主要内容如下：

第 1 章从大数据的历史与发展、定义和研究内容等方面进行论述，重点介绍了大数据存储技术的概念、特点和结构，以及大数据分析技术的应用、过程和技术难点。

第 2 章介绍了数据获取与存储技术的概念以及一些流行的工具与实现，并结合具体的大数据项目的实践，对大数据的存储与分析进行了详细的介绍。

第 3 章重点介绍了 HDFS 文件的系统操作，主要是 HDFS SHELL 操作和 HDFS Java API 操作，这些操作包括了上传、复制、修改、删除等文件操作。

第 4 章介绍了面向大数据并行处理的计算模型 MapReduce，对该模型的定义、用途和主要功能进行介绍，并引入了经典的实例进行分析。

第 5 章介绍了基于 Hadoop 的数据仓库工具 Hive，主要阐述 Hive 框架的系统架构图、Hive 定义语言、数据库操作、表操作以及连接操作等。

第 6 章介绍了数据存储与分析技术的优化手段，即离线分析集群调优，主要对 Hadoop 的应用程序、作业级别参数和任务级别参数的调整优化进行了详述。

第 7 章通过大数据的应用实例，结合一些社会实际问题的背景，对大数据的功能性需求和非功能性需求进行了详细描述，并逐步深入分析，将大数据的理论和新技术应用到了实践当中。

本书主要面向高职院校的学生，旨在为高职院校大数据技术的学习者们打开一扇理解大数据和应用大数据技术的窗户，深入浅出地介绍了大数据、大数据的价值和应用、数据存储与分析技术和大数据的应用等内容。

本书由付雯、李旭任主编，罗攀、吴焱岷、李俊翰、于鹏、于震宇任副主编。本书的编写分工如下：重庆电子工程职业学院的付雯完成第 1 章的编写工作，李旭完成第 2 章、第 4 章的编写工作，罗攀完成第 5 章、第 7 章和全书习题的编写工作，李俊翰完成第 3 章的编写工作，吴焱岷完成第 6 章的编写工作，阿克苏职业技术学院于震宇和新华三技术有限公司于鹏负责全书案例的编写。

由于时间仓促加之编者水平有限，书中难免存在不妥之处，敬请指正。

编　者

2022 年 2 月

目 录

第1章　大数据概述……………………1

1.1　大数据存储技术简介……………………2
1.1.1　大数据的概念……………………3
1.1.2　大数据的特点……………………4
1.1.3　大数据的数据来源……………………5
1.1.4　大数据的结构类型……………………6
1.1.5　大数据的存储……………………6

1.2　大数据分析技术简介……………………7
1.2.1　大数据分析的概念……………………7
1.2.2　大数据分析的应用……………………8
1.2.3　大数据分析的过程……………………9
1.2.4　大数据分析的技术……………………10
1.2.5　大数据分析的难点……………………10

1.3　项目实战：HDFS系统搭建……………………11
1.3.1　基础环境变量配置……………………11
1.3.2　配置HDFS……………………11
1.3.3　配置NameNode节点……………………13
1.3.4　格式化NameNode和启动HDFS系统……………………13

小结……………………14
习题……………………14

第2章　大数据的存储与管理…………16

2.1　项目需求……………………16

2.2　HDFS设计……………………17
2.2.1　设计前提与目标……………………18
2.2.2　基本组件……………………19
2.2.3　文件系统的名字空间……………………20
2.2.4　数据复制……………………20
2.2.5　文件系统元数据的持久性……………………22
2.2.6　文件系统的通信协议……………………23
2.2.7　文件系统的健壮性……………………23

2.3　HDFS数据管理……………………24
2.3.1　数据块……………………24
2.3.2　安全模式……………………26
2.3.3　文件权限……………………26
2.3.4　HDFS优缺点……………………27

2.4　HDFS存储原理……………………28
2.4.1　存储原理……………………28
2.4.2　写文件流程……………………30
2.4.3　读文件流程……………………31
2.4.4　HDFS存储扩容……………………32

2.5 项目实战：HDFS 添加节点和删除节点 ……………………………… 32
小结 ……………………………………… 34
习题 ……………………………………… 34

第 3 章 HDFS 文件系统操作 ……… 36

3.1 HDFS Shell 操作 …………………… 36
3.1.1 创建目录 ……………………… 39
3.1.2 上传文件 ……………………… 40
3.1.3 查看文件内容 ………………… 40
3.1.4 复制文件 ……………………… 40
3.1.5 修改文件权限 ………………… 41
3.1.6 修改文件属组、属主信息 … 41
3.1.7 查看目录所有文件 …………… 42
3.1.8 查看文件系统磁盘使用情况 …………………………… 42
3.1.9 删除文件 ……………………… 42
3.1.10 删除目录 …………………… 43

3.2 HDFS Java API …………………… 43
3.2.1 根据配置文件获取 HDFS 操作对象 ……………………… 44
3.2.2 创建文件夹 …………………… 46
3.2.3 重命名文件夹 ………………… 47
3.2.4 文件上传 ……………………… 49
3.2.5 文件的下载 …………………… 51
3.2.6 文件判断 ……………………… 53
3.2.7 HDFS 文件的复制 …………… 56
3.2.8 文件夹的遍历操作 …………… 58
3.2.9 获取配置的所有信息 ………… 60
3.2.10 删除文件夹 ………………… 61

3.3 项目实战：将数据存储到 HDFS … 63
小结 ……………………………………… 68
习题 ……………………………………… 68

第 4 章 MapReduce 简介及架构原理 ……………………………… 70

4.1 MapReduce 介绍 ………………… 70
4.1.1 MapReduce 编程模型概述 … 71
4.1.2 MapReduce 编程模型介绍 … 72
4.1.3 MapReduce API 基本概念 … 74
4.1.4 Java API 解析 ……………… 75

4.2 MapReduce 工作机制 …………… 93
4.2.1 MapReduce 架构 …………… 93
4.2.2 MapReduce 作业运行机制 … 94
4.2.3 MapReduce 原理 …………… 97

4.3 MapReduce 类型与格式 ………… 99
4.3.1 MapReduce 输入格式 ……… 99
4.3.2 MapReduce 输出格式 ……… 101

4.4 MapReduce 案例 ………………… 102
4.4.1 案例一：分组取 topN 统计温度案例 ……………………… 102
4.4.2 案例二：微博推荐案例（TF-IDF）……………………… 110
4.4.3 案例三：好友推荐案例 …… 124

4.5 项目实战：数据清洗 …………… 135
小结 ……………………………………… 145
习题 ……………………………………… 145

第 5 章　Hive 介绍及架构原理………147

5.1　Hive 简介…………………………147
5.1.1　数据仓库概念介绍…………148
5.1.2　数据仓库数据模型…………148
5.1.3　Hive 数据仓库的特点………149

5.2　Hive 的架构……………………150
5.2.1　Hive 的架构图………………150
5.2.2　Hive 的存储…………………153

5.3　Hive 的定义语言………………155
5.3.1　Hive 数据类型………………155
5.3.2　基本数据类型………………155
5.3.3　复杂数据类型………………156

5.4　Hive 数据库操作………………156
5.4.1　创建数据库…………………156
5.4.2　删除数据库…………………158
5.4.3　修改数据库…………………158

5.5　Hive 表操作……………………158
5.5.1　创建表………………………160
5.5.2　列出表………………………162
5.5.3　内部表………………………163
5.5.4　外部表………………………163
5.5.5　分区…………………………164
5.5.6　修改表………………………165
5.5.7　删除表………………………166

5.6　将数据装载到表中………………167
5.6.1　使用存储在 HDFS 中的文件装载数据…………167
5.6.2　使用查询装载数据…………169
5.6.3　单个查询语句中创建表并加载数据…………170
5.6.4　导出数据……………………171

5.7　UDF 函数………………………173
5.7.1　Hive 内置运算符……………173
5.7.2　字符串函数…………………175
5.7.3　数学函数……………………176
5.7.4　日期函数……………………178
5.7.5　自定义函数…………………178

5.8　连接………………………………180
5.8.1　内连接………………………182
5.8.2　左外连接……………………184
5.8.3　右外连接……………………186
5.8.4　全外连接……………………188
5.8.5　左半开连接…………………190

5.9　Hive 案例…………………………191
5.9.1　案例一：使用 Hive 实现 WordCount…………192
5.9.2　案例二：使用 Hive 实现掉话率统计业务…………199
5.9.3　案例三：使用 Hive 实现房产数据统计…………202

5.10　项目实战：数据分析…………213

小结……………………………………220

习题……………………………………220

第 6 章 离线分析集群调优 ………… 222

6.1 Hadoop 性能调优 ………………… 222
6.1.1 应用程序编码调优 ………… 222
6.1.2 作业级别参数调优 ………… 223
6.1.3 任务级别参数调优 ………… 224
6.2 Hive 性能调优 …………………… 227
6.2.1 Hive 的压缩存储调优 ……… 227
6.2.2 表的调优 ………………… 228
6.2.3 数据倾斜优化 …………… 231

6.3 项目实战：Hive 的压缩 ………… 235
小结 ………………………………… 236
习题 ………………………………… 236

第 7 章 大数据的应用实例 ………… 238
7.1 Hadoop 在 Last.fm 的应用 ……… 238
7.2 几个大数据的应用实例 ………… 242
7.3 项目实战：网络爬虫实验 ……… 243
小结 ………………………………… 247
习题 ………………………………… 247

第1章 大数据概述

当今社会,提起大数据,很多人都不陌生,不管是专业人士还是非专业人士,都耳熟能详。21世纪已经过去20多年,随着科技的发展,世界已经进入数据大爆炸的时代,人类社会正处于大数据时代。那么到底什么是大数据呢?

大数据(Big Data),是指无法在一定时间范围内用常规软件工具进行捕捉、管理和处理的数据集合,是需要新处理模式才能具有更强的决策力、洞察发现力和流程优化能力的海量、高增长率和多样化的信息资产。

从商业公司内部的各种管理和运营数据,到个人移动终端与消费电子产品的社会化数据,再到互联网产生的海量信息数据等,世界上每天产生的信息正在飞速增长。2009年数据信息量达到8 000亿GB,2011年达到1.8 ZB,到2020年,数据信息量已经超过了40 ZB。图灵奖获得者Jim Gray提出的"新摩尔定律"指出:"每18个月全球新增信息量是计算机应用以来全部信息量的总和",而这一论断目前已经得到验证。常用的数据单位如图1-1所示,例如,1 KB等于1 024 B,1 MB=1 024 KB,1 GB=1 024 MB,1 TB=1 024 GB。

| 1 KB(kilobyte)= 1 024 B |
| 1 MB(Megabyte)= 1 024 KB |
| 1 GB(Gigabyte)= 1 024 MB |
| 1 TB(Terabyte)= 1 024 GB |
| 1 PB(Petabyte)= 1 024 TB |
| 1 EB(Exabyte)= 1 024 PB |
| 1 ZB(Zettabyte)= 1 024 EB |

图1-1 数据存储单位

针对全球信息数据的海量增长以及大数据技术的不断更新,本书将着重从大数据的存储和分析两个层面来介绍大数据。

知识目标

- 理解大数据的概念、特点、数据来源和结构类型。
- 理解大数据分析的应用、过程和技术难点。

能力目标

- 掌握传统数据存储技术的主要组成。
- 熟练掌握大数据分析的过程。

素质目标

- 通过对某一概念的介绍与总结，培养读者概括、归纳和总结问题的能力。

1.1 大数据存储技术简介

传统的数据存储设备包括光盘、磁带、硬盘等。我们知道，计算机的三大核心硬件，分别是CPU（中央处理器）、内存（Memory）和硬盘（Hard Disk）。CPU负责运算，内存用于暂时存放CPU中的运算数据，硬盘负责存储。目前，主流的硬盘类型有两种，分别是传统机械硬盘和SSD固态硬盘，这些都属于内置存储。随着存储容量需求的不断增加，加上维护便利性的需要，计算机系统开始引入了外挂存储。外挂存储分为两种：一种是直连式存储（Direct Attached Storage，DAS），另一种是网络存储（Fabric Attached Storage，FAS）。DAS一般是使用专用线缆（例如SCSI），与存储设备（例如磁盘阵列）进行直连。FAS是一种多点连接式的存储。它又分为网络接入存储（Network-Attached Storage，NAS）和存储区域网络（Storage Area Network，SAN）。NAS与DAS相比，最大的特点是非直连。它可以通过IP网络，实现多台主机与存储设备之间的连接。NAS大大提高了存储的安全性、共享性和成本。SAN是在NAS基础上做的演进。它通过专用光纤通道交换机访问数据，采用ISCSI、FC协议。大数据存储技术如图1-2所示。

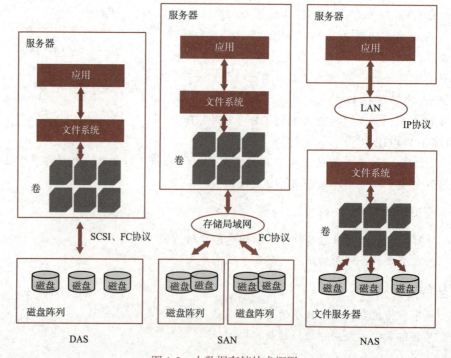

图1-2 大数据存储技术概图

大数据存储技术和传统的存储技术相比有着很大的区别，它是大数据领域的另一个关键数据。主要是指人们利用分布式存储来代替集中式存储，用更廉价的机器代替之前昂贵的机器，让海量存储的成本大大降低。大数据存储主要包括对结构化数据、半结构化数据和非结构化数据三类数据的存储。主要技术有 HDFS、Hbase、Hive、MongoDB、ElasticSearch 等。图 1-3 是企业级硬盘。企业级硬盘具有 7×24 小时不间断作业能力，与桌面级硬盘相比，企业级硬盘最重要的不同之处在于可靠性、可长时间运作，并且故障频率较低。

图 1-3　企业级硬盘

本节将从大数据的概念、特点、数据来源、数据结构等方面来阐述大数据的存储技术。

1.1.1　大数据的概念

大数据概念最初起源于美国，是由思科、威睿、甲骨文、IBM 等公司倡议发展起来的。大约从 2009 年始，"大数据"成为互联网信息技术行业的流行词汇。在大数据基础上发展起来的大数据产业，是指建立在对互联网、物联网、云计算等渠道广泛、大量数据资源收集基础上的数据存储、价值提炼、智能处理和分发的信息服务业。大数据企业大多致力于让所有用户几乎能够从任何数据中获得可转换为业务执行的洞察力，包括之前隐藏在非结构化数据中的洞察力。

2011 年，全球知名咨询公司麦肯锡在题为《海量数据，创新、竞争和提高生成率的下一个新领域》的研究报告中指出，数据已经渗透到每一个行业和业务职能领域，逐渐成为重要的生产因素；而人们对于海量数据的运用将预示着新一波生产率增长和消费者盈余浪潮的到来。这是最早提出"大数据时代已经到来"的机构。大数据概念主要涉及结构化数据、半结构化数据、非结构化内容，也涉及文本分析、决策支持、数据分析等内容。

大数据是一个不断演变的概念,当前的兴起,是因为从IT到数据积累都已经发生重大变化。仅仅数年时间,大数据就从大型互联网公司高管口中的专业术语,演变成决定我们未来数字生活方式的重大技术命题。2012年,联合国发表大数据政务白皮书《大数据促发展:挑战与机遇》;EMC、IBM、Oracle等跨国IT巨头纷纷发布大数据战略及产品;几乎所有世界级的互联网企业,都将业务触角延伸至大数据产业;无论社交平台逐鹿、电商价格大战还是门户网站竞争,都有大数据的影子。2013年以来,大数据正由技术热词变成一股社会浪潮,至今影响着人类社会生活的方方面面。

1.1.2 大数据的特点

在维克托·迈尔-舍恩伯格及肯尼思·库克耶编写的《大数据时代》中,大数据是指不用随机分析法(抽样调查)这样的捷径,而采用所有数据进行分析处理。与此同时,IBM公司把大数据的特点总结为5V,即Volume(规模性)、Velocity(高速性)、Variety(多样性)、Value(价值性)、Veracity(真实性)。

(1)Volume(规模性):数据量规模巨大。数据量的大小决定着数据的价值及其潜在的信息量。伴随着各种可穿戴设备、物联网和云计算、云存储等技术的发展,人和物的所有轨迹都可以被记录,数据因此被大量生产出来。微博、照片、录像、自动化传感器、生产监测、环境监测、刷卡机等大量自动或人工产生的数据通过互联网聚集到特定地点,例如政府、银行、企业等机构,形成了海量的大数据。

(2)Velocity(高速性):数据的实时性需求越来越清晰。对普通人而言,开车去吃饭,会先用移动终端中的地图查询餐厅的位置,预计行车路线的拥堵情况,了解停车场信息甚至是其他用户对餐厅的评论。吃饭时,会用手机拍摄食物的照片,编辑简短评论发布到微博或者微信上,等等。如今,通过各种有线和无线网络,人和人、人和机器、机器和机器之间产生无处不在的连接,这些连接不可避免地带来数据交换。而数据交换的关键是降低延迟,以近乎实时的方式传送给用户。

(3)Variety(多样性):一个普遍观点认为,人们使用互联网搜索是形成数据多样性的主要原因,这一看法部分正确。大数据大体可分为三类:一是结构化数据,如财务系统数据、信息管理系统数据、医疗系统数据等,其特点是数据间因果关系强;二是非结构化的数据,如视频、图片、音频等,其特点是数据间没有因果关系;三是半结构化数据,如HTML文档、邮件、网页等,其特点是数据间的因果关系弱。

(4)Value(价值性):相比于传统的数据,大数据最大的价值在于通过从大量不相关的各种类型的数据中挖掘出对未来趋势与模式预测分析有价值的数据,并通过机器学习方法、人工智能方法或数据挖掘方法进行深度分析,发现新规律和新知识,并运用于农业、金融、医疗等各个领域,从而最终达到改善社会治理、提高生产效率、推进科学研究的效果。

（5）Veracity（真实性）：大数据中的内容是与真实世界中的发生事件息息相关的，研究大数据就是从庞大的网络数据中提取出能够解释和预测现实事件的过程。

1.1.3 大数据的数据来源

数据源（Data Source），顾名思义，指的是数据的来源，是提供某种所需要数据的器件或原始媒体。在数据源中存储了所有建立数据库连接的信息。就像通过指定文件名称可以在文件系统中找到文件一样，通过提供正确的数据源名称，可以找到相应的数据库连接。图1-4展示的是各种数据源的来源。

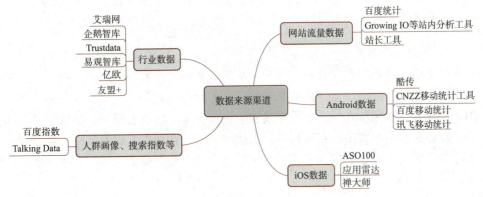

图1-4　各种数据源的来源

大数据分析的数据来源有很多种，包括公司或者机构的内部来源和外部来源。分为以下几类：

（1）交易数据。包括POS机数据、信用卡刷卡数据、电子商务数据、互联网点击数据、企业资源规划（ERP）系统数据、销售系统数据、客户关系管理（CRM）系统数据、公司的生产数据、库存数据、订单数据、供应链数据等。

（2）移动通信数据。能够上网的智能手机等移动设备越来越普遍。移动通信设备记录的数据量和数据的立体完整度，常常优于各家互联网公司掌握的数据。移动设备上的软件能够追踪和沟通无数事件，从运用软件存储的交易数据（如搜索产品的记录事件）到个人信息资料或状态报告事件（如地点变更即报告一个新的地理编码）等。

（3）人为数据。人为数据包括电子邮件、文档、图片、音频、视频，以及通过微信、博客等社交媒体产生的数据流。这些数据大多数为非结构性数据，需要用文本分析功能进行分析。

（4）机器和传感器数据。来自感应器、量表和其他设施的数据、定位/GPS系统数据等。这包括功能设备会创建或生成的数据，例如智能温度控制器、智能电表、工厂机器和连接互联网的家用电器的数据。来自新兴的物联网（IoT）的数据是机器和传感器所产生的数据的例子之一。来自物联网的数据可以用于构建分析模型，连续监测预测性行为（如当传感器值表示有问题时进行识别），提供规定的指令（如警示技术人员在真正出问题之前检查设备）等。

1.1.4 大数据的结构类型

从大数据的数据结构类型来划分，大数据包括结构化数据、半结构化数据和非结构化数据。在这三类数据里，非结构化数据越来越成为数据的主要组成部分。

1. 结构化数据

结构化数据是可以使用关系型数据库表示和存储的数据，一般可以由二维表结构来逻辑表达和实现，因此，也称作行数据。结构化数据严格地遵循数据格式与长度规范，有固定的结构、属性划分和类型等信息，主要通过关系型数据库进行存储和管理，数据记录的每一个属性对应数据表的一个字段。

2. 非结构化数据

与结构化数据相对应的是非结构化数据，非结构化数据不适于由数据库二维表来表现，该类数据没有固定的结构形式，如所有格式的办公文档、各类报表、图片和音频、视频信息等。在数据量较小的情况下，可以使用关系型数据库将其直接存储在数据库表中；在数据量较大情况下，则存放在文件系统中，数据库用于存放相关文件的索引信息。这种方法广泛应用于全文检索和各种多媒体信息处理领域。

3. 半结构化数据

半结构化数据既具有一定的结构，又灵活多变，其实也是非结构化数据的一种。和普通纯文本、图片等相比，半结构化数据具有一定的结构性，但和具有严格理论模型的关系数据库的数据相比，其结构又不固定。如员工简历，处理这类数据可以通过信息抽取、转换等步骤，将其转化为半结构化数据，采用 XML、HTML 等形式表达；或者根据数据量的大小，采用非结构化数据存储方式，结合关系数据存储。

1.1.5 大数据的存储

对于数据的存储和管理，任何机器都会有物理参数的限制，如内存容量、硬盘容量、处理器速度等。因此，需要在这些硬件的限制和性能之间做出取舍，由于内存的读取速度比硬盘快得多，所以内存数据库比硬盘数据库性能好。但是，一个内存为 2 GB 的机器不可能将大小为 100 GB 的数据全部放入内存中，也许内存大小为 128 GB 的机器可以做到，但是数据增加到 200 GB 时就无能为力了。

数据不断增长造成单机系统性能不断下降，即使不断提升硬件配置也难以跟上数据的增长速度。然而，当今主流的计算机硬件比较便宜而且可以扩展，现在购置 8 台 8 内核、128 GB 内存的机器比购置一台 64 内核、TB 级别内存的服务器划算得多，而且还可以增加或减少机器来应对将来的变化。数据存储结构如图 1-5 所示。这种分布式架构策略对于海量数据来说是比较适合的，因此，许多海量数据系统选择将数据放在多个机器中，但也带来了许多单机系统不曾有的问题。

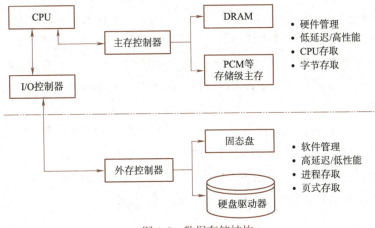

图 1-5　数据存储结构

在本书中，将通过分析分布式文件存储系统（Hadoop Distributed File System，HDFS）来讲解大数据的存储，由于本次项目实站中的数据也是存储在 HDFS 中的，通过对 HDFS 的学习，相信读者一定能够快捷、高效地进行大数据的存储。

1.2　大数据分析技术简介

在 1.1 节介绍了大数据存储的相关知识，但是我们要知道，如果数据只是进行存储，并不能体现什么价值。所以，我们要根据用户的具体需求来进行分析，发掘数据表面或隐藏的价值，这就是大数据的分析，大数据分析是指对规模巨大的数据进行分析。

大数据作为当下最热门的 IT 行业词汇，其随之而来的数据仓库、数据安全、数据分析、数据挖掘等概念，围绕大数据的商业价值的利用也逐渐成为行业人士争相追捧的利润焦点。随着大数据时代的来临，数据不再单单是数据本身，海量的数据累积起来，形成了数据资产。如何利用这些数据资产进行大数据分析是必然要面临的重大课题。

1.2.1　大数据分析的概念

大数据分析指的是用适当的统计分析方法对收集来的大量数据进行分析，提取有用信息和形成结论，进而对数据加以详细研究和概括总结的过程。

数据分析可以分为三个层次，即描述分析、预测分析和规范分析。

（1）描述分析是回答"发生了什么"，这种类型的分析可分析实时数据和历史数据，以获取如何应对未来的见解。描述性分析的主要目的是找出过去的成功或失败背后的原因。这里的"过去"是指事件发生的任何特定时间，可能是一个月前甚至是一分钟前，组织使用的绝大多数大数据分析都属于描述性分析类别。

（2）预测分析是指分析过去的数据模式和趋势，可以将未来可能发生的情况准确地告知。通过使用各种统计和机器学习算法来帮助预测未来结果的可能性，但是预测的准确性不是100%，因为它是基于概率的。为了做出预测，算法会获取数据并使用最佳猜测来填充缺失的数据。例如，基于逻辑回归的预测、基于分类器的预测等。

（3）规范分析是预测分析的下一步，它增加了操纵未来的乐趣。规范分析为可能的结果提供建议，并导致可能使关键业务指标最大化的行动。根据期望的结果、特定场景、资源以及对过去和当前事件的了解对未来的决策给出建议。例如，基于模拟的复杂系统分析和基于给定约束的优化解生成。

1.2.2 大数据分析的应用

大数据分析有着广泛的应用，成为大数据创造价值的最重要的方面。下面，列举各个领域大数据分析应用的一些实例。

（1）在制造业领域，一些企业利用大数据分析实现对采购和合理库存的管理，通过分析网上数据了解客户需求，掌握市场动向。

（2）在农业领域，硅谷有个Climate公司，利用30年的气候和60年的农作物收成变化、14 TB的土壤的历史数据、250万个地点的气候预测数据和1 500亿例土壤观察数据，生成10万亿个模拟气候数据点，可以预测下一年的农产品产量以及天气、作物、病虫害和灾害、肥料、收获、市场价格等的变化。

（3）在商业领域，沃尔玛将每月4 500万的网络购物数据，与社交网络上产品的大众评分结合，开发出"北极星"搜索引擎，方便顾客购物，在线购物的人数增加10%~15%。

（4）在金融领域，阿里巴巴根据淘宝网上中小型公司的交易状况，筛选出财务健康、诚信优良的企业，为它们免担保提供贷款达上千亿元，坏账率仅有0.3%。

（5）在医疗卫生领域，一方面，相关部门可以根据搜索引擎上民众对相关关键词的搜索数据建立数学模型进行分析，得出相应的预测进行预防。另一方面，医生可以借助社交网络平台与患者就诊疗效果和医疗经验进行交流，能够获得在医院得不到的临床效果数据。除此之外，基于对人体基因的大数据分析，可以实现对症下药的个性化诊疗，提高医疗质量。

（6）在交通运输领域，物流公司可以根据GPS上大量的数据分析优化运输路线，节约燃料和时间，提高效率；相关部门也会通过对公交车上手机用户的位置数据的分析，为市民提供交通实时情况。

大数据在影视、军事、社会治安、政治领域的应用也都有着很明显的效果。总之，大数据的用途是十分广泛的。

当然，大数据不仅仅是一种资源，作为一种思维方法，大数据也有着非同寻常的影响。伴随大数据产生的数据密集型科学，有学者将它称为第四种科学模式，其研究特点在于：不在意数据的杂乱，但强调数据的规模；不要求数据的精准，但看重其代表性；不刻意追求因果关系，但重视规律总结。现如今，这一思维方式广泛应用于科学研究和各行各业，是从复杂现象中透视本质的重要工具。

1.2.3 大数据分析的过程

大数据分析的过程大致分为下面 6 个阶段：

1. 业务理解

最初的阶段集中在理解项目目标和从业务的角度理解需求，同时将业务知识转化为数据分析问题的定义和实现目标的初步计划上。

2. 数据理解

数据理解阶段从初始的数据收集开始，通过一些活动的处理，目的是熟悉数据，识别数据的质量问题，首次发现数据的内部属性，或是探测引起兴趣的子集去形成隐含信息的假设。

3. 数据准备

数据准备阶段包括从未处理数据中构造最终数据集的所有活动。这些数据将是模型工具的输入值。这个阶段的任务有的能执行多次，没有任何规定的顺序。任务包括表、记录和属性的选择，以及为模型工具转换和清洗数据。

4. 建模

在这个阶段，可以选择和应用不同的模型技术，模型参数被调整到最佳的数值。有些技术可以解决一类相同的数据分析问题；有些技术在数据形成上有特殊要求，因此需要经常跳回到数据准备阶段。

5. 评估

在这个阶段，已经从数据分析的角度建立了一个高质量显示的模型。在最后部署模型之前，重要的事情是彻底地评估模型，检查构造模型的步骤，确保模型可以完成业务目标。这个阶段的关键目的是确定是否有重要业务问题没有被充分考虑。在这个阶段结束后，必须达成一个数据分析结果使用的决定。

6. 部署

通常，模型的创建不是项目的结束。模型的作用是从数据中找到知识，获得的知识需要以便于用户使用的方式重新组织和展现。根据需求，这个阶段可以产生简单的报告，或是实现一个比较复杂的、可重复的数据分析过程。在很多案例中，由客户而不是数据分析人员承担部署的工作。

1.2.4 大数据分析的技术

作为大数据的主要应用，大数据分析涉及的技术非常广泛，主要包括如下几类：

（1）数据采集：大数据的采集是指利用多个数据库来接收发自客户端（Web、App或者传感器形式等）的数据，并且用户可以通过这些数据库来进行简单的查询和处理工作。例如，电商会使用传统的关系型数据库MySQL和Oracle等来存储每一笔事务数据，也可以通过爬虫来爬取暴露在互联网上的数据，本次项目实战就是使用爬虫进行数据的采集工作的。

（2）数据管理：对大数据进行分析的基础是对大数据进行有效的管理，使大数据"存得下、查得出"，并且为大数据的高效分析提供基本数据操作（比如Join和聚集操作等），实现数据有效管理的关键是数据组织。我们可以通过Hive进行数据管理。

（3）基础架构：从更底层来看，对大数据进行分析还需要高性能的计算架构和存储系统。例如用于分布式计算的MapReduce计算框架、Spark计算框架，用于大规模数据协同工作的分布式文件存储HDFS等。

1.2.5 大数据分析的难点

大数据分析不是简单的数据分析的延伸。大数据规模大、更新速度快、来源多样等性质为大数据分析带来了一系列挑战。

（1）可扩展性：由于大数据的特点之一是"规模大"，利用大规模数据可以发现诸多新知识，因而大数据分析需要考虑的首要任务之一就是使得分析算法能够支持大规模数据，在大规模数据上能够在应用所要求的时间约束内得到结果。

（2）可用性：大数据分析的结果应用到实际中的前提是分析结果的可用。这里"可用"有两个方面的含义：一方面，需要结果具有高质量，如结果完整、符合现实的语义约束等；另一方面，需要结果的形式适用于实际的应用。对结果可用性的要求为大数据分析算法带来了挑战，所谓"垃圾进垃圾出"，高质量的分析结果需要高质量的数据；结果形式的高可用性需要高可用分析模型的设计。

（3）领域知识的结合：大数据分析通常和具体领域密切结合，因而大数据分析的过程很自然地需要和领域知识相结合。这为大数据分析方法的设计带来了挑战：一方面，领域知识具有的多样性以及领域知识的结合导致相应大数据分析方法的多样性，需要与领域相适应的大数据分析方法；另一方面，对领域知识提出了新的要求，需要领域知识的内容和表示适用于大数据分析的过程。

（4）结果的检验：有一些应用需要高可靠性的分析结果，否则会带来灾难性的后果，因而，大数据分析结果需要经过一定检验才可以真正应用。结果的检验需要对大数据分析结果需求的建模和检验的有效实现。

通过上面的学习，相信大家已经对大数据的存储和分析有了简单的了解。在本书中将讲解 HDFS 的分布式文件存储系统，用来存储我们项目实战中的数据，讲解 MapReduce 和 Hive 来进行数据的分析，在此项目实战中我们也将使用这些技术来进行项目数据的存储与分析。

1.3 项目实战：HDFS系统搭建

首先，需要准备 5 台虚拟机，其中 1 台虚拟机作为 NameNode，4 台虚拟机作为 DataNode，同时，再准备 Hadoop 和 JDK 安装包。当上述两个安装包下载完成之后，可通过 Linux 命令将两个安装包上传到虚拟机，其命令如下：

```
scp -r /Users/bin.guo/Downloads/hadoop-2.7.7.tar.gz root@192.168.56.101:/home/hdfs-cg

scp -r /Users/bin.guo/Downloads/jdk-8u201-linux-x64.tar.gz root@192.168.56.101:/home/hdfs-cg
```

1.3.1 基础环境变量配置

第 1 步：使用 Linux 命令 "tar -zxvf 待解压文件" 解压 Hadoop 安装包。

第 2 步：当前目录解压完成后，进入 /hadoop 目录，编辑 hadoop-env.sh 文件，配置 Java 环境变量。

第 3 步：编辑 /etc/profile 文件，配置 Hadoop 环境变量。

1.3.2 配置 HDFS

在所有机器上的 /hadoop 目录中，修改 core-site.xml 和 hdfs-site.xml 文件，以完成 HDFS 的配置。

修改 core-site.xml，在 configuration 标签内加入如下配置：

```
<configuration>
<property>
  <name>fs.defaultFS</name>
  <value>hdfs://master:9000</value>
```

```xml
    <description>HDFS 的 URI,文件系统://namenode 标识:端口
</description>
</property>
<property>
  <name>hadoop.tmp.dir</name>
  <value>/home/hadoopData</value>
  <description>namenode 上传到 hadoop 的临时文件夹</description>
</property>
<property>
    <name>fs.trash.interval</name>
    <value>4320</value>
</property>
</configuration>
```

修改 hdfs-site.xml,在 configuration 标签内加入以下配置:

```xml
<configuration>
<property>
    <name>dfs.namenode.name.dir</name>
    <value>/home/hadoopData/dfs/name</value>
    <description>datanode 上存储 hdfs 名字空间元数据</description>
</property>
<property>
    <name>dfs.datanode.data.dir</name>
    <value>/home/hadoopData/dfs/data</value>
    <description>datanode 上数据块的物理存储位置</description>
</property>
<property>
    <name>dfs.replication</name>
    <value>3</value>
    <description>副本个数,默认配置是 3,应小于 datanode 机器数量
</description>
</property>
<property>
    <name>dfs.webhdfs.enabled</name>
    <value>true</value>
</property>
<property>
    <name>dfs.permissions.superusergroup</name>
    <value>staff</value>
```

```
    </property>
    <property>
        <name>dfs.permissions.enabled</name>
        <value>false</value>
    </property>
</configuration>
```

1.3.3 配置 NameNode 节点

因为 master 机器是集群中的 NameNode 节点，因此在 master 机器上进行操作，需要修改 master 机器 /hadoop 目录下的 slaves 文件，其中，slave1、slave2、slave3 和 slave4 都是 DataNode 节点，执行 vim slaves 命令就把它们加入到 NameNode 节点中，这样我们就可以用一个命令启动整个集群。

1.3.4 格式化 NameNode 和启动 HDFS 系统

在 master 机器上，输入命令"hdfs namenode -format"进行 HDFS 的格式化，格式化完成之后，输入 HDFS 系统启动命令"start-dfs.sh"。在浏览器中输入 http:// NameNode 的 IP + 50070 端口，当见到图 1-6 所示的界面，就说明集群已经启动。

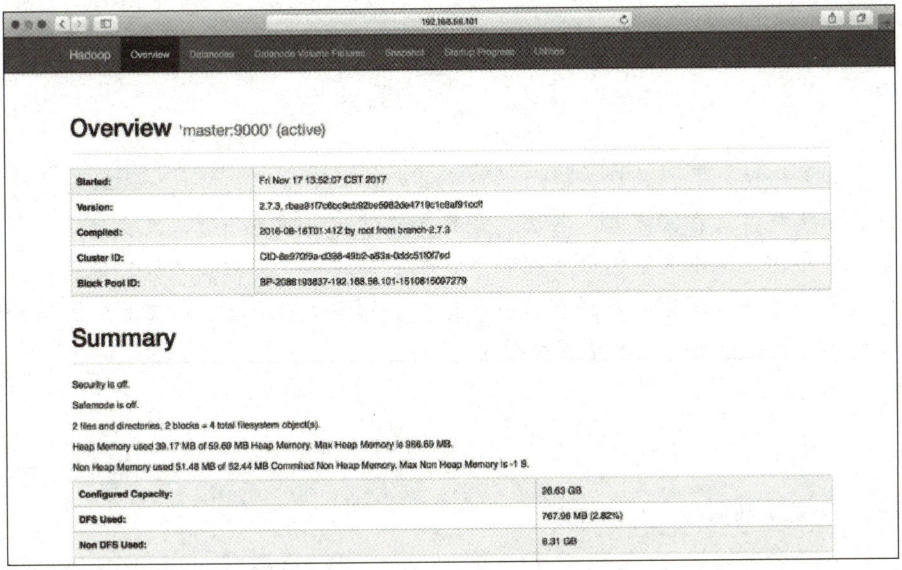

图 1-6　HDFS 启动页面

拓展阅读　大数据助力精准防疫

大数据在抗击疫情的"战役"中发挥了重要的作用，在资源调配、疫情防控、复工复产等方面，大数据都扮演了重要角色。

（1）大数据实现精准资源调配。因为新冠肺炎疫情的爆发，全国多地的医疗物资、生活物资在短时间内供应严重不足。利用多维度且价值高的大数据，可以做到精准调配相关物资，并且根据需求动态调整。从中央到地方，我们开发了众多资源调度保障平台，对防护服、口罩、食物、饮用水等重点物资进行在线检测并按需调配，助力我们赢得疫情防控攻坚战。

（2）大数据为疫情防控提供助力。赢得疫情防控攻坚战，关系到我国人民的身体健康和生命安全，也影响到我们国家的经济和社会稳定。大数据技术在多个方面为疫情防控提供了助力。大到疫情实时大数据报告、新冠确诊患者行程查询工具，小到每个人出门必备的行程码、健康码等。政府基层工作人员通过大数据技术手段，在第一时间就可以知道新冠确诊患者的密接人员，迅速通知相关人员隔离并及时就医，很大程度上遏制了新冠肺炎疫情的传播。可以说，大数据是疫情防控的重要功臣。

（3）大数据为复工复产保驾护航。疫情期间，许多企业面临停产的艰难局面，复工复产是经济社会发展的实际需要，关系到亿万人的切身利益。在疫情期间，大数据努力为一些企业开发新的产品和运行模式。根据央视等媒体报道，基于大数据的智能平台为江苏苏州的食品、快递等企业实现智能生产、无人配送等新的生产模式，使得企业在疫情状况下依然能够健康运行。基于大数据的健康码和居民健康登记系统为企业实现了疫情防控动态化监管，为企业的复工复产提供了重要保证。

小　结

本章首先提出了大数据的概念，介绍了大数据所呈现的特点、大数据的数据来源、结构类型及存储方式。其次，将数据分析分为描述分析、预测分析和规范分析三个层次。列举大数据分析在各个领域应用的一些实例。再次，将大数据分析的过程分为业务理解、数据理解、数据准备、建模、评估、部署6个阶段。最后介绍了大数据分析的技术特点和难点。

习　题

1. 大数据的起源是（　　）。
   A. 金融　　　　　　　　　　　　B. 互联网
   C. 电信　　　　　　　　　　　　D. 公共管理
2. 大数据的最明显特点是（　　）。
   A. 数据类型多样　　　　　　　　B. 数据规模大
   C. 数据价值密度高　　　　　　　D. 数据处理速度快
3. 大数据时代，数据使用的最关键是（　　）。
   A. 数据收集　　　　　　　　　　B. 数据存储

  C. 数据分析   D. 数据再利用

4. 云计算分层架构不包括（   ）。
  A. Iaas   B. Paas   C. Saas   D. Yaas

5. 数据的精细化程度是指（   ），越细化的数据，价值越高。
  A. 规模   B. 活性   C. 颗粒度   D. 关联性

6. 数据清洗的方法不包括（   ）。
  A. 噪声数据清除   B. 一致性检查
  C. 重复数据记录处理   D. 缺失值处理

7. 智能手环的应用开发，体现了（   ）的数据采集技术的应用。
  A. 网络爬虫   B. API 接口
  C. 传感器   D. 统计报表

8. 下列关于数据重组的说法中，错误的是（   ）。
  A. 数据的重新生产和采集   B. 能使数据焕发新的光芒
  C. 关键在于多源数据的融合和集成   D. 有利于新的数据模式创新

9. 通过对前人航海日志的分析，绘制新的航海路线图，标明了大风与洋流可能发生的地点。这体现了大数据分析理念中的（   ）。
  A. 在数据基础上倾向于全体数据而不是抽样数据
  B. 在分析方法上更注重相关分析而不是因果分析
  C. 在分析效果上更追究效率而不是绝对精确
  D. 在数据规模上强调相对数据而不是绝对数据

第 2 章

大数据的存储与管理

通过第 1 章的学习，我们了解了大数据的概念、特征，以及大数据存储技术和分析技术。从本章开始，我们将结合具体的大数据项目的实践，对大数据的存储与分析进行详细的介绍。通过项目的实践，学习者们可以更容易地掌握大数据的存储和管理、常用的数据分析方法以及数据分析工具的使用。

知识目标

- 理解 Hadoop 分布式文件系统（HDFS）的概念和组成部分。
- 掌握 HDFS 的数据管理技术要点和数据存储原理。

能力目标

- 熟练掌握 HDFS 实验环境的搭建。
- 会使用 HDFS 进行数据存储和数据管理的实验。

素质目标

- 通过项目实训，学习更多项目工程经验，提高综合分析数据的技能。

2.1 项目需求

按照数据采集、数据清洗、数据分析和数据可视化的步骤要求，需求分析工程师、软件设计工程师和相关项目组成员进行了讨论，对整个大数据项目中数据的存储和分析进行了整体的设计，其系统结构如图 2-1 所示。

从架构图中，我们可以看出：通过数据采集工具 Flume 将数据采集子系统产生的数据存储到 HDFS（Hadoop 分布式文件系统）平台，进行数据的存储。在存储的过程完成之后，通过 MapReduce 模型进行数据的清洗工作，数据清洗之后将符合规则的数据再存储到 HDFS 中，然后将存储后的数据转换成数据仓库 Hive 中的表。通过 Hive 的 SQL 对整个项目的需求进行分析，分析之后的结果仍然暂存至 Hive 的表中，最后，通过 Sqoop 工具将最终的结果传输到数据可视化子系统当中。

通过图 2-1 的结构图的展示可以得知，整个项目是通过整合一系列的大数据主流组件来实现数据清洗、数据存储、数据分析和离线数据等功能的。

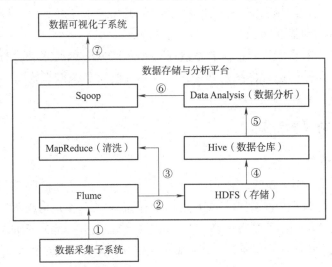

图 2-1 大数据项目整体结构图

离线数据分析的流程是这样的：数据处理过程在凌晨 00:01 启动。首先，将接收到的数据通过 MapReduce 程序完成不合规数据的清洗，将有效数据保存并上传到 HDFS 分布式存储系统；再将数据导入 Hive 数据仓库，之后启动数据分析模块；在完成数据统计后，将统计结果通过 Sqoop 推送到数据可视化模块，完成当前的离线分析工作。

数据存储与分析平台的每次处理过程仅处理前一天的数据。

经过上述内容的分析，该项目的项目经理分配给我们的任务如下：

任务一：将爬虫爬取的数据通过 Flume 存储在 HDFS 中。

任务二：通过 MapReduce 进行数据清洗工作。

任务三：通过 Hive 进行数据分析并通过 Sqoop 将数据导出到 MySQL。

在之后的章节中，我们将按照项目经理的项目工作排期，根据任务的分配，依次完成我们的工作。

2.2 HDFS设计

　　Hadoop 分布式文件系统（HDFS）是指被设计成适合运行在通用硬件（Commodity Hardware）上的分布式文件系统（Distributed File System），它和现有的分布式文件系统有很多共同点，但也有明显的区别。它的工作特点如下：第一，HDFS 有着高容错性（Fault-Tolerant）的特点，并且设计用来部署在低廉的（Low-Cost）硬件上；第二，它提供高吞吐量（High Throughput）来访问应用程序的数据，适合那些有着超大数据集（Large Data Set）的应用程序；第三，HDFS 放宽了（Relax）POSIX 的要求（Requirements）这样可以实现流的形式访问（Streaming Access）文件系统中的数据。HDFS 在最开始是作为 Apache Nutch

搜索引擎项目的基础架构而开发的。HDFS 是 Apache Hadoop Core 项目的一部分。

按照项目经理的项目工作排期，下面我们开始完成"任务一：将爬虫爬取的数据通过 Flume 存储在 HDFS 中"。

根据任务一的要求，我们需要将数据写入到 HDFS，因此在后面的章节中将对 HDFS 的原理和操作进行详细的学习，以帮助我们能够快捷高效地完成任务一的内容。

2.2.1 设计前提与目标

1. 硬件错误

硬件错误是经常出现的，且并不是异常。HDFS 可能由成百上千的服务器所构成，每个服务器上存储着文件系统的部分数据。我们面对的现实是构成系统的组件数目是巨大的，而且任一组件都有可能失效，这意味着总是有一部分 HDFS 的组件是不工作的。因此，错误检测和快速、自动地恢复是 HDFS 最核心的架构目标。

2. 流式数据访问

运行在 HDFS 上的应用和普通的应用不同，需要流式访问它们的数据集。HDFS 的设计中更多地考虑到了数据批处理，而不是用户交互处理。对于数据访问的低延迟问题，更关键的在于数据访问的高吞吐量。POSIX 标准设置的很多硬性约束对 HDFS 应用系统不是必需的。为了提高数据的吞吐量，在一些关键方面对 POSIX 的语义做了一些修改。

3. 大规模数据集

运行在 HDFS 上的应用具有很大的数据集。HDFS 上的一个典型文件大小一般都在 G 字节至 T 字节。因此，HDFS 被调节以支持大文件存储。它应该能提供整体上高的数据传输带宽，能在一个集群里扩展到数百个节点。一个单一的 HDFS 实例应该能支撑数以千万计的文件。

4. 简单的一致性模型

HDFS 应用需要一个"一次写入多次读取"的文件访问模型。一个文件经过创建、写入和关闭之后就不需要改变。这一假设简化了数据一致性问题，并且使高吞吐量的数据访问成为可能。MapReduce 应用或者网络爬虫应用都非常适合这个模型。目前还有计划在将来扩充这个模型，使之支持文件的附加写操作。

5. 移动计算比移动数据更划算

一个应用请求的计算，离它操作的数据越近就越高效，在数据达到海量级别的时候更是如此。因为这样就能降低网络阻塞的影响，提高系统数据的吞吐量，对比将数据移动到应用所在，将计算移动到数据附近显然更好。HDFS 为应用提供了将它们自己移动到数据附近的接口。

6. 异构软硬件平台间的可移植性

HDFS 在设计的时候就考虑到了平台的可移植性，这种特性为 HDFS 作为大规模数据应用平台的推广提供了便利。

2.2.2 基本组件

1. common（工具类）

common 包括 Hadoop 常用的工具类，由原来的 Hadoop core 部分更名而来。主要包括系统配置工具 Configuration、远程过程调用 RPC、序列化机制和 Hadoop 抽象文件系统 FileSystem 等。它们为在通用硬件上搭建云计算环境提供基本的服务，并为运行在该平台上的软件开发提供了所需的 API。

2. HDFS

Hadoop 实现了一个分布式的文件系统，HDFS 为海量的数据提供了存储。HDFS 是基于节点的形式进行构建的，里面有一个父节点 NameNode，它在机器内部提供了服务，NameNode 本身不干活，NameNode 将数据分成块，只是把数据分发给子节点，交由子节点来进行存储，由于只存在一个父节点，所以这是 HDFS 的一个缺点。DataNode 在机器内部提供了数据块，存储在 HDFS 的数据被分成块，然后将这些块分到多个计算机（DataNode）中，这与传统的 RAID 架构大有不同。块的大小（通常为 64 MB）和复制的块数量在创建文件时由客户机决定。NameNode 可以控制所有文件操作。

3. NameNode

NameNode 是一个通常在 HDFS 实例中单独机器上运行的软件。它负责管理文件系统名称空间和控制外部客户机的访问。NameNode 决定是否将文件映射到 DataNode 上的复制块上。对于最常见的 3 个复制块，第一个复制块存储在同一机架的不同节点上，最后一个复制块存储在不同机架的某个节点上。

4. DataNode

DataNode 也是一个通常在 HDFS 实例中的单独机器上运行的软件。Hadoop 集群包含一个 NameNode 和大量 DataNode。DataNode 通常以机架的形式组织，机架通过一个交换机将所有系统连接起来。Hadoop 的一个假设是：机架内部节点之间的传输速度快于机架间节点的传输速度。

5. MapReduce

MapReduce 基于 YARN 的大型数据集并行处理系统，是一种计算模型，用以进行大数据量的计算。Hadoop 的 MapReduce 实现，和 Common、HDFS 一起，构成了 Hadoop 发展初期的三个组件。MapReduce 将应用划分为 Map 和 Reduce 两个步骤，其中，Map 对数据集上的独立元素进行指定的操作，生成键 - 值对形式中间结果。Reduce 则对中间结果中相同"键"的所有"值"进行规约，以得到最终结果。MapReduce 这样的功能划分，非常适合在大量计算机组成的分布式并行环境里进行数据处理。

6. YARN

分布式集群资源管理框架，管理者集群的资源（Memory，CPU Core）合理调度分配给各个程序（MapReduce）使用：

- 主节点：ResourceManager，掌管集群中的资源。
- 从节点：NodeManager，管理每台集群资源。

Hadoop 的安装部署都属于 Java 进程，就是启动了 JVM 进程，运行服务。

2.2.3 文件系统的名字空间

HDFS 支持传统的层次型文件组织结构。用户或者应用程序可以创建目录，然后将文件保存在这些目录里。文件系统名字空间的层次结构和大多数现有的文件系统类似：用户可以创建、删除、移动或重命名文件。当前，HDFS 不支持用户磁盘配额和访问权限控制，也不支持硬链接和软链接，但是 HDFS 架构并不妨碍实现这些特性。

在 HDFS 中，NameNode 负责维护文件系统的名字空间，任何对文件系统名字空间或属性的修改都将被 NameNode 记录下来，应用程序可以设置 HDFS 保存的文件的副本数目。文件副本的数目称为文件的副本系数，这个信息也是由 NameNode 保存的。

2.2.4 数据复制

HDFS 被设计成能够在一个大集群中跨机器可靠地存储超大文件。它将每个文件存储成一系列的数据块，除了最后一个，所有的数据块都是同样大小的。为了容错，文件的所有数据块都会有副本。每个文件的数据块大小和副本系数都是可配置的。应用程序可以指定某个文件的副本数目。副本系数可以在文件创建的时候指定，也可以在之后改变。HDFS 中的文件都是一次性写入的，并且严格要求在任何时候只能有一个写入者。

NameNode 全权管理数据块的复制，它周期性地从集群中的每个 DataNode 接收心跳信号和块状态报告（Blockreport）。接收到心跳信号意味着该 DataNode 节点工作正常。块状态报告包含了一个该 DataNode 上所有数据块的列表。NameNode 的架构如图 2-2 所示。

1. 副本存放：最开始的一步

副本的存放是 HDFS 可靠性和性能的关键。优化的副本存放策略是 HDFS 区分于其他大部分分布式文件系统的重要特性。这种特性需要做大量的调优，并需要经验的积累。HDFS 采用一种称为机架感知（RackAwarness）的策略来改进数据的可靠性、可用性和网络带宽的利用率。目前实现的副本存放策略只是在这个方向上的第一步。实现这个策略的短期目标是验证它在生产环境下的有效性，观察它的行为，为实现更先进的策略打下测试和研究的基础。

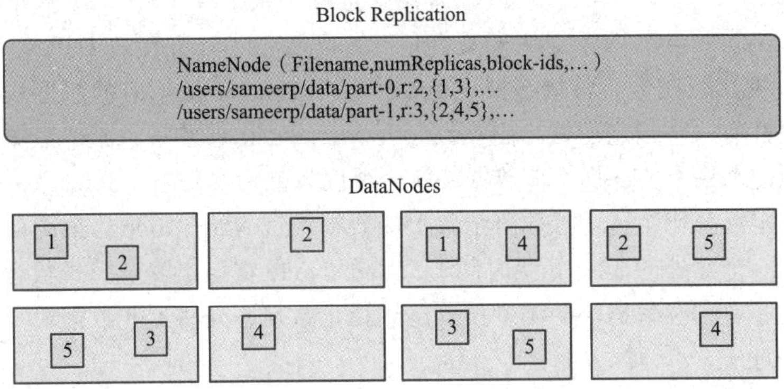

图 2-2　NameNode 架构图

大型 HDFS 实例一般运行在跨越多个机架的计算机组成的集群上，不同机架上的两台机器之间的通信需要经过交换机。在大多数情况下，同一个机架内的两台机器间的带宽会比不同机架的两台机器间的带宽大。

通过一个机架感知的过程，NameNode 可以确定每个 DataNode 所属的机架 ID。一个简单但没有优化的策略就是将副本存放在不同的机架上。这样可以有效防止当整个机架失效时数据的丢失，并且允许读数据的时候充分利用多个机架的带宽。这种策略设置可以将副本均匀分布在集群中，有利于当组件失效情况下的负载均衡。但是，因为这种策略的一个写操作需要传输数据块到多个机架，这增加了写的代价。

在大多数情况下，副本系数是 3，HDFS 的存放策略是将一个副本存放在本地机架的节点上，一个副本放在同一机架的另一个节点上，最后一个副本放在不同机架的节点上。这种策略减少了机架间的数据传输，这就提高了写操作的效率。机架的错误远远比节点的错误少，所以这个策略不会影响到数据的可靠性和可用性。与此同时，因为数据块只放在两个（不是三个）不同的机架上，所以此策略减少了读取数据时需要的网络传输总带宽。在这种策略下，副本并不是均匀分布在不同的机架上。三分之一的副本在一个节点上，三分之二的副本在一个机架上，其他副本均匀分布在剩下的机架中，这一策略在不损害数据可靠性和读取性能的情况下改进了写的性能。

2. 副本选择

为了降低整体的带宽消耗和读取延时，HDFS 会尽量让读取程序读取离它最近的副本。如果在读取程序的同一个机架上有一个副本，那么就读取该副本。如果一个 HDFS 集群跨越多个数据中心，那么客户端也将首先读本地数据中心的副本。

3. 安全模式

NameNode 启动后会进入一个称为安全模式的特殊状态。处于安全模式的 NameNode 是不会进行数据块的复制的。NameNode 从所有的 DataNode 接收心跳信号和块状态报告。块状态报告包括了某个 DataNode 所有的数据块列表。每个数据块都有一个指定的最小副本数。当 NameNode 检测确认某个数据块的副本数目达到这个最小值，那么该数据块就会被认为是副本安全（Safely Replicated）的；在一定百分比（这个参数可配置）的数据块被 NameNode 检测确认是安全之后（加上一个额外的 30 s 等待时间），NameNode 将退出安全模式状态。接下来它会确定还有哪些数据块的副本没有达到指定数目，并将这些数据块复制到其他 DataNode 上。

2.2.5 文件系统元数据的持久性

NameNode 上保存着 HDFS 的名字空间。对于任何对文件系统元数据产生修改的操作，NameNode 都会使用一种称为 EditLog 的事务日志记录下来。例如，在 HDFS 中创建一个文件，NameNode 就会在 EditLog 中插入一条记录来表示；同样地，修改文件的副本系数也将往 EditLog 插入一条记录。NameNode 在本地操作系统的文件系统中存储这个 EditLog。整个文件系统的名字空间，包括数据块到文件的映射、文件的属性等，都存储在一个称为 FsImage 的文件中，这个文件也是放在 NameNode 所在的本地文件系统上。

NameNode 在内存中保存着整个文件系统的名字空间和文件数据块映射（Blockmap）的映像。这个关键的元数据结构设计得很紧凑，因而一个有 4 GB 内存的 NameNode 足够支撑大量的文件和目录。当 NameNode 启动时，它从硬盘中读取 EditLog 和 FsImage，将所有 EditLog 中的事务作用在内存中的 FsImage 上，并将这个新版本的 FsImage 从内存中保存到本地磁盘上，然后删除旧的 EditLog，因为这个旧的 EditLog 的事务都已经作用在 FsImage 上了。这个过程称为一个检查点（Checkpoint）。在当前实现中，检查点只发生在 NameNode 启动时，在不久的将来将实现支持周期性的检查点。

DataNode 将 HDFS 数据以文件的形式存储在本地的文件系统中，它并不知道有关 HDFS 文件的信息。它把每个 HDFS 数据块存储在本地文件系统的一个单独的文件中。DataNode 并不在同一个目录创建所有的文件，实际上，它用试探的方法来确定每个目录的最佳文件数目，并且在适当的时候创建子目录。在同一个目录中创建所有的本地文件并不是最优的选择，这是因为本地文件系统可能无法高效地在单个目录中支持大量的文件。当一个 DataNode 启动时，它会扫描本地文件系统，产生一个这些本地文件对应的所有 HDFS 数据块的列表，然后作为报告发送到 NameNode，这个报告就是块状态报告。

2.2.6 文件系统的通信协议

所有的 HDFS 通信协议都是建立在 TCP/IP 协议之上，客户端通过一个可配置的 TCP 端口连接到 NameNode，通过 ClientProtocol 协议与 NameNode 交互，而 DataNode 使用 DataNodeProtocol 协议与 NameNode 交互。一个远程过程调用（RPC）模型被抽象出来封装 ClientProtocol 和 DataNodeProtocol 协议。在设计中，NameNode 不会主动发起 RPC，而是响应来自客户端或 DataNode 的 RPC 请求。

2.2.7 文件系统的健壮性

HDFS 的主要目标就是即使在出错的情况下也要保证数据存储的可靠性。常见的三种出错情况是：NameNode 出错、DataNode 出错和网络割裂（Network Partitions）。

1. 磁盘数据错误，心跳检测和重新复制

每个 DataNode 节点周期性地向 NameNode 发送心跳信号。网络割裂可能导致一部分 DataNode 跟 NameNode 失去联系。NameNode 通过心跳信号的缺失来检测这一情况，并将这些近期不再发送心跳信号的 DataNode 标记为宕机，不会再将新的 IO 请求发给它们。任何存储在宕机的 DataNode 上的数据将不再有效。DataNode 的宕机可能会引起一些数据块的副本系数低于指定值，NameNode 不断地检测这些需要复制的数据块，一旦发现就启动复制操作。在下列情况下，可能需要重新复制：某个 DataNode 节点失效，某个副本遭到损坏，DataNode 上的硬盘错误，或者文件的副本系数增大。

2. 集群均衡

HDFS 的架构支持数据均衡策略。如果某个 DataNode 节点上的空闲空间低于特定的临界点，按照均衡策略，系统就会自动地将数据从这个 DataNode 移动到其他空闲的 DataNode。当对某个文件的请求突然增加，那么也可能启动一个计划创建该文件新的副本，并且同时重新平衡集群中的其他数据。这些均衡策略目前还没有实现。

3. 数据完整性

从某个 DataNode 获取的数据块有可能是损坏的，损坏可能是由 DataNode 的存储设备错误、网络错误或者软件 BUG 造成的。HDFS 客户端软件实现了对 HDFS 文件内容的校验和（Checksum）检查。当客户端创建一个新的 HDFS 文件，会计算这个文件每个数据块的校验和，并将校验和作为一个单独的隐藏文件保存在同一个 HDFS 名字空间下。当客户端获取文件内容后，它会检验从 DataNode 获取的数据跟相应的校验和文件中的校验和是否匹配，如果不匹配，客户端可以选择从其他 DataNode 获取该数据块的副本。

4. 元数据磁盘错误

FsImage 和 EditLog 是 HDFS 的核心数据结构。如果这些文件损坏了，整个 HDFS 实例都将失效。因而，NameNode 可以配置成支持维护多个 FsImage 和 EditLog 的副本。任何对 FsImage 或者 EditLog 的修改，都将同步到它们的副本上。这种多副本的同步操作可能会降低 NameNode 每秒处理的名字空间事务数量。然而这个代价是可以接受的，因为即使 HDFS 的应用是数据密集的，它们也非元数据密集的。当 NameNode 重启的时候，它会选取最近的完整的 FsImage 和 Editlog 来使用。

NameNode 是 HDFS 集群中的单点故障（Single Point of Failure）所在。如果 NameNode 机器故障，是需要手工干预的。目前，自动重启或在另一台机器上做 NameNode 故障转移的功能还没实现。

5. 快照

快照支持某一特定时刻的数据的复制备份。利用快照，可以让 HDFS 在数据损坏时恢复到过去一个已知正确的时间点。HDFS 目前还不支持快照功能，但计划在将来的版本进行支持。

2.3 HDFS数据管理

在前面的章节中，我们对 HDFS 设计的原理有了初步的认识，接下来，我们将会着重介绍 HDFS 的数据管理。

2.3.1 数据块

HDFS 数据存储单元是数据块（Block），存在于 DataNode 上的数据，被分成若干块，默认数据块的大小为 64 MB，开发者可以对其进行修改。HDFS 上的文件也被划分成块大小的多个分块（Chunk），作为独立的存储单元。需要注意的是，HDFS 中小于一个块大小的文件不会占据整个块的空间，块只是逻辑单位。

HDFS 中的块为何如此之大？这是为了最小化寻址开销。如果块设置得足够大，从磁盘传输数据的时间会明显大于定位这个块开始位置所需要的时间。但是块的大小也不宜设置得过大。MapReduce 中的 Map 任务通常一次只处理一个块中的数据，因此如果任务数太少（少于集群中的节点数量），那么作业的运行速度就会比较慢。

对分布式文件系统中的块进行抽象会有许多好处。其一，一个文件的大小可以大于网络中任意一个磁盘的容量。文件的所有块并不需要存储在同一个磁盘上，因此它们可以利用集群上的任意一个磁盘进行存储。其二，将块抽象，可简化存储管理（由于块的大小是固定的，因此很容易计算单个磁盘能存储多少块），同时，由于文件的元数据，如权限信息，并不需要与块一起存储，这样一来，其他系统就可以单独管理这些元数据。

不仅如此，块还非常适用于数据备份进而提高数据容错能力和可用性。因为在 HDFS 中，将数据分为多个块，将每个块复制到几个独立的机器上（默认为 3），可以确保在块、磁盘或机器发生故障时数据不会丢失。

如图 2-3 所示，file3 被分为多个数据块，每个数据块被分为 3 个副本，分别存放到不同的机器上。

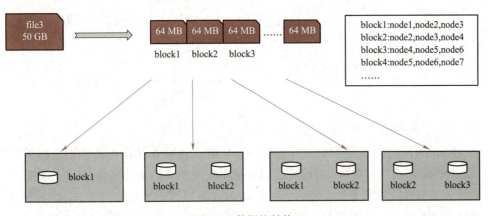

图 2-3 数据块结构

Hadoop 安装成功后利用以下命令可以显示块信息：

```
Hadoop fsck / -files -blocks
```

下面介绍一下 block 的副本存放策略：

目前 HDFS 采用的策略就是将副本存放在不同的机架上，这样可以有效防止整个机架失效时数据的丢失，并且允许读数据的时候充分利用多个机架的带宽。这种策略设置可以将副本均匀地分布在集群中，有利于在组件失效情况下的负载均衡。但是，因为这种策略的一个写操作需要传输数据块到多个机架，这增加了写操作的成本。举例来看，在大多数情况下，副本系数是 3，HDFS 老版本的存放策略是将一个副本存放在本地机架的节点上，另一个副本存放在不同机架的一个节点上，第三个副本存放在同第二个副本不同节点上，后来的版本，就把第二个副本改为放到不同机架中了。这种策略减少了机架间的数据传输，提高了写操作的效率。机架的错误远远比节点的错误少，所以这个策略不会影响到数据的可靠性和可用性。同时，因为数据块只放在两个不同的机架上，所以此策略减少了读取数据时需要的网络传输总带宽。这一策略在不损害数据可靠性和读取性能的情况下改进了写的性能。另一方面，在读取数据时，为了减少整体的带宽消耗和降低整体的带宽延时，HDFS 会尽量让读取程序读取客户端最近的副本。如果在读取程序的同一个机架上有一个副本，那么就读取该副本；如果一个 HDFS 集群跨越多个数据中心，那么客户端也将首先读取数据中心的副本。HDFS 副本放置策略如图 2-4 所示。

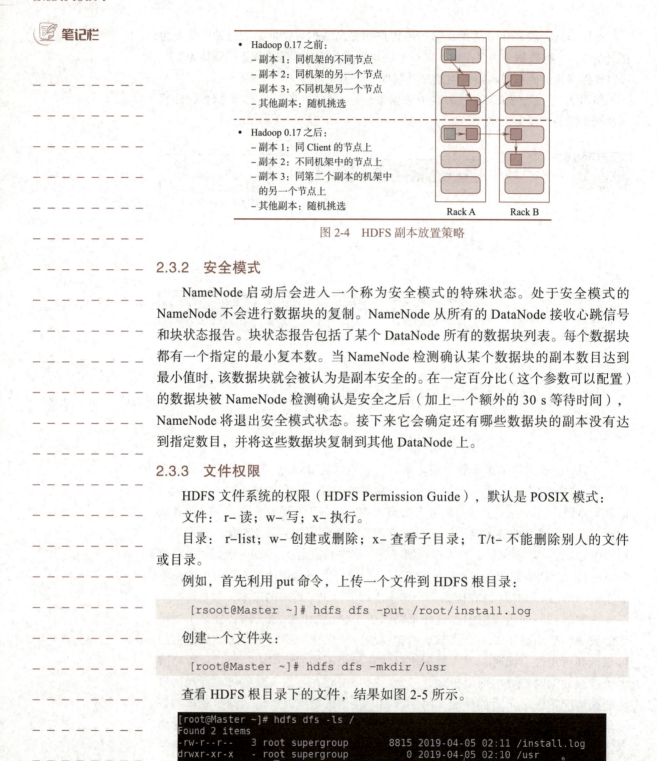

图 2-4　HDFS 副本放置策略

2.3.2　安全模式

NameNode 启动后会进入一个称为安全模式的特殊状态。处于安全模式的 NameNode 不会进行数据块的复制。NameNode 从所有的 DataNode 接收心跳信号和块状态报告。块状态报告包括了某个 DataNode 所有的数据块列表。每个数据块都有一个指定的最小复本数。当 NameNode 检测确认某个数据块的副本数目达到最小值时，该数据块就会被认为是副本安全的。在一定百分比（这个参数可以配置）的数据块被 NameNode 检测确认是安全之后（加上一个额外的 30 s 等待时间），NameNode 将退出安全模式状态。接下来它会确定还有哪些数据块的副本没有达到指定数目，并将这些数据块复制到其他 DataNode 上。

2.3.3　文件权限

HDFS 文件系统的权限（HDFS Permission Guide），默认是 POSIX 模式：

文件：　r–读；w–写；x–执行。

目录：　r–list；w–创建或删除；x–查看子目录；T/t–不能删除别人的文件或目录。

例如，首先利用 put 命令，上传一个文件到 HDFS 根目录：

```
[rsoot@Master ~]# hdfs dfs -put /root/install.log
```

创建一个文件夹：

```
[root@Master ~]# hdfs dfs -mkdir /usr
```

查看 HDFS 根目录下的文件，结果如图 2-5 所示。

```
[root@Master ~]# hdfs dfs -ls /
Found 2 items
-rw-r--r--   3 root supergroup       8815 2019-04-05 02:11 /install.log
drwxr-xr-x   - root supergroup          0 2019-04-05 02:10 /usr
[root@Master ~]#
```

图 2-5　HDFS 根目录下的文件

图 2-5 中的 root 表示用户，supergroup 表示用户所在的组。

更改文件所属用户：将 /usr 文件所属用户更改为 admin。

```
[root@Master ~]#hdfs dfs -chown -R admin /usr
```

每个文件和目录都有所属用户（Owner）、所属类别（Group）及模式（Mode）。这个模式是由所属用户的权限、组内成员的权限及其他用户的权限组成的。在默认情况下，可以通过正在运行进程的用户名和组名来唯一确定客户端的标志，即默认的用户认证模式为 simple，这种权限认证方式，只判断用户名，不判断用户密码。但由于用户是远程的，任何用户都可以简单地在远程系统上以其名义新建一个账户来进行访问，因此，作为共享文件系统资源和防止数据意外损失的一种机制，权限只能供合作团体中的用户使用，而不能用于一个不友好的环境中。在这里，注意一下，最新版的 Hadoop 已经支持 Kerberos 用户认证，该认证方式去除了这些限制，但是这种认证方式维护比较困难，企业中用得并不是太多。除了上述限制之外，为防止用户或自动工具及程序意外修改或删除文件系统的重要部分，启用权限控制还是很重要的，参见 dfs.permissions 属性。如果启用权限检查，就会检查所属用户权限，以确认客户端的用户名与所属用户是否匹配，另外，也将检查所属组别权限，以确认该客户端是否是该用户组的成员；若不符，则检查其他权限。这里有一个超级用户（Super-user）的概念，超级用户是 NameNode 进程的标志，对于超级用户，系统不会执行任何权限检查。

2.3.4　HDFS 优缺点

通过前面内容的分析，我们可以对 HDFS 的优缺点进行总结。

1. HDFS 的优点

1）高容错和恢复机制

HDFS 的设计是将数据自动保存多个副本，分别存储到不同的 DataNode 中，因此，当某个 DataNode 的副本丢失后，可以从其他机器上复制过来，自动恢复。

2）适合批处理

HDFS 的设计建立在"一次写入、多次读写"任务的基础上。这意味着一个数据集一旦由数据源生成，就会被复制分发到不同的存储节点中，然后响应各种各样的数据分析任务请求。在多数情况下，分析任务都会涉及数据集中的大部分数据，也就是说，对 HDFS 来说，请求读取整个数据集要比读取一条记录更加高效。

3）适合大数据处理

"超大文件"在这里指具有几百兆字节（MB）、几百吉字节（GB）甚至几百太字节（TB）大小的文件。目前已经有存储拍字节（PB）级数据的 Hadoop 集群了。

4）可构建在廉价机器上

Hadoop 不需要运行在昂贵且高可靠的硬件上，它是设计运行在商用廉价硬件的集群上的，因此，至少对于庞大的集群来说，节点故障的可能性还是非常高的。HDFS 遇到上述故障时，通过提供多个副本提高数据可靠性。

2. HDFS 的缺点

1）不适合低延迟数据访问

如果要处理一些用户要求时间比较短的低延迟应用请求，则 HDFS 不适合。HDFS 是为了处理大型数据集分析任务的，主要是为达到高的数据吞吐量而设计的，这就可能要求以高延迟作为代价。

改进策略：对于那些有低延时要求的应用程序，HBase 是一个更好的选择，通过上层数据管理项目尽可能地弥补这个不足，在性能上有了很大的提升。使用缓存或多个 master 设计可以降低 Client 的数据请求压力，以减少延时。

2）无法高效存储大量的小文件

因为 NameNode 把文件系统的元数据放置在内存中，所有文件系统所能容纳的文件数目是由 NameNode 的内存大小来决定。还有一个问题就是，因为 MapTask 的数量是由 Splits 来决定的，所以用 MR 处理大量的小文件时，就会产生过多的 MapTask，线程管理开销将会增加作业时间。当 Hadoop 处理很多小文件（文件大小小于 HDFS 中 Block 大小）的时候，由于 FileInputFormat（专门用于读取普通文件的类）不会对小文件进行划分，所以每一个小文件都会被当作一个 Split 并分配一个 Map 任务，导致效率底下。例如：一个 1 GB 的文件，会被划分成 16 个 64 MB 的 Split，并分配 16 个 Map 任务处理，而 10 000 个 100 KB 的文件会被 10 000 个 Map 任务处理。

改进策略：要想让 HDFS 能处理好小文件，有不少方法，如利用 SequenceFile、MapFile、Har 等方式归档小文件，这个方法的原理就是把小文件归档起来管理，HBase 就是基于此的。

3）不支持多用户写入及任意修改文件

在 HDFS 的一个文件中只有一个写入者，而且写操作只能在文件末尾完成，即只能执行追加操作，目前 HDFS 还不支持多个用户对同一文件的写操作，以及在文件任意位置进行修改。

2.4 HDFS存储原理

上一节我们重点讲述了 HDFS 的数据管理，本节将详细讲解 HDFS 的存储原理。

2.4.1 存储原理

图 2-6 是 HDFS 存储的架构图。

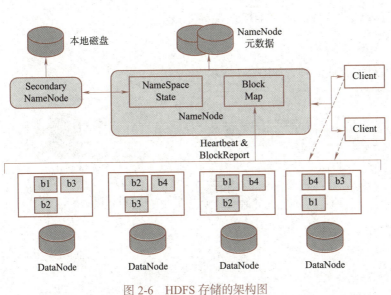

图 2-6　HDFS 存储的架构图

HDFS 采用 Master/Slave 的架构来存储数据，这种架构主要由四个部分组成，分别为 Client、NameNode、DataNode 和 Secondary NameNode。下面我们分别介绍这四个组成部分。

（1）Client：就是客户端。

① 文件切分。文件上传 HDFS 的时候，Client 将文件切分成 一个一个的 Block，然后进行存储。

② 与 NameNode 交互，获取文件的位置信息。

③ 与 DataNode 交互，读取或者写入数据。

④ Client 提供一些命令来管理 HDFS，比如启动或者关闭 HDFS。

⑤ Client 可以通过一些命令来访问 HDFS。

（2）NameNode：就是 master，它是一个主管、管理者。

① 管理 HDFS 的名称空间。

② 管理数据块（Block）映射信息。

③ 配置副本策略。

④ 处理客户端读写请求。

（3）DataNode：就是 slave。NameNode 下达命令，DataNode 执行实际的操作。

① 存储实际的数据块。

② 执行数据块的读 / 写操作。

（4）Secondary NameNode：并非 NameNode 的热备。当 NameNode 挂掉的时候，它并不能马上替换 NameNode 并提供服务。

① 辅助 NameNode，分担其工作量。

② 定期合并 Fsimage 和 Fsedits，并推送给 NameNode。

③ 在紧急情况下，可辅助恢复 NameNode。

2.4.2 写文件流程

写文件的存储流程，如图 2-7 所示。

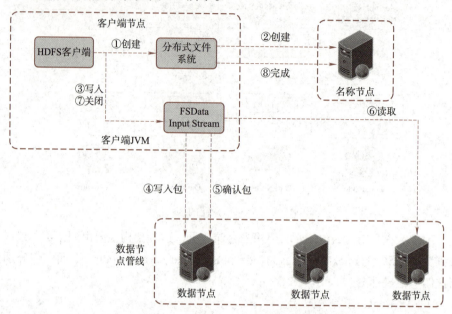

图 2-7　HDFS 写文件存储流程

具体步骤如下：

（1）客户端通过调用 DistributedFileSystem 的 create 方法，创建一个新的文件。

（2）DistributedFileSystem 通过 RPC（远程过程调用）调用 NameNode，去创建一个没有 blocks 关联的新文件。创建前，NameNode 会做各种校验，比如文件是否存在、客户端有无权限去创建等。如果校验通过，NameNode 就会记录下新文件，否则就会抛出 IO 异常。

（3）前两步结束后会返回 FSDataOutputStream 的对象，和读文件的时候相似，FSDataOutputStream 被封装成 DFSOutputStream，DFSOutputStream 可以协调 NameNode 和 DataNode。客户端开始写数据到 DFSOutputStream，DFSOutputStream 会把数据切成一个个小 packet，然后排成队列 data queue。

（4）DataStreamer 会去处理接收 data queue，它先问询 NameNode 这个新的 block 最适合存储在哪几个 DataNode 里，比如重复数是 3，那么就找到 3 个最适合的 DataNode，把它们排成一个 pipeline。DataStreamer 把 packet 按队列输出到管道的第一个 DataNode 中，第一个 DataNode 又把 packet 输出到第二个 DataNode 中，以此类推。

（5）DFSOutputStream 还有一个队列叫 ack queue，也是由 packet 组成，等待 DataNode 的收到响应，当 pipeline 中的所有 DataNode 都表示已经收到的时候，

这时 akc queue 才会把对应的 packet 包移除。

(6) 客户端完成写数据后,调用 close 方法关闭写入流。

(7) DataStreamer 把剩余的包都刷到 pipeline 里,然后等待 ack 信息,收到最后一个 ack 后,通知 DataNode 把文件标示为已完成。

2.4.3 读文件流程

读文件的流程,如图 2-8 所示。

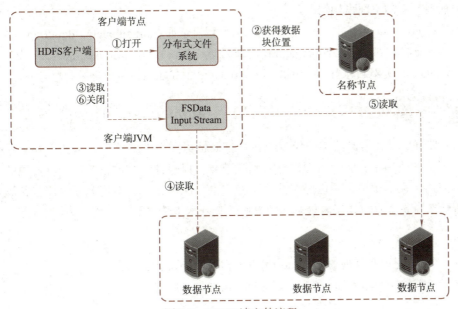

图 2-8　HDFS 读文件流程

具体步骤如下:

(1) 首先调用 FileSystem 对象的 open() 方法,其实获取的是一个 DistributedFile System 的实例。

(2) DistributedFileSystem 通过 RPC(远程过程调用)获得文件的第一批 Block 的 locations,同一 Block 按照重复数会返回多个 locations,这些 locations 按照 Hadoop 拓扑结构排序,距离客户端近的排在前面。

(3) 前两步会返回一个 FSDataInputStream 对象,该对象会被封装成 DFSInputStream 对象,DFSInputStream 可以方便地管理 DataNode 和 NameNode 数据流。客户端调用 read() 方法,DFSInputStream 就会找出离客户端最近的 DataNode 并连接 DataNode。

(4) 数据从 DataNode 源源不断地流向客户端。

(5) 如果第一个 Block 块的数据读完了,就会关闭指向第一个 Block 块的 DataNode 连接,接着读取下一个 Block 块。这些操作对客户端来说是透明的,从客户端的角度来看只是读一个持续不断的流。

(6) 如果第一批 Block 都读完了,DFSInputStream 就会去 NameNode 拿下一

批 Blocks 的 location，然后继续读，如果所有的 Block 块都读完，这时就会关闭所有的流。

2.4.4 HDFS 存储扩容

当 Hadoop 运行一段时间之后，有可能会出现 HDFS 空间不够，导致数据无法再放入 HDFS 的情况。

可以通过修改 data 目录的位置来获取更多的空间。hadoop dfsadmin -report 查看所有节点的空间占用情况。

在 core-site.xml 中，hadoop.tmp.dir 为新目录如 /mnt/sdbmount/data/tmp。

hdfs-site.xml 中，dfs.name.dir 为新目录如 /mnt/sdbmount/data/hdfs/dfsname，dfs.data.dir 为新目录如 /mnt/sdbmount/data/hdfs/dfsdata，多个目录用逗号分隔。

2.5 项目实战：HDFS添加节点和删除节点

HDFS 因其集群架构的稳定性和可扩展性深受企业的欢迎，当我们在企业生产环境的使用中，经常需要添加和删除节点，以保证集群的正常运行及资源的充分使用。在本次项目中已经搭建好了稳定的 HDFS 集群，对当前项目而言，添加删除节点是大家需要了解最基本的操作，其基本步骤如下：

1. 添加节点

（1）配置和其他 DataNode 相同的环境（JDK，Hadoop）。

（2）在 NameNode 的 hdfs-site.xml 增加如下配置：

```
1. <property>
2. <name>dfs.host</name>
3. <value>/opt/sxt/hadoop-2.6.0/etc/hadoop/dfs.include</value>
4. </property>
5. #注 dfx.include 文件中配置可上线的 DataNode，如下（Slave3 为新增）：
6. Slave1
7. Slave2
8. Slave3
```

（3）在 NameNode 中进行刷新节点配置：

```
hdfs dfsadmin -refreshNodes
```

（4）在 Slave3 启动 DataNode：

```
hadoop-daemon.sh start datanode
```

（5）查看节点状态，确保 DataNode 启动成功：

```
hdfs dfsadmin -report
```

上线完成之后记得在 /opt/sxt/hadoop-2.6.0/etc/hadoop/slaves 中追加 Slave3（也可以提前加入）。

2. 删除节点

（1）在 NameNode 的 hdfs-site.xml 增加如下配置：

```
1. <property>
2.   <name>dfs.host.exclude</name>
3.   <value>/opt/sxt/hadoop-2.6.0/etc/hadoop/dfs.exclude</value>
4. </property>
```

（2）在 dfs.exclude 中删除 DataNode(Slave3)。

（3）在 NameNode 中刷新节点配置：

```
hdfs dfsadmin -refreshNodes
```

（4）查看节点状态，确保 DataNode(Slave3) 下线成功：

```
hdfs dfsadmin -report
```

拓展阅读　大数据打造智慧城市

推进国家治理体系和治理能力现代化，必须抓好城市治理体系和治理能力现代化。让城市更聪明一些、更智慧一些，是推动城市治理体系和治理能力现代化的必由之路。要提高城市治理水平，推动治理手段、治理模式、治理理念创新，加快建设智慧城市，率先构建经济治理、社会治理、城市治理统筹推进和有机衔接的治理体系。

当今时代，随着互联网的高度普及和信息技术的极大发展，人们的衣食住行、运动医疗等信息逐渐被数据化，"大数据"正在改变着人们的生活。同时在城市生活、交通水平、公共服务等方面也衍生出很多问题，推动了传统意义上的智慧城市向新型智慧城市演进。随着互联网信息技术的不断发展成熟，大数据在智慧城市的建设之中成为重要的基石。

大数据赋能智慧交通。智慧出行时代基于海量的大数据，进行收集、分析、应用并迭代，将交通大数据资源转为数字资产，进化为巨大的商业价值和社会价值。我们只要打开手机的出行 App，系统自动优化交通路线，轻松高效地享受智能交通出行的科技红利。通过实时抓取与深度分析智能交通数据库，实现了出行信息策略优化，交通大数据也可以延伸运用至交通出行、旅游、公共安全等多方面。技术推动着人们出行方式的不断升级。

大数据赋能智慧消费。基于大数据的信息收集，智慧食堂脱颖而出，改善了人们在传统食堂的用餐体验，也让食堂管理变得更加简单。特别是在支付方面，食堂会为就餐者建立就餐账户，采集人脸信息并关联账户，方便就餐者刷脸支付。

就餐者在刷脸过程中，依托大数据技术，让人脸识别又快又准。当就餐者每次用餐完毕需要结账的时候，只需刷个脸，餐费就在其关联的就餐账户中自动扣除，就餐者全过程无须携带饭卡或手机，不仅省去忘带饭卡、现场充值的麻烦，还能大大节约排队结算的时间，非常方便快捷。

随着"数字中国"建设的推进，大数据正从"热点"到"支点"，向零售、金融、电信、物流、医疗、交通等领域加速拓展。大数据在智慧城市的建设中会逐渐发挥更多价值，未来还有无限可能，推动城市基础设施数字化、网联化、智能化发展，为新型智慧城市建设带来了前所未有的发展动力，"智慧"让城市变得更加美好。

小　　结

Hadoop 分布式文件系统（HDFS）是指被设计成适合运行在通用硬件（Commodity Hardware）上的分布式文件系统（Distributed File System），它和现有的分布式文件系统有很多共同点，但也有明显的区别。本章主要介绍了其工作特点，并且从数据块、安全模式、文献权限以及 HDFS 优缺点等方面，介绍了 HDFS 数据管理内容。同时，从存储原理、写文件流程、读文件流程以及 HDFS 存储扩容等方面，介绍了 HDFS 存储原理。

习　　题

1. Hadoop 的作者是（　　）。
   A. Martin Fowler　　　　　　　　B. Kent Beck
   C. Doug cutting　　　　　　　　　D. Grace Hopper
2. 关于大数据的价值密度描述，正确的是（　　）。
   A. 大数据由于其数据量大，所以其价值密度低
   B. 大数据由于其数据量大，所以其价值也大
   C. 大数据的价值密度是指其数据类型多且复杂
   D. 大数据由于其数据量大，所以其价值密度高
3. 以下（　　）属于非结构化数据。
   A. 企业 ERP 数据　　　　　　　　B. 财务系统数据
   C. 视频监控数据　　　　　　　　　D. 日志数据
4. 关于 HDFS 集群中的 DataNode 的描述不正确的是（　　）。
   A. 一个 DataNode 上存储的所有数据块，可以有相同的
   B. 存储客户端上传的数据块
   C. DataNode 之间可以互相通信
   D. 响应客户端的所有读写数据请求，为客户端的存储和读取数据提供支撑

5. 一个 gzip 文件大小 75 MB，客户端设置 Block 大小为 64 MB，请问其占用几个 Block？（　　）

　　A. 3　　　　　　B. 2　　　　　　C. 4　　　　　　D. 1

6. HDFS 有一个 gzip 文件大小 75 MB，客户端设置 Block 大小为 64 MB。当运行 MapReduce 任务读取该文件时，input split 大小为（　　）

　　A. 一个 Map 读取 64 MB，另外一个 Map 读取 11 MB

　　B. 128 MB

　　C. 64 MB

　　D. 75 MB

7. Client 端上传文件的时候下列哪项正确？（　　）

　　A. 数据经过 NameNode 传递给 DataNode（不经过 NameNode）

　　B. Client 端将文件切分为 Block，依次上传

　　C. Client 只上传数据到一台 DataNode，然后由 NameNode 负责 Block 复制工作（Client 向 NameNode 发起文件写入的请求。NameNode 根据文件大小和文件块配置情况，返回给 Client 所管理部分 DataNode 的信息。Client 将文件划分为多个 Block，根据 DataNode 的地址信息，按顺序写入到每一个 DataNode 块中）

　　D. 以上都不正确

8. HDFS 是基于流数据模式访问和处理超大文件的需求而开发的，具有高容错、高可靠性、高可扩展性、高吞吐率等特征，适合的读写任务是（　　）。

　　A. 一次写入，少次读　　　　　　B. 多次写入，少次读

　　C. 多次写入，多次读　　　　　　D. 一次写入，多次读

9. 说配置机架感知说明，正确的是（　　）。

　　A. MapReduce 会根据机架获取离自己比较近的网络数据

　　B. 写入数据的时候会写到不同机架的 DataNode

　　C. 如果一个机架出问题，不会影响数据读写

　　D. 以上都正确

10. Hadoop1.0 默认的调度器策略是（　　）。

　　A. 先进先出调度器　　　　　　B. 计算能力调度器

　　C. 公平调度器　　　　　　　　D. 优先级调度器

第 3 章

HDFS 文件系统操作

在前面的章节中,我们已经学习了 HDFS 的基础理论知识,下面开始进行 HDFS 的文件系统操作。文件系统操作主要分为两种方式,分别是 HDFS Shell 和 HDFS Java API,下面将对这两种方式分别进行介绍。

知识目标

- 理解 HDFS Shell 的主要操作内容。
- 掌握 HDFS Java API 的主要操作内容。

能力目标

- 会使用 HDFS Shell 进行基本的操作实验。
- 会使用 HDFS Java API 进行基本的操作实验。

素质目标

- 通过实践文件系统操作,探索文件系统架构的源代码。

3.1 HDFS Shell操作

HDFS 是存取数据的分布式文件系统,那么对 HDFS 的操作,就是文件系统的基本操作,如文件的创建、修改、删除、修改权限等,以及文件夹的创建、删除、重命名等。对 HDFS 的操作命令类似于 Linux 的 Shell 对文件的操作,如 ls、mkdir、rm 等。

文件系统 Shell 包括与 Hadoop 分布式文件系统(HDFS)以及 Hadoop 支持的其他文件系统(如本地 FS、HFTP FS、S3 FS 等)直接交互的各种类似 Shell 的命令。在本节内容中,我们将开始介绍以 HDFS Shell 的方式进行操作,也就是 HDFS 命令行的操作。

首先,打开 Master 服务器的窗口,运行 hdfs dfs 的命令,代码如下:

```
1. #hdfs shell 帮助手册
2. [root@Master ~]# hdfs dfs
3. Usage: hadoop fs [generic options]
```

4. # 追加数据到文件
5. [-appendToFile <localsrc> ... <dst>]
6. # 查看文件内容
7. [-cat [-ignoreCrc] <src> ...]
8. # 检测 hdfs 文件块
9. [-checksum <src> ...]
10. # 改变文件所属的组
11. [-chgrp [-R] GROUP PATH...]
12. # 改变文件权限
13. [-chmod [-R] <MODE[,MODE]... | OCTALMODE> PATH...]
14. # 改变文件的拥有者
15. [-chown [-R] [OWNER][:[GROUP]] PATH...]
16. # 从本地文件系统上传文件，限定目标路径是本地文件
17. [-copyFromLocal [-f] [-p] [-l] <localsrc> ... <dst>]
18. # 下载文件到本地，限定目标路径是文件
19. [-copyToLocal [-p] [-ignoreCrc] [-crc] <src> ... <localdst>]
20. # 统计 hdfs 对应路径下的目录个数、文件个数、文件总计大小
21. [-count [-q] [-h] <path> ...]
22. # 将文件从源路径复制到目标路径
23. [-cp [-f] [-p | -p[topax]] <src> ... <dst>]
24. # 创建快照
25. [-createSnapshot <snapshotDir> [<snapshotName>]]
26. # 删除快照
27. [-deleteSnapshot <snapshotDir> <snapshotName>]
28. # 检查文件系统的磁盘空间占用情况
29. [-df [-h] [<path> ...]]
30. # 显示目录中所有文件的大小
31. [-du [-s] [-h] <path> ...]
32. # 清空回收站
33. [-expunge]
34. # 复制文件到本地文件系统
35. [-get [-p] [-ignoreCrc] [-crc] <src> ... <localdst>]
36. # 显示权限信息
37. [-getfacl [-R] <path>]
38. # 显示文件或目录的扩展属性名称和值（如果有的话）
39. [-getfattr [-R] {-n name | -d} [-e en] <path>]
40. # 接收一个源目录和一个目标文件作为输入，并且将源目录中所有的文件连接成本地目标文件
41. [-getmerge [-nl] <src> <localdst>]
42. # 帮助命令

43. [-help [cmd ...]]
44. # 展示目录下的所有内容
45. [-ls [-d] [-h] [-R] [<path> ...]]
46. # 创建目录
47. [-mkdir [-p] <path> ...]
48. # 移动本地文件到 hdfs
49. [-moveFromLocal <localsrc> ... <dst>]
50. # 移动 hdfs 文件到本地
51. [-moveToLocal <src> <localdst>]
52. # 移动文件
53. [-mv <src> ... <dst>]
54. # 上传文件
55. [-put [-f] [-p] [-l] <localsrc> ... <dst>]
56. # 重命名快照
57. [-renameSnapshot <snapshotDir> <oldName> <newName>]
58. # 删除文件或者目录
59. [-rm [-f] [-r|-R] [-skipTrash] <src> ...]
60. # 删除文件夹
61. [-rmdir [--ignore-fail-on-non-empty] <dir> ...]
62. # 设置权限信息
63. [-setfacl [-R] [{-b|-k} {-m|-x <acl_spec>} <path>]|[--set <acl_spec> <path>]]
64. # 设置文件或目录的扩展属性名称和值
65. [-setfattr {-n name [-v value] | -x name} <path>]
66. # 改变一个文件的副本系数
67. [-setrep [-R] [-w] <rep> <path> ...]
68. # 返回指定路径的统计信息
69. [-stat [format] <path> ...]
70. # 将文件尾部 1 K 字节的内容输出到 stdout
71. [-tail [-f] <file>]
72. # 检查文件或者目录是否存在
73. [-test -[defsz] <path>]
74. # 将源文件输出为文本格式
75. [-text [-ignoreCrc] <src> ...]
76. # 创建一个 0 字节的空文件
77. [-touchz <path> ...]
78. # 显示命令的用途
79. [-usage [cmd ...]]
80. # 支持的通用的选项
81. Generic options supported are

```
82. #指定一个配置文件
83. -conf <configuration file> specify an application configura
tion file
84. #指定k-v格式的数据
85. -D <property=value> use value for given property
86. #指定一个namenode
87. -fs <local|namenode:port> specify a namenode
88. #指定一个resourcemanager
89. -jt <local|resourcemanager:port> specify a ResourceManager
90. #指定要复制到map reduce集群的文件,逗号分隔
91. -files <comma separated list of files> specify comma sepa
rated files to be copied to the map reduce cluster
92. #指定要包含在classpath的jar文件,逗号分隔
93. -libjars <comma separated list of jars> specify comma sep
arated jar files to include in the classpath.
94. #指定服务器上的归档日志,逗号分隔
95. -archives <comma separated list of archives> specify comma
separated archives to be unarchived on the compute machines.
96. #命令的语法规则
97. The general command line syntax is
98. bin/hadoop command [genericOptions] [commandOptions]
```

从上述代码中,可以详细地看到 HDFS 命令的基本用法,包括基本的文件操作、命令的语法规则以及日志操作等。掌握了 HDFS 基本用法,下面将通过实际案例来演示常用的 HDFS 命令。

3.1.1 创建目录

HDFS 创建目录的命令为 hdfs dfs –mkdir,当运行该命令之后,在 HDFS Web 页面可以显示所创建的文件夹 /test,如图 3-1 所示。

```
[root@Master ~]# hdfs dfs -mkdir /test
```

创建目录

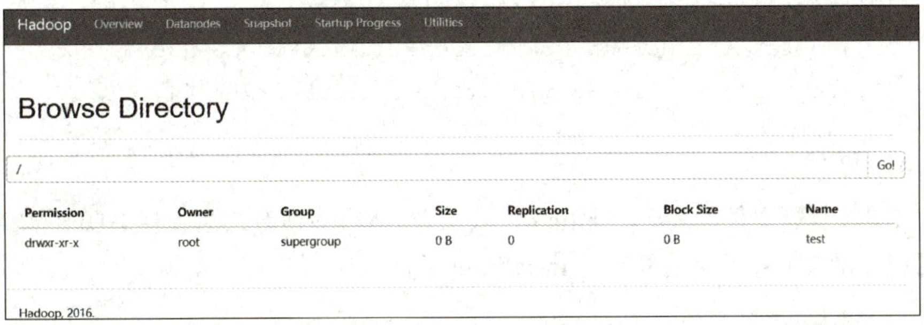

图 3-1　hdfs dfs 命令创建 test 目录

3.1.2 上传文件

HDFS 上传文件的命令是 hdfs dfs –put，当运行该命令之后，在 HDFS Web 页面可以显示所上传的文件 install.log，如图 3-2 所示。

```
[root@Master ~]# hdfs dfs -put install.log /
```

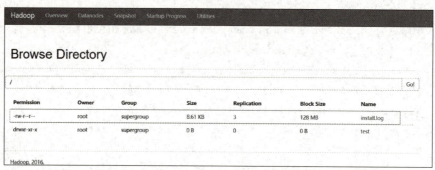

图 3-2　hdfs dfs 命令上传 install.log 文件

3.1.3 查看文件内容

HDFS 查看文件的命令是 hdfs dfs –cat，当运行该命令之后，在 HDFS Web 页面可以显示所查看文件 install.log 的结果，代码如下：

```
1. #运行命令
2. [root@Master ~]# hdfs dfs -cat /install.log
3. #显示结果，结果记录条数较多，此处只显示前10行
4. Installing libgcc-4.4.7-4.el6.x86_64
5. warning: libgcc-4.4.7-4.el6.x86_64: Header V3 RSA/SHA1 Signature, key ID c105b9de: NOKEY
6. Installing setup-2.8.14-20.el6_4.1.noarch
7. Installing filesystem-2.4.30-3.el6.x86_64
8. Installing basesystem-10.0-4.el6.noarch
9. Installing ncurses-base-5.7-3.20090208.el6.x86_64
10. Installing kernel-firmware-2.6.32-431.el6.noarch
11. Installing tzdata-2013g-1.el6.noarch
12. Installing nss-softokn-freebl-3.14.3-9.el6.x86_64
13. Installing glibc-common-2.12-1.132.el6.x86_64
```

3.1.4 复制文件

HDFS 复制文件的命令是 hdfs dfs –cp，当运行该命令之后，在 HDFS Web 页面可以显示在 test 目录下复制了 install.log 文件，如图 3-3 所示。

```
[root@Master ~]# hdfs dfs -cp /install.log /test/
```

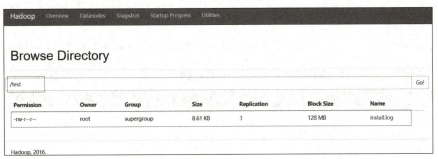

图 3-3　hdfs dfs 命令复制 install.log 文件

3.1.5　修改文件权限

HDFS 修改文件权限的命令是 hdfs dfs –chmod，当运行该命令之后，在 HDFS Web 页面上可以看到修改后的 install.log 文件的权限。

运行如下命令，修改文件权限为所有用户具有全部权限。

```
[root@Master ~]# hdfs dfs -chmod 777 /install.log
```

查看 HDFS 上 /install.log 的文件权限，如图 3-4 所示。

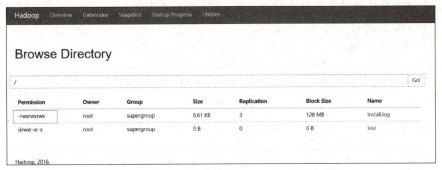

图 3-4　hdfs dfs 命令修改 install.log 文件权限

3.1.6　修改文件属组、属主信息

HDFS 修改文件组属性的命令是 hdfs dfs –chown，当运行该命令之后，在 HDFS Web 页面上可以看到修改后的 install.log 文件的属组、属主信息，如图 3-5 所示。

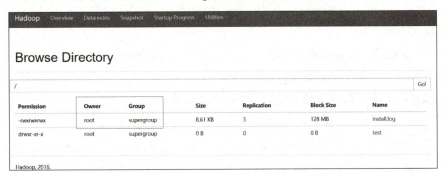

图 3-5　属组、属主信息目录

修改权限

修改组

运行如下命令，修改文件属组、属主为 Hadoop：

```
[root@Master ~]# hdfs dfs -chown hadoop:hadoop /install.log
```

查看修改之后的 /install.log 的文件属组、属主信息，如图 3-6 所示。

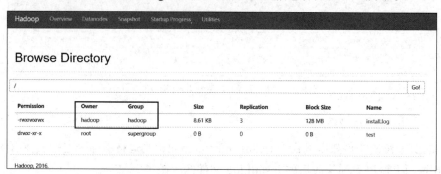

图 3-6　hdfs dfs 命令修改 install.log 文件属组、属主信息

3.1.7　查看目录所有文件

HDFS 查看目录的命令是 hdfs dfs –ls，当运行该命令之后，在 HDFS Web 页面上可以查看到目录下所有文件的信息，如图 3-7 所示。

```
1.  [root@Master ~]# hdfs dfs -ls /
2.  Found 2 items
3.  -rwxrwxrwx 3 hadoop hadoop 8815 2019-04-05 05:09 /install.log
4.  drwxr-xr-x - root supergroup 0 2019-04-05 05:31 /test
```

图 3-7　hdfs dfs 查看目录所有文件信息

查看全部文件

3.1.8　查看文件系统磁盘使用情况

HDFS 查看文件系统磁盘使用情况的命令是 hdfs dfs –df，当运行该命令之后，在 HDFS Web 页面上可以查看到文件系统磁盘使用情况的信息，如图 3-8 所示。

```
1.  [root@Master ~]# hdfs dfs  -df /
2.  Filesystem           Size           Used         Available         Use%
3.  hdfs: //master:9000 310100877312    270336       287363198976      0%
```

图 3-8　hdfs dfs 查看文件系统磁盘使用情况

查看磁盘

3.1.9　删除文件

HDFS 删除文件的命令是 hdfs dfs –rm，当运行该命令之后，在 HDFS Web 页面上可以查看到删除 install.log 文件成功。

运行如下命令删除刚刚上传的 /install.log 文件：

```
1. [root@Master ~]# hdfs dfs -rm -f /install.log
2. 19/04/05 05:47:20 INFO fs.TrashPolicyDefault: Namenode trash configuration: Deletion interval=0 minutes, Emptier interval=0 minute
```

删除文件

```
3. s.Deleted /install.log
```

查看 HDFS 文件系统的文件，可以看到 install.log 已经删除，如图 3-9 所示。

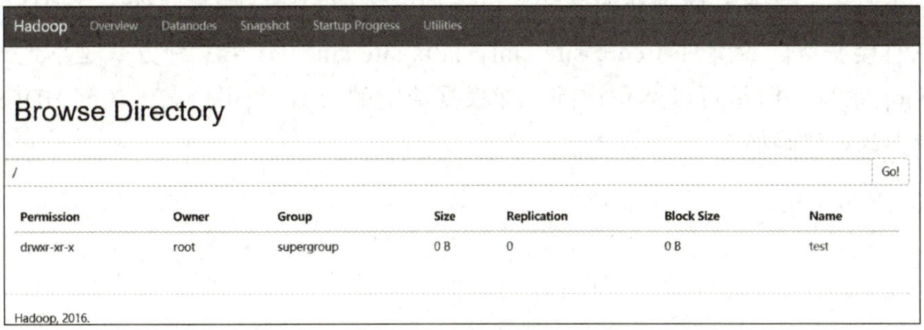

图 3-9 hdfs dfs 删除文件

3.1.10 删除目录

HDFS 删除目录的命令是 hdfs dfs –rm –f，当运行该命令之后，在 HDFS Web 页面上可以查看到删除目录成功。

```
1. [root@Master ~]# hdfs dfs -rm -r -f /test
2. 19/04/05 05:49:18 INFO fs.TrashPolicyDefault: Namenode trash configuration: Deletion interval=0 minutes, Emptier interval=0 minutes
3. Deleted /test
```

删除目录

在 HDFS 上查看目录，发现 /test 已经删除，如图 3-10 所示。

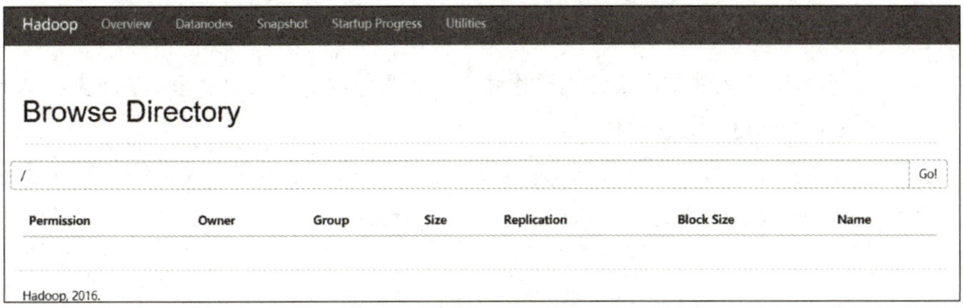

图 3-10 hdfs dfs 删除目录

3.2 HDFS Java API

HDFS 文件操作有两种方式：一种是命令行方式，Hadoop 提供了一套与 Linux 文件命令类似的命令行工具，即前述章节中介绍的 Shell；另一种就是 Java API，即利用 Hadoop 的 Java 库，采用编程的方式操作 HDFS 的文件。在上一章节中已经学习了如何使用 HDFS Shell 对文件系统进行操作，但是在企业的应用场景中，还需要使用代码来对 HDFS 文件系统进行操作，本节将学习使用 Java 语言来操作 HDFS。

3.2.1 根据配置文件获取 HDFS 操作对象

在通过 Java 代码对 HDFS 的文件系统进行操作之前，需要先获取 HDFS 文件系统对象，主要有两种获取方式：第一种方式是本地有配置文件，这种情况下可以直接获取配置文件（core-site.xml，hdfs-site.xml）；第二种方式是本地没有 Hadoop 系统，但是可以远程访问，即根据给定的 URL 和用户名，访问 HDFS 的配置参数。代码如下：

```
1.  package com.test;

2.  import java.io.IOException;
3.  import java.net.URI;
4.  import java.net.URISyntaxException;

5.  import org.apache.hadoop.conf.Configuration;
6.  import org.apache.hadoop.fs.FileSystem;

7.  public class GetFileSystem {

8.  public static void main(String[] args) {
9.  GetFileSystem gfs=new GetFileSystem();
10. System.out.println(gfs.getHadoopFileSystem());
11. }

12. /**
13.  * 根据配置文件获取 HDFS 操作对象，有两种方法： 1.使用 conf 直接从本地获取配置文件创建 HDFS 对象
14.  * 2.多用于本地没有 Hadoop 系统，但是可以远程访问。使用给定的 URI 和用户名，访问远程的配置文件，然后创建 HDFS 对象
15.  *
16.  * @return FileSystem
17.  */
18. public FileSystem getHadoopFileSystem() {

19. FileSystem fs=null;
20. Configuration conf=null;

21. /* 方法一，本地有配置文件，直接获取配置文件（core-site.xml, hdfs-site.xml）
22.  * 根据配置文件创建 HDFS 对象
```

```
23.  * 此时必须指定 HDFS 的访问路径 */
24.  conf=new Configuration();
25.  // 文件系统为必须设置的内容。其他配置参数可以自行设置,且优先级最高
26.  conf.set("fs.defaultFS", "hdfs://Master:9000");

27.  try {
28.      // 根据配置文件创建 HDFS 对象
29.      fs=FileSystem.get(conf);
30.  } catch (IOException e) {
31.      e.printStackTrace();
32.  }

33.  /**
34.   * 方法二:本地没有 Hadoop 系统,但是可以远程访问。根据给定的 URL 和用户名,访问 HDFS 的配置参数
35.   * 此时的 conf 不需任何设置,只需读取远程的配置文件即可
36.   */
37.  /*conf=new Configuration();
38.  // Hadoop 的用户名
39.  String hdfsUserName="root";

40.  URI hdfsUri=null;
41.  try {
42.      // HDFS 的访问路径
43.      hdfsUri=new URI("hdfs://Master:9000");
44.  } catch (URISyntaxException e) {
45.      e.printStackTrace();
46.  }

47.  try {
48.      // 根据远程的 NameNode 节点,获取配置信息,创建 HDFS 对象
49.      fs=FileSystem.get(hdfsUri, conf, hdfsUserName);
50.  } catch (IOException e) {
51.      e.printStackTrace();
52.  } catch (InterruptedException e) {
53.      e.printStackTrace();
54.  }*/
55.  return fs;
56.  }
57.  }
```

3.2.2 创建文件夹

创建文件夹的过程如下所示:

创建文件夹

```
1. package com.test;

2. import java.io.IOException;

3. import org.apache.hadoop.conf.Configuration;
4. import org.apache.hadoop.fs.FileSystem;
5. import org.apache.hadoop.fs.Path;

6. public class GetFileSystem {

7. public static void main(String[] args) {
8. GetFileSystem gfs=new GetFileSystem();
9. FileSystem fs=gfs.getHadoopFileSystem();
10. gfs.createPath(fs);
11. }

12. /**
13. * 根据配置文件获取 HDFS 操作对象
14. *
15. * @return FileSystem
16. */
17. public FileSystem getHadoopFileSystem() {

18. FileSystem fs=null;
19. Configuration conf=null;

20. * 方法一,本地有配置文件,直接获取配置文件 (core-site.xml, hdfs-site.xml)
21. * 根据配置文件创建 HDFS 对象
22. * 此时必须指定 HDFS 的访问路径 */
23. conf=new Configuration();
24. // 文件系统为必须设置的内容。其他配置参数可以自行设置,且优先级最高
25. conf.set("fs.defaultFS", "hdfs://Master:9000");

26. try {
27. // 根据配置文件创建 HDFS 对象
```

```
28.     fs=FileSystem.get(conf);
29.   } catch (IOException e) {
30.     e.printStackTrace();
31.   }
32.   return fs;
33. }

34. /**
35.  * @param fs
36.  * @return
37.  */
38. public boolean createPath(FileSystem fs){
39.   // 设置返回值对象
40.   boolean b=false;
41.   // 指定要创建的路径
42.   Path path=new Path("/test");
43.   try {
44.     // 创建目录
45.     b=fs.mkdirs(path);
46.   } catch (IOException e) {
47.     e.printStackTrace();
48.   } finally {
49.     try {
50.       fs.close();
51.     } catch (IOException e) {
52.       e.printStackTrace();
53.     }
54.   }
55.   return b;
56. }
57. }
```

3.2.3 重命名文件夹

重命名文件夹的过程如下所示:

```
1. package com.test;
```

重命名

```java
2. import java.io.IOException;

3. import org.apache.hadoop.conf.Configuration;
4. import org.apache.hadoop.fs.FileSystem;
5. import org.apache.hadoop.fs.Path;

6. public class GetFileSystem {

7.     public static void main(String[] args) {
8.     GetFileSystem gfs=new GetFileSystem();
9.     FileSystem fs=gfs.getHadoopFileSystem();
10.    boolean flag=gfs.RenameDir(fs);
11.    System.out.println(flag);
12.    }

13.    /**
14.     * 根据配置文件获取 HDFS 操作对象
15.     *
16.     * @return FileSystem
17.     */
18.    public FileSystem getHadoopFileSystem() {

19.    FileSystem fs=null;
20.    Configuration conf=null;

21.    /** 方法一,本地有配置文件,直接获取配置文件(core-site.xml, hdfs-site.xml)
22.     * 根据配置文件创建 HDFS 对象
23.     * 此时必须指定 HDFS 的访问路径 */
24.    conf=new Configuration();
25.    // 文件系统为必须设置的内容。其他配置参数可以自行设置,且优先级最高
26.    conf.set("fs.defaultFS", "hdfs://Master:9000");

27.    try {
28.    // 根据配置文件创建 HDFS 对象
29.    fs=FileSystem.get(conf);
30.    } catch (IOException e) {
31.    e.printStackTrace();
32.    }
```

```
33. return fs;
34. }

35. /**
36.  * 重命名文件夹
37.  * @param hdfs
38.  * @return
39.  */
40. public boolean RenameDir(FileSystem hdfs){
41.     // 设置返回值对象
42.     boolean b=false;
43.     // 设置旧的路径对象
44.     Path oldPath=new Path("/test");
45.     // 设置新的路径对象
46.     Path newPath=new Path("/hadoop");

47.     try {
48.         // 重命名文件夹
49.         b=hdfs.rename(oldPath,newPath);
50.     } catch (IOException e) {
51.         e.printStackTrace();
52.     }finally {
53.         try {
54.             // 关闭文件系统对象
55.             hdfs.close();
56.         } catch (IOException e) {
57.             e.printStackTrace();
58.         }
59.     }
60.     // 返回成功标识
61.     return b;
62. }
63. }
```

3.2.4 文件上传

文件上传过程如下所示：

```
1. package com.test;
```

上传文件

```
2. import java.io.IOException;

3. import org.apache.hadoop.conf.Configuration;
4. import org.apache.hadoop.fs.FileSystem;
5. import org.apache.hadoop.fs.Path;

6. public class GetFileSystem {

7. public static void main(String[] args) {
8. GetFileSystem gfs=new GetFileSystem();
9. FileSystem fs=gfs.getHadoopFileSystem();
10. gfs.PutFile2HDFS(fs);
11. }

12. /**
13. * 根据配置文件获取 HDFS 操作对象
14. *
15. * @return FileSystem
16. */
17. public FileSystem getHadoopFileSystem() {

18. FileSystem fs=null;
19. Configuration conf=null;

20. // ** 方法一，本地有配置文件，直接获取配置文件（core-site.xml, hdfs-site.xml）
21. * 根据配置文件创建 HDFS 对象
22. * 此时必须指定 HDFS 的访问路径
23. conf=new Configuration();
24. // 文件系统为必须设置的内容。其他配置参数可以自行设置，且优先级最高
25. conf.set("fs.defaultFS", "hdfs://Master:9000");

26. try {
27. // 根据配置文件创建 HDFS 对象
28. fs=FileSystem.get(conf);
29. } catch (IOException e) {
30. e.printStackTrace();
31. }
```

```
32.    return fs;
33. }

34. /**
35.  * 上传文件
36.  * @param fs
37.  */
38. public void PutFile2HDFS(FileSystem fs){
39.    //设置本地路径对象
40.    Path localPath=new Path("file:////d://demo.txt");
41.    //设置HDFS文件对象
42.    Path hdfsPath=new Path("/hadoop/");

43.    try {
44.        //上传文件
45.        fs.copyFromLocalFile(localPath,hdfsPath);
46.    } catch (IOException e) {
47.        e.printStackTrace();
48.    }finally {
49.        try {
50.            fs.close();
51.        } catch (IOException e) {
52.            e.printStackTrace();
53.        }
54.    }
55. }
```

3.2.5 文件的下载

下载文件过程如下所示：

```
1. package com.test;

2. import java.io.IOException;

3. import org.apache.hadoop.conf.Configuration;
4. import org.apache.hadoop.fs.FileSystem;
5. import org.apache.hadoop.fs.Path;

6. public class GetFileSystem {
```

文件下载

```
7.  public static void main(String[] args) {
8.  GetFileSystem gfs=new GetFileSystem();
9.  FileSystem fs=gfs.getHadoopFileSystem();
10. gfs.getFileFromHDFS(fs);
11. }

12. /**
13.  * 根据配置文件获取HDFS操作对象
14.  *
15.  * @return FileSystem
16.  */
17. public FileSystem getHadoopFileSystem() {

18. FileSystem fs=null;
19. Configuration conf=null;

20. // 本地有配置文件,直接获取配置文件(core-site.xml, hdfs-site.xml)
21. // 根据配置文件创建HDFS对象
22. // 此时必须指定HDFS的访问路径
23. conf=new Configuration();
24. // 文件系统为必须设置的内容。其他配置参数可以自行设置,且优先级最高
25. conf.set("fs.defaultFS", "hdfs://Master:9000");

26. try {
27. // 根据配置文件创建HDFS对象
28. fs=FileSystem.get(conf);
29. } catch (IOException e) {
30. e.printStackTrace();
31. }

32. return fs;
33. }

34. /**
35.  * 文件下载
36.  * 注意下载的路径的最后一个地址是下载的文件名
37.  * copyToLocalFile(Path local,Path hdfs)
38.  * @param fs
```

```
39.  */
40.  public void getFileFromHDFS(FileSystem fs){
41.  //设置HDFS路径对象
42.  Path HDFSPath=new Path("/hadoop/demo.txt");
43.  //设置本地路径对象
44.  Path localPath=new Path("file:////d://test//");

45.  try {
46.  // 文件下载
47.  fs.copyToLocalFile(HDFSPath,localPath);
48.  } catch (IOException e) {
49.  e.printStackTrace();
50.  }finally {
51.  try {
52.  fs.close();
53.  } catch (IOException e) {
54.  e.printStackTrace();
55.  }
56.  }
57.  }
58.  }
```

3.2.6 文件判断

文件判断过程如下所示：

```
1.  package com.test;

2.  import java.io.IOException;

3.  import org.apache.hadoop.conf.Configuration;
4.  import org.apache.hadoop.fs.FileSystem;
5.  import org.apache.hadoop.fs.Path;

6.  public class GetFileSystem {

7.  public static void main(String[] args) {
8.  GetFileSystem gfs=new GetFileSystem();
9.  FileSystem fs=gfs.getHadoopFileSystem();
10. gfs.CheckFile(fs);
```

文件的判断

```
11. }

12. /**
13.  * 根据配置文件获取HDFS操作对象
14.  *
15.  * @return FileSystem
16.  */
17. public FileSystem getHadoopFileSystem() {

18. FileSystem fs=null;
19. Configuration conf=null;

20. // 本地有配置文件，直接获取配置文件（core-site.xml, hdfs-site.xml）
21. // 根据配置文件创建HDFS对象
22. // 此时必须指定HDFS的访问路径
23. conf=new Configuration();
24. // 文件系统为必须设置的内容。其他配置参数可以自行设置，且优先级最高
25. conf.set("fs.defaultFS", "hdfs://Master:9000");

26. try {
27. // 根据配置文件创建HDFS对象
28. fs=FileSystem.get(conf);
29. } catch (IOException e) {
30. e.printStackTrace();
31. }

32. return fs;
33. }

34. /**
35.  * 文件简单的判断
36.  * 是否存在
37.  * 是否是文件夹
38.  * 是否是文件
39.  * @param fs
40.  */
41. public void CheckFile(FileSystem fs){
42. // 文件是否存在标志
43. boolean isExists=false;
```

```
44. //是否是目录标志
45. boolean isDirectorys=false;
46. //是否是文件标志
47. boolean isFiles=false;
48. //设置HDFS路径对象
49. Path path=new Path("/hadoop");

50. try {
51. //判断文件是否存在
52. isExists=fs.exists(path);
53. //判断是否是目录
54. isDirectorys=fs.isDirectory(path);
55. //判断是否是文件
56. isFiles=fs.isFile(path);
57. } catch (IOException e){
58. e.printStackTrace();
59. } finally {
60. try {
61. fs.close();
62. } catch (IOException e) {
63. e.printStackTrace();
64. }
65. }

66. if(!isExists){
67. System.out.println("路径不存在");
68. }else{
69. System.out.println("路径存在");
70. if(isDirectorys){
71. System.out.println("输入路径是目录");
72. }else if(isFiles){
73. System.out.println("输入路径是文件");
74. }
75. }
76. }
77. }
```

3.2.7 HDFS 文件的复制

文件复制过程如下所示：

```
1. package com.test;

2. import java.io.IOException;

3. import org.apache.hadoop.conf.Configuration;
4. import org.apache.hadoop.fs.FSDataInputStream;
5. import org.apache.hadoop.fs.FSDataOutputStream;
6. import org.apache.hadoop.fs.FileSystem;
7. import org.apache.hadoop.fs.Path;
8. import org.apache.hadoop.io.IOUtils;
9.
10. public class GetFileSystem {

11. public static void main(String[] args) {
12. GetFileSystem gfs=new GetFileSystem();
13. FileSystem fs=gfs.getHadoopFileSystem();
14. gfs.copyFileBetweenHDFS(fs);
15. }

16. /**
17. * 根据配置文件获取 HDFS 操作对象
18. *
19. * @return FileSystem
20. */
21. public FileSystem getHadoopFileSystem() {

22. FileSystem fs=null;
23. Configuration conf=null;

24. // 本地有配置文件，直接获取配置文件（core-site.xml，hdfs-site.xml）
25. // 根据配置文件创建 HDFS 对象
26. // 此时必须指定 HDFS 的访问路径
27. conf=new Configuration();
28. // 文件系统为必须设置的内容。其他配置参数可以自行设置，且优先级最高
29. conf.set("fs.defaultFS", "hdfs://Master:9000");

30. try {
```

```
31.    // 根据配置文件创建HDFS对象
32.    fs=FileSystem.get(conf);
33.    } catch (IOException e) {
34.    e.printStackTrace();
35.    }
36.    return fs;
37.    }

38.    /**
39.    * hdfs之间文件的复制
40.    * 使用FSDataInputStream来打开文件open(Path p)
41.    * 使用FSDataOutputStream来创建写到的路径create(Path p)
42.    * 使用 IOUtils.copyBytes(FSDataInputStream,FSDataOutputStream,int buffer,Boolean isClose)来进行具体的读写
43.    * 说明:
44.    * 1.java中使用缓冲区来加速读取文件,这里也使用了缓冲区,但是只要指定缓冲区大小即可,不必单独设置一个新的数组来接收
45.    * 2.最后一个布尔值表示是否使用完后关闭读写流。通常是false,如果不手动关会报错的
46.    * @param hdfs
47.    */
48.    public void copyFileBetweenHDFS(FileSystem hdfs){
49.    // 设置被复制的路径对象
50.    Path inPath=new Path("/hadoop/demo.txt");
51.    // 设置复制文件的最终路径
52.    Path outPath=new Path("/test/test.txt");

53.    // 设置字节输入流
54.    FSDataInputStream hdfsIn=null;
55.    // 设置字节输出流
56.    FSDataOutputStream hdfsOut=null;

57.    try {
58.    // 打开HDFS的文件
59.    hdfsIn=hdfs.open(inPath);
60.    // 打开要输出的文件
61.    hdfsOut=hdfs.create(outPath);
62.    // 文件复制
63.    IOUtils.copyBytes(hdfsIn,hdfsOut,1024*1024*64,false);
```

```
64.   } catch (IOException e) {
65.     e.printStackTrace();
66.   }finally {
67.     try {
68.       // 关闭输出流
69.       hdfsOut.close();
70.       // 关闭输入流
71.       hdfsIn.close();
72.     } catch (IOException e) {
73.       e.printStackTrace();
74.     }
75.   }
76. }
77. }
```

3.2.8 文件夹的遍历操作

文件夹遍历过程如下所示：

```
1. package com.test;

2. import java.io.IOException;
3. import java.util.HashSet;
4. import java.util.Set;

5. import org.apache.hadoop.conf.Configuration;
6. import org.apache.hadoop.fs.FileStatus;
7. import org.apache.hadoop.fs.FileSystem;
8. import org.apache.hadoop.fs.Path;

9. public class GetFileSystem {

10.   public static void main(String[] args) {
11.     GetFileSystem gfs=new GetFileSystem();
12.     FileSystem fs=gfs.getHadoopFileSystem();
13.     Path path=new Path("/test");
14.     Set<String> set=gfs.recursiveHdfsPath(fs,path);
15.     for (String string : set) {
16.       System.out.println(string);
17.     }
18.   }
```

```
19. /**
20.  * 根据配置文件获取 HDFS 操作对象
21.  *
22.  * @return FileSystem
23.  */
24. public FileSystem getHadoopFileSystem() {

25. FileSystem fs=null;
26. Configuration conf=null;

27. // 本地有配置文件，直接获取配置文件（core-site.xml, hdfs-site.xml）
28. // 根据配置文件创建 HDFS 对象
29. // 此时必须指定 HDFS 的访问路径
30. conf=new Configuration();
31. // 文件系统为必须设置的内容。其他配置参数可以自行设置，且优先级最高
32. conf.set("fs.defaultFS", "hdfs://Master:9000");

33. try {
34. // 根据配置文件创建 HDFS 对象
35. fs=FileSystem.get(conf);
36. } catch (IOException e) {
37. e.printStackTrace();
38. }
39. return fs;
40. }

41. /**
42.  * 遍历文件夹
43.  * public FileStatus[] listStatus(Path p)
44.  * 通常使用 HDFS 文件系统的 listStatus(path) 来获取改定路径的子路径。然后逐个判断
45.  * 值得注意的是：
46.  * 1.并不是所有文件夹中都有文件，有些文件夹是空的，如果仅仅做是否为文件的判断会有问题，必须加文件的长度是否为 0 的判断
47.  * 2.使用 getPath() 方法获取的是 FileStatus 对象是带 URL 路径的。使用 FileStatus.getPath().toUri().getPath() 获取的路径才是不带 url 的路径
48.  * @param hdfs
49.  * @param listPath 传入的 HDFS 开始遍历的路径
```

```
50. * @return
51. */
52. public Set<String> recursiveHdfsPath(FileSystem hdfs,Path listPath){
53.     // 定义存放路径的集合
54.     Set<String> set=new HashSet<String>();
55.     FileStatus[] files=null;

56.     try {
57.         // 展示目录下的所有文件
58.         files=hdfs.listStatus(listPath);
59.         // 实际上并不是每个文件夹都会有文件的
60.         if(files.length==0){
61.             // 如果不使用 toUri()，获取的路径带 URL
62.             set.add(listPath.toUri().getPath());
63.         }else {
64.             // 判断是否为文件
65.             for (FileStatus f : files) {
66.                 if (files.length==0 || f.isFile()) {
67.                     set.add(f.getPath().toUri().getPath());
68.                 } else {
69.                     // 是文件夹，且非空，就继续遍历
70.                     recursiveHdfsPath(hdfs, f.getPath());
71.                 }
72.             }
73.         }
74.     } catch (IOException e) {
75.         e.printStackTrace();
76.     }
77.     return set;
78. }
79. }
```

3.2.9 获取配置的所有信息

获取配置信息的过程如下所示：

配置文件

```
1. package com.test;

2. import java.util.Iterator;
3. import java.util.Map;
```

```
4. import org.apache.hadoop.conf.Configuration;

5. public class GetFileSystem2 {

6. public static void main(String[] args) {
7. GetFileSystem2 gfs=new GetFileSystem2();
8. gfs.showAllConf();
9. }


10. /**
11. * 获取配置的所有信息
12. * 首先,要知道配置文件是哪一个
13. * 然后将获取的配置文件用迭代器接收
14. * 实际上配置中是KV对,可以通过Java中的Entry来接收
15. *
16. */
17. public void showAllConf(){
18. //设置配置文件对象
19. Configuration conf=new Configuration();
20. //设置HDFS的主机名称
21. conf.set("fs.defaultFS", "hdfs://Master:9000");
22. //获取配置属性的迭代器
23. Iterator<Map.Entry<String,String>> it=conf.iterator();
24. //遍历输出配置信息
25. while(it.hasNext()){
26. Map.Entry<String,String> entry=it.next();
27. System.out.println(entry.getKey()+"=" +entry.getValue());
28. }
29. }
30. }
```

3.2.10 删除文件夹

删除文件夹的过程如下所示:

```
1. package com.test;

2. import java.io.IOException;
```

```java
3. import org.apache.hadoop.conf.Configuration;
4. import org.apache.hadoop.fs.FileSystem;
5. import org.apache.hadoop.fs.Path;

6. public class GetFileSystem {

7.     public static void main(String[] args) {
8.         GetFileSystem gfs=new GetFileSystem();
9.         FileSystem fs=gfs.getHadoopFileSystem();
10.        boolean flag=gfs.dropHdfsPath(fs);
11.        System.out.println(flag);
12.    }

13.    /**
14.     * 根据配置文件获取 HDFS 操作对象
15.     *
16.     * @return FileSystem
17.     */
18.    public FileSystem getHadoopFileSystem() {

19.        FileSystem fs=null;
20.        Configuration conf=null;

21.        // 本地有配置文件,直接获取配置文件(core-site.xml, hdfs-site.xml)
22.        // 根据配置文件创建 HDFS 对象
23.        // 此时必须指定 HDFS 的访问路径
24.        conf=new Configuration();
25.        // 文件系统为必须设置的内容。其他配置参数可以自行设置,且优先级最高
26.        conf.set("fs.defaultFS", "hdfs://Master:9000");

27.        try {
28.            // 根据配置文件创建 HDFS 对象
29.            fs=FileSystem.get(conf);
30.        } catch (IOException e) {
31.            e.printStackTrace();
32.        }
33.        return fs;
34.    }
```

```
35.  /**
36.   * 删除文件，实际上删除的是给定 path 路径的最后一个
37.   * 跟 Java 中一样，也需要 path 对象，不过是 hadoop.fs 包中的
38.   * 实际上 delete(Path p) 已经过时了，更多使用 delete(Path p,bool
ean recursive)
39.   * 后面的布尔值实际上是对文件的删除，相当于 rm -r
40.   * @param fs
41.   * @return
42.   */
43.  public boolean dropHdfsPath(FileSystem fs){
44.  // 设置返回值对象
45.  boolean b=false;
46.  // 设置删除路径对象
47.  Path path=new Path("/test");
48.  try {
49.  // 删除文件夹
50.  b=fs.delete(path,true);
51.  } catch (IOException e) {
52.  e.printStackTrace();
53.  } finally {
54.  try {
55.  // 关闭文件系统
56.  fs.close();
57.  } catch (IOException e) {
58.  e.printStackTrace();
59.  }
60.  }
61.  return b;
62.  }
63.  }
```

3.3 项目实战：将数据存储到HDFS

根据该项目的框架流程，我们已经知道，整个项目的数据是来源于数据采集组，数据采集组将数据通过爬虫抓取回来，再通过 Glume 将数据先暂时存储到 HDFS 的目录中。

在前面的章节中，已经成功地搭建好了 Glume 的平台，接下来开始进行项目的操作，其过程如下所示：

```
1.  # 在Slave2 的服务器/root 目录下创建project 目录
```

2. [root@Slave2 ~]# mkdir project
3. # 展示 /root 目录内容
4. [root@Slave2 ~]# ls
5. project
6. # 进入 project 目录下
7. [root@Slave2 ~]# cd project/
8. [root@Slave2 project]#
9. # 创建名称为 project_option 的 Flume 配置文件
10. [root@Slave2 project]# vi project_option
11. # 定义 agent 名，source、channel、sink 的名称
12. f1.sources=r1
13. f1.channels=c1
14. f1.sinks=k1

15. # 具体定义 source
16. # 定义 source 的类型为 netcat
17. f1.sources.r1.type=netcat
18. # 定义 netcat 绑定的服务器的名称
19. f1.sources.r1.bind=Slave2
20. # 定义 netcat 绑定的服务器的端口
21. f1.sources.r1.port=55555
22. # 指定每行数据最长的长度
23. f1.sources.r1.max-line-length=1000000
24. # 将 source 和 channel 连接起来
25. f1.sources.r1.channels=c1

26. # channel 具体配置
27. # 定义 channel 的类型为 memory
28. f1.channels.c1.type=memory
29. # 定义 channel 的存储数据的容量
30. f1.channels.c1.capacity=1000
31. # 定义 channel 每次事务提交的数量
32. f1.channels.c1.transactionCapacity=1000
33. # 定义添加和删除数据的超时时间，单位是秒
34. f1.channels.c1.keep-alive=30

35. # 具体定义 sink
36. # 定义 sink 的类型为 HDFS
37. f1.sinks.k1.type=hdfs

38. # 将sink和channel连接起来
39. f1.sinks.k1.channel=c1
40. # 设置在HDFS上存储数据的目录名称,因为产生的数据比较多,我们按照天为单位,将每一天的数据存储在一个指定的目录中
41. f1.sinks.k1.hdfs.path=hdfs:/Initial_Data/%Y%m%d
42. # 设置存储在HDFS的文件的前缀,此处规定以日期为前缀
43. f1.sinks.k1.hdfs.filePrefix=%Y%m%d-
44. # 设置HDFS存储数据的文件类型
45. f1.sinks.k1.hdfs.fileType=DataStream
46. # 设置是否使用服务器的时间
47. f1.sinks.k1.hdfs.useLocalTimeStamp=true
48. # 设置连续没有写入数据则关闭文件的时间
49. f1.sinks.k1.hdfs.idleTimeout =30
50. # 设置每次发送数据的条数
51. f1.sinks.k1.hdfs.batchSize=1000
52. # 设置HDFS进行读写操作的时间
53. f1.sinks.k1.hdfs.callTimeout=3600000
54. # 关闭根据文件条数创建新文件的功能
55. f1.sinks.k1.hdfs.rollCount=0
56. # 设置每个文件达到128 MB后开始创建新文件
57. f1.sinks.k1.hdfs.rollSize=128000000
58. # 关闭根据输入时间创建新文件的功能
59. f1.sinks.k1.hdfs.rollInterval=3600
60. # 保存退出

61. # 运行Flume
62. flume-ng agent --conf-file project_option --name f1 -Dflume.root.logger=INFO,console
63. # 运行状态
64. 19/04/11 00:29:23 INFO node.PollingPropertiesFileConfigurationProvider: Configuration provider starting
65. 19/04/11 00:29:23 INFO node.PollingPropertiesFileConfigurationProvider: Reloading configuration file:project_option
66. 19/04/11 00:29:23 INFO conf.FlumeConfiguration: Processing:k1
67. 19/04/11 00:29:23 INFO conf.FlumeConfiguration: Processing:k1
68. 19/04/11 00:29:23 INFO conf.FlumeConfiguration: Processing:k1
69. 19/04/11 00:29:23 INFO conf.FlumeConfiguration: Processing:k1
70. 19/04/11 00:29:23 INFO conf.FlumeConfiguration: Processing:k1
71. 19/04/11 00:29:23 INFO conf.FlumeConfiguration: Processing:k1

72. 19/04/11 00:29:23 INFO conf.FlumeConfiguration: Processing:k1
73. 19/04/11 00:29:23 INFO conf.FlumeConfiguration: Processing:k1
74. 19/04/11 00:29:23 INFO conf.FlumeConfiguration: Added sinks: k1 Agent: f1
75. 19/04/11 00:29:23 INFO conf.FlumeConfiguration: Processing:k1
76. 19/04/11 00:29:23 INFO conf.FlumeConfiguration: Processing:k1
77. 19/04/11 00:29:23 INFO conf.FlumeConfiguration: Processing:k1
78. 19/04/11 00:29:23 INFO conf.FlumeConfiguration: Post-validation flume configuration contains configuration for agents: [f1]
79. 19/04/11 00:29:23 INFO node.AbstractConfigurationProvider: Creating channels
80. 19/04/11 00:29:23 INFO channel.DefaultChannelFactory: Creating instance of channel c1 type memory
81. 19/04/11 00:29:23 INFO node.AbstractConfigurationProvider: Created channel c1
82. 19/04/11 00:29:23 INFO source.DefaultSourceFactory: Creating instance of source r1, type netcat
83. 19/04/11 00:29:23 INFO sink.DefaultSinkFactory: Creating instance of sink: k1, type: hdfs
84. 19/04/11 00:29:23 INFO node.AbstractConfigurationProvider: Channel c1 connected to [r1, k1]
85. 19/04/11 00:29:23 INFO node.Application: Starting new configuration:{ sourceRunners:{r1=EventDrivenSourceRunner: { source:org.apache.f
86. lume.source.NetcatSource{name:r1,state:IDLE} }} sinkRunners:{k1=SinkRunner: { policy:org.apache.flume.sink.DefaultSinkProcessor@7ec7ecc6 counterGroup:{ name:null counters:{} } }} channels:{c1=org.apache.flume.channel.MemoryChannel{name: c1}} }19/04/11 00:29:23 INFO node.Application: Starting Channel c1
87. 19/04/11 00:29:23 INFO instrumentation.MonitoredCounterGroup: Monitored counter group for type: CHANNEL, name: c1: Successfully regist
88. ered new MBean.19/04/11 00:29:23 INFO instrumentation.MonitoredCounterGroup: Component type: CHANNEL, name: c1 started
89. 19/04/11 00:29:23 INFO node.Application: Starting Sink k1
90. 19/04/11 00:29:23 INFO node.Application: Starting Source r1
91. 19/04/11 00:29:23 INFO instrumentation.MonitoredCounterGroup: Monitored counter group for type: SINK, name: k1: Suc

```
cessfully registere
92. d new MBean.19/04/11 00:29:23 INFO instrumentation.Moni
toredCounterGroup: Component type: SINK, name: k1 started
93. 19/04/11 00:29:23 INFO source.NetcatSource: Source starting
94. 19/04/11 00:29:23 INFO source.NetcatSource: Created server
Socket:sun.nio.ch.ServerSocketChannelImpl[/192.168.3.192:55555]

95. # 出现如上情况，表明 Flume 已经启动成功，下面开始向 Flume 中加载数据
96. # 效果如下：表明正在写入数据
97. 19/04/11 00:42:54 INFO hdfs.HDFSDataStream: Serializer=
TEXT, UseRawLocalFileSystem=false
98. 19/04/11 00:42:54 INFO hdfs.BucketWriter: Creating hdfs:/
Initial_Data/20190411/20190411-.1554914574353.tmp
```

查看 HDFS 的数据文件目录：从图 3-11 中可以看到，数据已经保存在 HDFS 中，第一步的数据存储就完成，存储组件也已经运行正常，会持续不断地写入数据。运行完成上述基本操作之后，表示数据的存储组件已经运行正常。至此，"任务一：将爬虫抓取的数据通过 Flume 存储在 HDFS 中"已经完成。

图 3-11　将数据通过 Flume 存储在 HDFS 中

拓展阅读　大数据推动商业变革

　　大数据时代的到来，给人们生活带来便利的同时，也带来了多方面的变革，其中在商业领域尤为突出。在一切可量化的数据时代中，就连我们的坐姿也可能成为一个数据，从而产生了坐姿研究与汽车防盗系统，这个系统对于一个人的坐姿进行了量化，进而进行了数据化，变成了一种防盗的工具。而对于沟通类的信息，微博里的一个赞字都成为了极大的信息，拥有着价值。

　　大数据时代使得价值的概念变得愈发广泛，即使是文字变为数据、沟通变为数据，也对我们有着很大的价值。可以把数据分为六种价值。第一种价值是数据的再利用。再利用可以让人不断地从数据中获取信息，所以有人才会说我们发现的数据中的价值只是冰山一角，而它则含有更多更有价值的信息在里面，等着我

们挖掘。第二种价值是数据重组。当多个数据重组在一起，数据的总和与本身价值也比单个更大。第三种价值是可扩展数据。即一份数据有可扩展性，可以达到一分钱两分货甚至多分货的效果。第四种价值是数据的折旧值。即一份数据可以一年又一年地被使用，因为即使数据用于基本用途的价值会减少，但潜在价值却依然很强大。第五种价值是数据废弃。它是用户在线交互的副产品，包括浏览了哪些页面，停留了多久，鼠标光标停留的位置、输入了什么信息，这些都可以让我们知道用户在干什么，哪些内容比较吸引人。第六种价值是开放数据。从我们对数据价值的分析可以得知，当我们给数据估值的时候，其价值是很高的，可是实际成本很低，这就是数据带来的价值。

在商业领域，还有关于大数据角色的定位问题，数据时代的角色划分更为复杂，有全新的数据中间商、大数据思维公司和个人、大数据技术公司、大数据掌控公司等。但这些角色都有一个非常显著的特点，那就是大数据决定着一些企业的竞争力。近年来，根据数据本身、技能、思维三方面出现了三种大数据公司，而大数据是掌控公司的。比如，一个用户使用信用卡，信用卡的服务可以让公司知道人们去哪里吃饭，之后会干什么，又如在给车加油之后会去吃晚饭，这就是一个商机，可以在加油站给顾客提供加油站附近的饭店优惠券。

总之，大数据技术的发展给许多企业带来了商机，从而推动了商业的变革。

小　　结

本章从创建目录、上传文件、查看文件内容、复制文件、修改文件权限、修改文件属组、属主信息、查看目录所有文件、查看文件系统磁盘使用情况、删除文件及删除目录等方面，介绍 HDFS Shell 操作。并且，介绍 HDFS Java API 操作内容，主要包括根据配置文件获取 HDFS 操作对象、创建文件夹、重命名文件夹、文件上传、文件下载、文件判断、文件复制、文件夹遍历、获取配置信息及删除文件夹等操作。

习　　题

1. 在 Centos7 中，如果想要查看本机的主机名可以使用下面哪个命令？（　　）
   A. reboot（重启）　　　　　　　　　　B. hostname
   C. pwd（查看当前工作路径）　　　　　D. tail（查看文件最后 1 KB 内容）
2. Hadoop 的三种安装模式不包括以下哪种？（　　）
   A. 两分布式模式　　　　　　　　　　B. 完全分布式模式
   C. 伪分布模式　　　　　　　　　　　D. 单机模式
3. 下面哪个程序负责 HDFS 数据存储？（　　）
   A. NameNode　　　　　　　　　　　B. Jobtracker

C. Datanode D. secondaryNameNode

4. HDFS1.0 默认 Block Size 大小是多少？（   ）

   A. 32 MB B. 64 MB C. 128 MB D. 256 MB

5. Hadoop-2.x 集群中 HDFS 默认副本块的个数是（   ）。

   A. 3 B. 2 C. 1 D. 4

6. 关于 SecondaryNameNode 描述哪项是正确的？（   ）

   A. 它目的是帮助 NameNode 合并编辑日志，减少 NameNode 的负担和冷启动时的加载时间

   B. 它对内存没有要求（SecondaryNameNode 也是在内存中合并的）

   C. 它是 NameNode 的热备（冷备）

   D. SecondaryNameNode 应与 NameNode 部署到一个节点（SecondaryNameNode 通常与 NameNode 在不同的计算机上运行，因为它的内存需求与 NameNode 相同，这样可以减轻 NameNode 所在计算机的压力）

7. HDFS 有一个 LZO（with index）文件大小 75 MB，客户端设置 Block 大小为 64 MB。当运行 MapReduce 任务读取该文件时 input split 大小为（   ）

   A. 一个 Map 读取 64 MB，另外一个 Map 读取 11 MB

   B. 64 MB

   C. 75 MB

   D. 128 MB

8. 若不针对 MapReduce 编程模型中的 key 和 value 值进行特别设置，下列哪一项是 MapReduce 不适宜的运算？（   ）

   A. Max B. Min C. Count D. Average

9. 下列关于网络用户行为的说法中，错误的是（   ）。

   A. 网络公司能够捕捉到用户在其网站上的所有行为

   B. 用户离散的交互痕迹能够为企业提升服务质量提供参考

   C. 数字轨迹用完即自动删除

   D. 用户的隐私安全很难得以规范保护

第 4 章

MapReduce 简介及架构原理

> 根据项目经理的项目工作安排,下面开始完成"任务二:通过 MapReduce 进行数据清洗工作"。
>
> 在完成任务二之前,我们需要对 MapReduce 有基础的认知,只有这样才能够更好地完成项目中的数据清洗工作。MapReduce 是为 Apache Hadoop 量身订做的,它非常适用于 Hadoop 的使用场景,即大规模日志处理系统、批量数据提取加载工具(ETL 工具)等类似操作。本章将学习 MapReduce 的理论知识和一些基础的案例。

知识目标

- 理解 MapReduce 编程模型的基本概念。
- 了解 MapReduce 编程模型的工作机制。

能力目标

- 会使用 MapReduce 编程模型进行基本的实验操作。

素质目标

- 通过学习 MapReduce,探索将 MapReduce 应用到更多领域。

4.1 MapReduce 介绍

Hadoop MapReduce 是一个使用简易的软件框架,基于它写出来的应用程序能够运行在由上千个商用机器组成的大型集群上,并以一种可靠容错的方式并行处理上太字节(TB)级别的数据集。第一代 Hadoop MapReduce 是一个在计算机集群上分布式处理海量数据集的软件框架,包括一个 JobTracker 和一定数量的 TaskTracker,其运行流程图如图 4-1 所示。

从该图可以看出,在最上层有 4 个独立的实体,即客户端、jobtracker、tasktracker 和分布式文件系统(HDFS)。客户端提交 MapReduce 作业;jobtracker 协调作业的运行;jobtracker 是一个 Java 应用程序,它的主类是 JobTracker;tasktracker 运行作业划分后的任务,tasktracker 也是一个 Java 应用程序，它的主类是 TaskTracker。Hadoop 运行 MapReduce 作业的步骤主要包括提交作业、初始化作业、分配任务、执行任务、更新进度和状态、完成作业 6 个步骤。

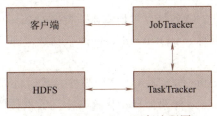

图 4-1　MapReduce 运行流程图

一个 MapReduce 作业（Job）通常会把输入的数据集切分为若干独立的数据块，由 Map 任务（Task）以完全并行的方式处理它们。框架会对 Map 的输出先进行排序，然后把结果输入给 reduce 任务。通常，作业的输入和输出都会被存储在文件系统中。整个框架负责任务的调度和监控，以及重新执行已经失败的任务。

通常，MapReduce 框架和分布式文件系统是运行在一组相同的节点上的，也就是说，计算节点和存储节点通常在一起。这种配置允许框架在那些已经存好数据的节点上高效地调度任务，这可以使整个集群的网络带宽被非常高效地利用。

MapReduce 框架由一个单独的 ResourceManager 和每个集群节点 NodeManager 共同组成。ResourceManager 负责调度，构成一个作业的所有任务，这些任务分布在不同的 NodeManager 上，ResourceManager 监控它们的执行，重新执行已经失败的任务，而 NodeManager 仅负责执行由 master 指派的任务。

应用程序至少应该指明输入/输出的位置（路径），并通过实现合适的接口或抽象类提供 map() 和 reduce() 函数。再加上其他作业的参数，就构成了作业配置（Job Configuration）。然后，Hadoop 的 job client 提交作业（jar 包/可执行程序等）和配置信息给 ResourceManager，后者负责分发这些软件和配置信息给 nodemanager、调度任务并监控它们的执行，同时提供状态和诊断信息给 job-client。

4.1.1　MapReduce 编程模型概述

MapReduce 是在总结大量应用的共同特点的基础上抽象出来的分布式计算框架，它适用的应用场景往往具有一个共同的特点：任务可被分解成相互独立的子任务，基于该特点，MapReduce 编程模型给出了其分布式编程方法，共分 5 个步骤：

（1）迭代（Iteration）。遍历输入数据，并将之解析成 key/value 对。

（2）将输入 key/value 对映射（Map）成另外一些 key/value 对。

（3）依据 key 对中间数据进行分组（Grouping）。

（4）以组为单位对数据进行归约（Reduce）。

（5）迭代。将最终产生的 key/value 对保存到输出文件中。

MapReduce 将计算过程分解成以上 5 个步骤带来的最大好处是组件化与并行化。

为了实现 MapReduce 编程模型，Hadoop 设计了一系列对外编程接口。用户可通过实现这些接口完成应用程序的开发。

4.1.2　MapReduce 编程模型介绍

从 MapReduce 自身的命名特点可以看出，MapReduce 由两个阶段组成：Map 和 Reduce。用户只需编写 map() 和 reduce() 两个函数，即可完成简单的分布式程序的设计。

map() 函数以 key/value 作为输入，产生另外一系列 key/value 对作为中间输出写入本地磁盘。MapReduce 框架会自动将这些中间数据按照 key 值进行聚集，且 key 值相同（用户可设定聚集策略，默认情况下是对 key 值进行哈希取模）的数据被统一交给 reduce() 函数处理。

reduce() 函数以 key 及对应的 value 列表作为输入，经合并 key 相同的 value 值后，产生另外一系列 key/value 对作为最终输出写入 HDFS。

下面以 MapReduce 中的"hello world"程序——WordCount 为例来介绍程序设计方法。

"hello world"程序是我们学习任何一门编程语言编写的第一个程序。它简单且易于理解，能够帮助读者快速入门。同样，分布式处理框架也有自己的"hello world"程序——WordCount，它完成的功能是统计输入文件中的每个单词出现的次数。在 MapReduce 中，代码如下：

```
1.  # 其中 Map 部分如下:
2.  # key: 字符串偏移量
3.  # value: 一行字符串内容
4.  map(String key, String value):
5.    # 将字符串分割成单词
6.    words=SplitIntoTokens(value);
7.    for each word w in words:
8.      EmitIntermediate(w, "1");
9.  # Reduce 部分如下:
10. # key: 一个单词
11. # values: 该单词出现的次数列表
12. reduce(String key, Iterator values):
13.   int result=0;
14.   for each v in values:
15.     result+=StringToInt(v);
16.   Emit(key, IntToString(result));
```

在用户编写完 MapReduce 程序后，按照一定的规则制定程序的输入和输出目录，并提交到 Hadoop 集群中，作业在 Hadoop 中的执行过程如图 4-2 所示，Hadoop 将输入数据切分成若干个输入分片（input split，后面简称 split），并将每个 split 交给一个 Map Task 处理；Map Task 不断地将对应的 split 解析出一个个

key/value，并调用 map() 函数处理，处理完之后根据据 Reduce Task 个数将结果分成若干个分片（Partition）写到本地磁盘；同时，每个 Reduce Task 从每个 Map Task 上读取属于自己的那个 Partition，然后使用基于排序的方法将 key 相同的数据聚集在一起，调用 reduce() 函数处理，并将结果输出到文件中。

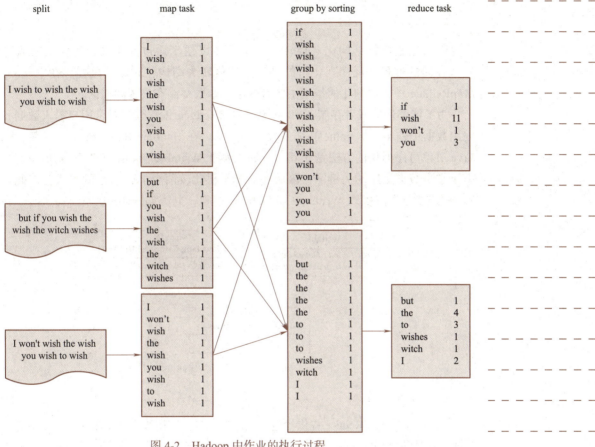

图 4-2　Hadoop 中作业的执行过程

从前面的程序我们可以发现，至少还缺少三个基本的组件，这三个组件的功能分别是：

（1）指定输入文件格式。将输入数据切分成若干个 split，且将每个 split 中的数据解析成一个个 map() 函数要求的 key/value 对。

（2）确定 map() 函数产生的每个 key/value 对发给哪个 Reduce Task 函数处理。

（3）指定输出文件格式，即每个 key/value 对以何种形式保存到输出文件中。

在 Hadoop MapReduce 中，这三个组件分别是 InputFormat、Partitioner 和 OutputFormat，它们都需要用户根据自己的应用需求来配置。而对于上面的 WordCount 例子，在默认情况下，Hadoop 采用的默认实现正好可以满足要求，因而不必再提供。

综上所述，Hadoop MapReduce 对外提供了 5 个可编程组件，分别是

InputFormat、Mapper、Partitioner、Reducer 和 OutputFormat。

4.1.3 MapReduce API 基本概念

在讲解 MapReduce 的体系架构之前，首先要介绍几个基本概念，这些概念贯穿于所有 API 中，因此需要单独讲解。

1. 序列化

序列化是指将结构化对象转为字节流，以便于通过网络进行传输或写入并持久存储的过程，反序列化指的是将字节流转为结构化对象的过程。在 Hadoop MapReduce 中，序列化的作用主要有两个：永久存储和进程间通信。

为了能够读取或者存储 Java 对象，MapReduce 编程模型要求用户输入数据和输出数据中的 key 和 value 必须是可序列化的。在 Hadoop MapReduce 中，使一个 Java 对象可序列化的方法是让其对应的类实现 Writable 接口，但对于 key 而言，由于它是数据排序的关键字，因此还需要提供比较两个 key 对象的方法。因此，key 对应类还需要实现 WritableComparable 接口，其类如图 4-3 所示。

```
      <<interface>>                    <<interface>>
        Writable                  java.lang.Comparable<T>
+write (in out : DataOutput)     +compareTo (in object : Object) : int
+readFields(in in : DataInput)
                    \            /
                     \          /
                    <<interface>>
                 WritableComparable<T>
```

图 4-3 MapReduce 中的 Writable 接口

2. Reporter 参数

Reporter 是 MapReduce 提供给应用程序的工具。应用程序可使用 Reporter 中的方法报告完成进度（Progress）、设定状态消息（setStatus）以及更新计数器（incrCounter）。Reporter 是一个基础参数，如图 4-4 所示。MapReduce 对外提供的大部分组件包括 InputFormat、Mapper 和 Reducer 等，均在其主要方法中添加了该参数。

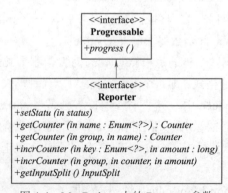

图 4-4 MapReduce 中的 Reporter 参数

3. 回调机制

回调机制是一种常见的设计模式,它将工作流内的某个功能按照约定的接口暴露给外部使用者,为外部使用者提供数据,或者要求外部使用者提供数据。

Hadoop MapReduce 对外提供的 5 个组件(InputFormat、Mapper、Partitioner、Reducer 和 OutputFormat)实际上全部属于回调接口,当用户按照约定实现这几个接口后,MapReduce 运行时环境会自动调用它们。

如图 4-5 所示,MapReduce 给用户暴露了接口 Mapper,当用户按照自己的应用程序逻辑实现自己的 MyMapper 后,Hadoop MapReduce 运行时环境会将输入数据解析成 key/value 对,并调用 map() 函数迭代处理。

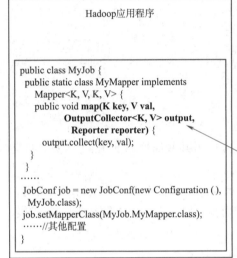
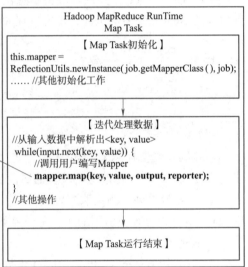

图 4-5　MapReduce 中的回调机制

4.1.4　Java API 解析

Hadoop 的主要编程语言是 Java,因而 Java API 是最基本的对外编程接口。当前,各个版本的 Hadoop 均同时存在新旧两种版本的 API。本节内容将对比这两种 API 的设计思路,主要内容包括使用实例、接口设计,在 MapReduce 运行时环境中的调用时机等,提出最优的解决方案。

1. 作业配置与提交

1)Hadoop 配置文件介绍

在 Hadoop 中,Common、HDFS 和 MapReduce 各自都有对应的配置文件,用于保存对应模块中可配置的参数。这些配置文件均为 XML 格式且由两部分构成:系统默认配置文件和管理员自定义配置文件。其中,系统默认配置文件分别是 core-default.xml、hdfs-default.xml 和 mapred-default.xml,它们包含了所有可配置属性的默认值。而管理员自定义配置文件分别是 core-site.xml、hdfs-site.xml 和 mapred-site.xml。它们由管理员设置，主要用于定义一些新的配置属性或者覆盖系统默认配置文件中的默认值。通常这些配置一旦确定，便不能被修改，如果要修改就必须重新启动 Hadoop。值得注意的是，core-default.xml 和 core-site.xml 属于公共基础库的配置文件，在默认情况下，Hadoop 总会优先加载该文件。

在 Hadoop 中，每个配置属性主要包括三个配置参数：name、value 和 description，分别表示属性名、属性值和属性描述。其中，属性描述仅用来帮助用户理解属性的含义，Hadoop 内部并不会使用它的值。此外，Hadoop 为配置文件添加了两个新的特性：final 参数和变量扩展。

（1）final 参数：如果管理员不想让用户程序修改某些属性的属性值，可将该属性的 final 参数置为 true，设置过程如下所示：

```
1. <property>
2. <name>mapred.map.tasks.speculative.execution</name>
3. <value>true</value>
4. <final>true</final>
5. </property>
```

管理员一般会在 XXX-site.xml 配置文件中为某些属性添加 final 参数，以防止用户在应用程序中修改这些属性的属性值。

（2）变量扩展：当读取配置文件时，如果某个属性存在对其他属性的引用，则 Hadoop 首先会查找引用的属性是否为下列两种属性之一，如果是，则进行扩展。

① 其他已经定义的属性。

② Java 中 System.getProperties() 函数可获取属性。

比如，如果一个配置文件中包含如下所示的配置参数：

```
1. <property>
2. <name>Hadoop.tmp.dir</name>
3. <value>/tmp/Hadoop-${user.name}</value>
4. </property>
5. <property>
6. <name>mapred.temp.dir</name>
7. <value>${Hadoop.tmp.dir}/mapred/temp</value>
8. </property>
```

则当用户想要获取属性 mapred.temp.dir 的值时，Hadoop 会将 Hadoop.tmp.dir 解析成该配置文件中另外一个属性的值，而 user.name 则被替换成系统属性 user.name 的值。

2）MapReduce 作业配置与提交

在 MapReduce 中，每个作业由两部分组成：应用程序和作业配置。其中，作业配置内容包括环境配置和用户自定义配置两部分。环境配置由 Hadoop 自动添加，主要由 mapred-default.xml 和 mapred-site.xml 两个文件中的配置选项组合而成；用户自定义配置则由用户自己根据作业特点个性化定制而成，比如用户可设置作业名称，以及 MapperReducer、Reduce Task 个数等。在新旧两套 API 中，作业配置接口发生了变化，首先通过一个例子感受一下使用上的不同，分别如下所示。

```
1. JobConf job=new JobConf(new Configuration(), MyJob.class);
2. job.setJobName("myjob");
3. job.setMapperClass(MyJob.MyMapper.class);
4. job.setReducerClass(MyJob.MyReducer.class);
5. JobClient.runJob(job);
```

```
1. Configuration conf=new Configuration();
2. Job job=new Job(conf, "myjob ");
3. job.setJarByClass(MyJob.class);
4. job.setMapperClass(MyJob.MyMapper.class);
5. job.setReducerClass(MyJob.MyReducer.class);
6. System.exit(job.waitForCompletion(true) ? 0 : 1);
```

从以上两个实例可以看出，新版 API 用 Job 类代替了 JobConf 和 JobClient 两个类，这样，仅使用一个类，同时可完成作业配置和作业提交相关功能，进一步简化了作业编写方式。

3）旧 API 中的作业配置

MapReduce 配置模块代码结构如图 4-6 所示，其中，org.apache.Hadoop.conf 中的 Configuration 类是配置模块最底层的类，从图中可以看出，该类支持以下两种基本操作。

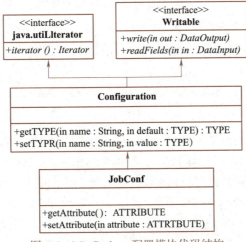

图 4-6　MapReduce 配置模块代码结构

（1）序列化：序列化是将结构化数据转换成字节流，以便于数据的传输或存储。Java 实现了自己的一套序列化框架，凡是需要支持序列化的类，都需要实现 Writable 接口。

（2）迭代：为了方便遍历所有的属性，它实现了 Java 开发包中的 Iterator 接口。

Configuration 类总会依次加载 core-default.xml 和 core-site.xml 两个基础配置文件，相关代码如下所示。

```
1. addDefaultResource("core-default.xml");
2. addDefaultResource("core-site.xml");
```

addDefaultResource() 函数的参数为 XML 文件名，它能够将 XML 文件中的 name/value 加载到内存中，当连续调用多次该函数时，对于同一个配置选项，其后面的值会覆盖前面的值。

Configuration 类中有大量针对常见数据类型的 getter()/setter() 函数，用于获取或者设置某种数据类型属性的属性值，比如，对于 float 类型，提供了如下所示的一对函数。

```
1. float getFloat(String name, float defaultValue)
2. void setFloat(String name, float value)
```

除了大量 getter()/setter() 函数外，Configuration 类中还有一个非常重要的函数，即 writeXml()，其定义方法是 void writeXml(OutputStream out)。

该函数能够将当前 Configuration 对象中所有属性及属性值保存到一个 XML 文件中，以便于在节点之间传输。这点在以后的几节中会提到。

JobConf 类描述了一个 MapReduce 作业运行时需要的所有信息，而 MapReduce 运行时环境正是根据 JobConf 提供的信息运行作业的。

JobConf 继承了 Configuration 类，并添加了一些设置/获取作业属性的 setter()/getter() 函数，以方便用户编写 MapReduce 程序，如设置/获取 Reduce Task 个数的函数为 getNumReduceTasks()，其使用方法如下所示：

```
1. public int getNumReduceTasks() { return getInt("mapred.reduce.tasks", 1); }
2. Public void setNumReduceTasks(int n) { setInt("mapred.reduce.tasks", n); }
```

JobConf 中添加的函数均是对 Configuration 类中函数的再次封装，由于它在这些函数名中融入了作业属性的名字，因而更易于使用。

默认情况下，JobConf 会自动加载配置文件 mapred-default.xml 和 mapred-site.xml，其相关代码如下所示：

```
1. static{
2. Configuration.addDefaultResource("mapred-default.xml");
```

```
3. Configuration.addDefaultResource("mapred-site.xml");
4. }
```

4）新 API 中的作业配置

前述章节中提到，与新 API 中的作业配置相关的类是 Job，该类同时具有作业配置和作业提交两大功能。其中，作业提交将在第 5 章中介绍，这里只关注作业配置部分，作业配置部分的类，如图 4-7 所示。Job 类继承了一个新类 JobContext，而 Context 自身则包含一个 JobConf 类型的成员。注意，JobContext 类仅提供了一些 getter() 方法，而 Job 类中则提供了一些 setter() 方法。

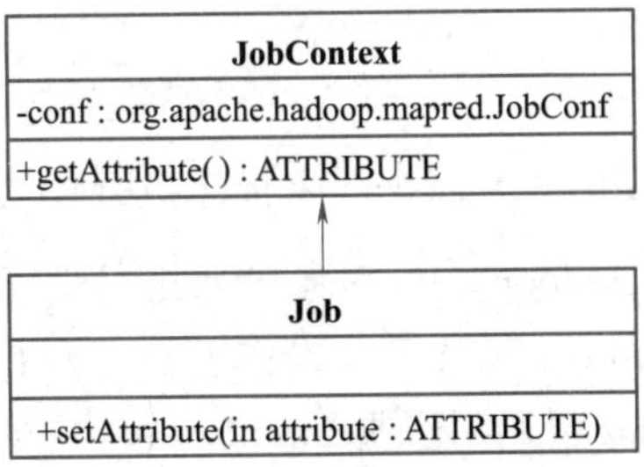

```
┌─────────────────────────────────────┐
│            JobContext               │
├─────────────────────────────────────┤
│ -conf : org.apache.hadoop.mapred.JobConf │
├─────────────────────────────────────┤
│ +getAttribute( ) : ATTRIBUTE        │
└─────────────────────────────────────┘
                  ▲
                  │
┌─────────────────────────────────────┐
│               Job                   │
├─────────────────────────────────────┤
│ +setAttribute(in attribute : ATTRIBUTE) │
└─────────────────────────────────────┘
```

图 4-7 JobContext 类配置

2. InputFormat 接口的设计与实现

InputFormat 主要用于描述输入数据的格式，它提供以下两个功能：

（1）数据切分。按照某个策略将输入数据切分成若干个 split，以便确定 Map Task 个数以及对应的 split。

（2）为 Mapper 提供输入数据。即给定某个 split，能将其解析成一个个的 key/value 对。

下面将介绍 Hadoop 如何设计 InputFormat 接口，以及提供了哪些常用的 InputFormat 实现。

1）旧版 API 的 InputFormat 解析

在旧版 API 中，InputFormat 是一个接口，它包含 getSplits() 和 getRecordReader() 两种方法，如图 4-8 所示。

```
1. InputSplit[] getSplits(JobConf job, int numSplits) throws
   IOException;
2. RecordReader<K, V> getRecordReader(InputSplit split,JobConf
   job,Reporter reporter) throws IOException;
```

getSplits() 方法主要完成数据切分的功能，它会尝试着将输入数据切分成 numSplits 个 InputSplit。其中，InputSplit 有以下两个特点：

（1）逻辑分片：它只是在逻辑上对输入数据进行分片，并不会在磁盘上将其切分成分片进行存储。InputSplit 只记录了分片的元数据信息，比如起始位置、长度及所在的节点列表等。

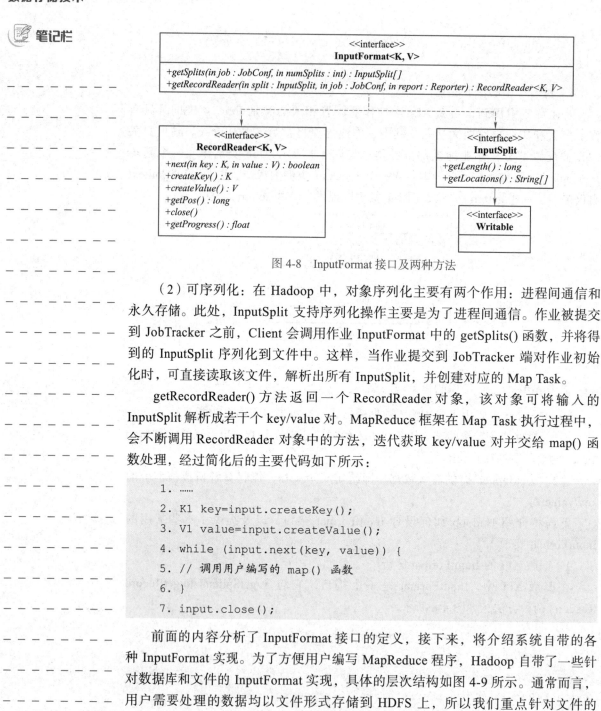

图 4-8 InputFormat 接口及两种方法

（2）可序列化：在 Hadoop 中，对象序列化主要有两个作用：进程间通信和永久存储。此处，InputSplit 支持序列化操作主要是为了进程间通信。作业被提交到 JobTracker 之前，Client 会调用作业 InputFormat 中的 getSplits() 函数，并将得到的 InputSplit 序列化到文件中。这样，当作业提交到 JobTracker 端对作业初始化时，可直接读取该文件，解析出所有 InputSplit，并创建对应的 Map Task。

getRecordReader() 方法返回一个 RecordReader 对象，该对象可将输入的 InputSplit 解析成若干个 key/value 对。MapReduce 框架在 Map Task 执行过程中，会不断调用 RecordReader 对象中的方法，迭代获取 key/value 对并交给 map() 函数处理，经过简化后的主要代码如下所示：

```
1. ……
2. K1 key=input.createKey();
3. V1 value=input.createValue();
4. while (input.next(key, value)) {
5. // 调用用户编写的 map() 函数
6. }
7. input.close();
```

前面的内容分析了 InputFormat 接口的定义，接下来，将介绍系统自带的各种 InputFormat 实现。为了方便用户编写 MapReduce 程序，Hadoop 自带了一些针对数据库和文件的 InputFormat 实现，具体的层次结构如图 4-9 所示。通常而言，用户需要处理的数据均以文件形式存储到 HDFS 上，所以我们重点针对文件的 InputFormat 实现进行讨论。

如图 4-9 所示，所有基于文件的 InputFormat 实现的基类都是 FileInputFormat，并由此派生出针对文本文件格式的 TextInputFormat 类、KeyValueTextInputFormat 类和 NLineInputFormat 类，针对二进制文件格式的 SequenceFileInputFormat 等。整个基于文件的 InputFormat 体系的设计思路是：由公共基类 FileInputFormat 采用

统一的方法对各种输入文件进行切分，比如按照某个固定大小等分，而由各个派生 InputFormat 提供的机制进一步解析 InputSplit，对应的具体实现手段是，基类 FileInputFormat 提供 getSplits 实现，而派生类提供 getRecordReader 实现。

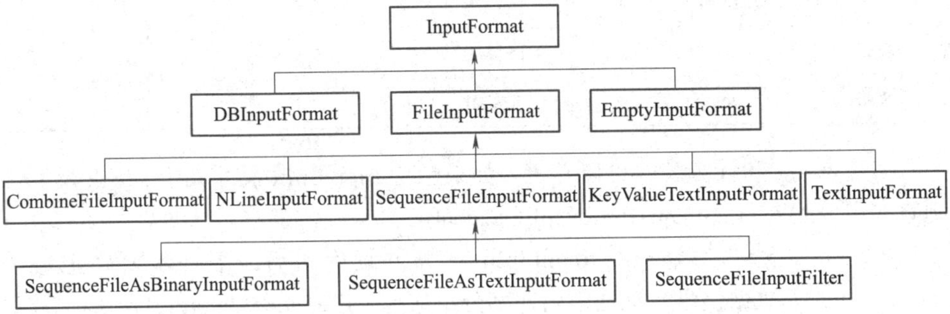

图 4-9　Hadoop MapReduce 自带 InputFormat 实现的类层次图

为了帮助同学们深入理解这些 InputFormat 的实现原理，我们选取 TextInputFormat 与 SequenceFileInputFormat 进行重点介绍。

首先，我们看基类 FileInputFormat 的实现，它最重要的功能是为各种 InputFormat 提供统一的 getSplits() 函数，该函数实现中最核心的两个算法是文件切分算法和 host 选择算法。

（1）文件切分算法。文件切分算法主要用于确定 InputSplit 的个数以及每个 InputSplit 对应的数据段。

FileInputFormat 以文件为单位切分生成 InputSplit。对于每个文件，由以下三个属性值确定其对应的 InputSplit 的个数。

● goalSize：它是根据用户期望的 InputSplit 数目计算出来的，即 totalSize/numSplits。其中：totalSize 为文件总大小；numSplits 为用户设定的 Map Task 个数，默认情况下是 1。

● minSize：InputSplit 的最小值，由配置参数 mapred.min.split.size 确定，默认是 1。

● blockSize：文件在 HDFS 中存储的 block 大小，不同文件可能不同，默认值是 64 MB。

这三个参数共同决定 InputSplit 的最终大小，其计算方法如下：

```
splitSize=max{minSize, min{goalSize, blockSize}}
```

一旦确定 splitSize 值后，FileInputFormat 将文件依次切成大小为 splitSize 的 InputSplit，最后剩下不足 splitSize 的数据块单独成为一个 InputSplit。

我们可以通过如下实例来理解：输入目录下有三个文件 file1、file2 和 file3，大小依次为 1 MB、32 MB 和 250 MB。若 blockSize 采用默认值 64 MB，则不同 minSize 和 goalSize 下，file3 切分结果如表 4-1 所示，在这三种情况下，file1 与 file2 切分结果相同，均为 1 个 InputSplit。

表 4-1 InputSplit 计算方法

minSize	goalSize	splitSize	file3 对应的 InputSplit 数目	输入目录对应的 InputSplit 总数
1 MB	totalSize(numSplits=1)	64 MB	4	6
32 MB	totalSize/5	50 MB	5	7
128 MB	totalSize/2	128 MB	2	4

结合表 4-1 和计算公式可以知道，如果想让 InputSplit 尺寸大于 Block 尺寸，则直接增大配置参数 mapred.min.split.size 即可。

（2）host 选择算法。待 InputSplit 切分方案确定后，下一步要确定每个 InputSplit 的元数据信息。这通常由四部分组成：<file, start, length, hosts>，分别表示 InputSplit 所在的文件、起始位置、长度以及所在的 host（节点）列表。其中，前三项很容易确定，难点在于 host 列表的选择方法。

InputSplit 的 host 列表选择策略直接影响到运行过程中的任务本地性。在第 2 章介绍 Hadoop 架构时，我们提到 HDFS 上的文件是以 Block 为单位组织的，一个大文件对应的 Block 可能遍布整个 Hadoop 集群，而 InputSplit 的划分算法可能导致一个 InputSplit 对应多个 Block，这些 Block 可能位于不同的节点上，这使得 Hadoop 不可能实现完全的数据本地性。为此，Hadoop 将数据本地性按照代价划分成三个等级：node locality、rack locality 和 datacenter locality（Hadoop 还未实现该 locality 级别）。在进行任务调度时，会依次考虑这 3 个节点的 locality，即优先让空闲资源处理本节点上的数据，如果节点上没有可处理的数据，则处理同一个机架上的数据，最差情况是处理其他机架上的数据，但这种情况下必须是位于同一个数据中心。

虽然 InputSplit 对应的 Block 可能位于多个节点上，但考虑到任务调度的效率，通常不会把所有节点加到 InputSplit 的 host 列表中，而是选择包含（该 InputSplit）数据总量最大的前几个节点（Hadoop 限制最多选择 10 个，多余的会过滤掉），以作为任务调度时判断任务是否具有本地性的主要凭证。为此，FileInputFormat 设计了一个简单有效的启发式算法：首先按照 rack 包含的数据量对 rack 进行排序，然后在 rack 内部按照每个 node 包含的数据量对 node 排序，最后取前 N 个 node 的 host 作为 InputSplit 的 host 列表，这里的 N 为 Block 副本数。这样，当任务调度器调度 Task 时，只要将 Task 调度给位于 host 列表的节点，就认为该 Task 满足本地性。我们可以从以下实例中理解该算法。

【实例】某个 Hadoop 集群的网络拓扑结构如图 4-10 所示，HDFS 中 Block 副本数为某个 InputSplit 包含 3 个 Block，大小依次是 100、150 和 75，很容易计算，4 个 rack 包含的（该 InputSplit 的）数据量分别是 175、250、150 和 75。rack2 中的 node3 和 node4，rack1 中的 Master 将被添加到该 InputSplit 的 host 列表中。

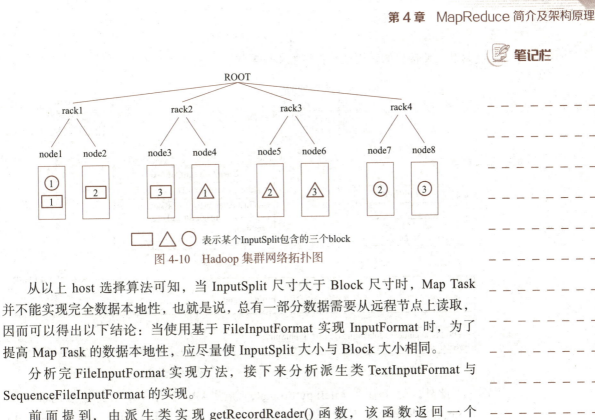

图 4-10 Hadoop 集群网络拓扑图

从以上 host 选择算法可知，当 InputSplit 尺寸大于 Block 尺寸时，Map Task 并不能实现完全数据本地性，也就是说，总有一部分数据需要从远程节点上读取，因而可以得出以下结论：当使用基于 FileInputFormat 实现 InputFormat 时，为了提高 Map Task 的数据本地性，应尽量使 InputSplit 大小与 Block 大小相同。

分析完 FileInputFormat 实现方法，接下来分析派生类 TextInputFormat 与 SequenceFileInputFormat 的实现。

前面提到，由派生类实现 getRecordReader() 函数，该函数返回一个 RecordReader 对象。它实现了类似于迭代器的功能，将某个 InputSplit 解析成一个个 key/value 对。在具体实现时，RecordReader 应考虑以下两点：

第一，定位记录边界。为了能够识别一条完整的记录，记录之间应该添加一些同步标识。对于 TextInputFormat，每两条记录之间存在换行符；对于 SequenceFileInputFormat，每隔若干条记录会添加固定长度的同步字符串。通过换行符或者同步字符串，它们很容易定位到一个完整记录的起始位置。另外，由于 FileInputFormat 仅仅按照数据量多少对文件进行切分，因而 InputSplit 的第一条记录和最后一条记录可能会被从中间切开。为了解决这种记录跨越 InputSplit 的读取问题，RecordReader 规定每个 InputSplit 的第一条不完整记录划给前一个 InputSplit 处理。

第二，解析 key/value。定位到一条新的记录后，需将该记录分解成 key 和 value 两部分。对于 TextInputFormat，每一行的内容即为 value，而该行在整个文件中的偏移量为 key。对于 SequenceFileInputFormat，每条记录的格式为：[record length] [key length] [key] [value]。其中，前两个字段分别是整条记录的长度和 key 的长度，均为 4 字节，后两个字段分别是 key 和 value 的内容。知道每条记录的格式后，很容易解析出 key 和 value。

2）新版 API 的 InputFormat 解析

新版 API 的 InputFormat 类图如图 4-11 所示。新 API 与旧 API 比较，在形式上发生了较大变化，但仔细分析，发现仅仅是对之前的一些类进行了封装，通过封装，使接口的易用性和扩展性得以增强。

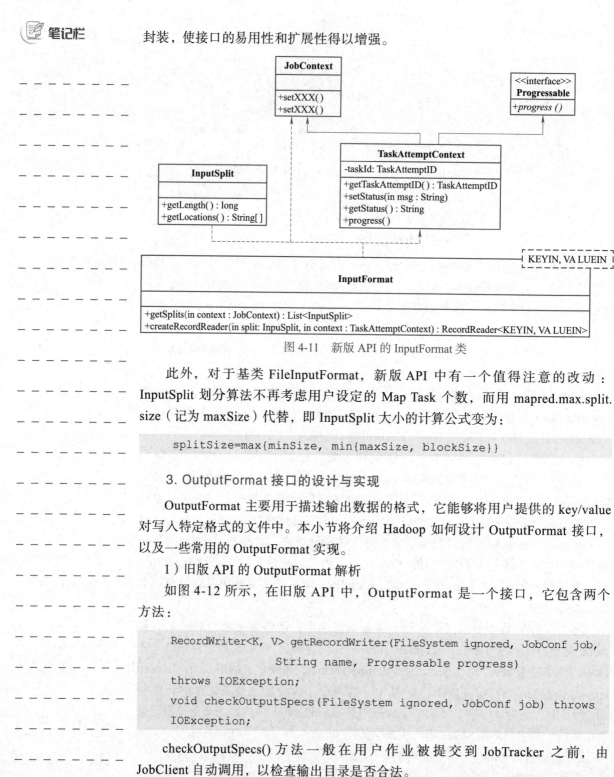

图 4-11 新版 API 的 InputFormat 类

此外，对于基类 FileInputFormat，新版 API 中有一个值得注意的改动：InputSplit 划分算法不再考虑用户设定的 Map Task 个数，而用 mapred.max.split.size（记为 maxSize）代替，即 InputSplit 大小的计算公式变为：

```
splitSize=max{minSize, min{maxSize, blockSize}}
```

3. OutputFormat 接口的设计与实现

OutputFormat 主要用于描述输出数据的格式，它能够将用户提供的 key/value 对写入特定格式的文件中。本小节将介绍 Hadoop 如何设计 OutputFormat 接口，以及一些常用的 OutputFormat 实现。

1）旧版 API 的 OutputFormat 解析

如图 4-12 所示，在旧版 API 中，OutputFormat 是一个接口，它包含两个方法：

```
RecordWriter<K, V> getRecordWriter(FileSystem ignored, JobConf job,
                String name, Progressable progress)
throws IOException;
void checkOutputSpecs(FileSystem ignored, JobConf job) throws
    IOException;
```

checkOutputSpecs() 方法一般在用户作业被提交到 JobTracker 之前，由 JobClient 自动调用，以检查输出目录是否合法。

getRecordWriter() 方法返回一个 RecordWriter 类对象。该类中的方法 write() 接收一个 key/value 对，并将之写入文件。

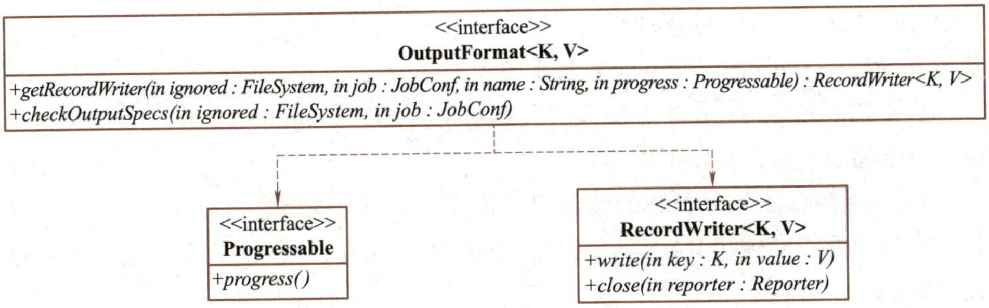

第 4 章　MapReduce 简介及架构原理

```
              <<interface>>
            OutputFormat<K, V>
+getRecordWriter(in ignored : FileSystem, in job : JobConf, in name : String, in progress : Progressable) : RecordWriter<K, V>
+checkOutputSpecs(in ignored : FileSystem, in job : JobConf)
```

```
   <<interface>>                    <<interface>>
   Progressable                   RecordWriter<K, V>
  +progress()              +write(in key : K, in value : V)
                           +close(in reporter : Reporter)
```

图 4-12　RecordWriter 类对象

在 Task 执行过程中，MapReduce 框架会将 map() 或者 reduce() 函数产生的结果传入 write() 方法，经过简化后的主要代码如下所示：
假设用户编写的 map() 函数如下：

```
1. public void map(Text key, Text value,
2. OutputCollector<Text, Text> output, Reporter reporter)
throws IOException {
3. // 根据当前 key/value 产生新的输出 <newKey, newValue>，并输出
4. ……
5. output.collect(newKey, newValue);
6. }
```

则函数 output.collect(newKey, newValue) 内部执行代码如下：

```
1. RecordWriter<K, V> out=job.getOutputFormat().getRecord
Writer(...);
2. out.write(newKey, newValue);
```

Hadoop 自带了很多 OutputFormat 实现，它们与 InputFormat 实现相对应，具体结构如图 4-13 所示。所有基于文件的 OutputFormat 实现的基类为 FileOutputFormat，并由此派生出一些基于文本文件格式、二进制文件格式或者多输出的实现。

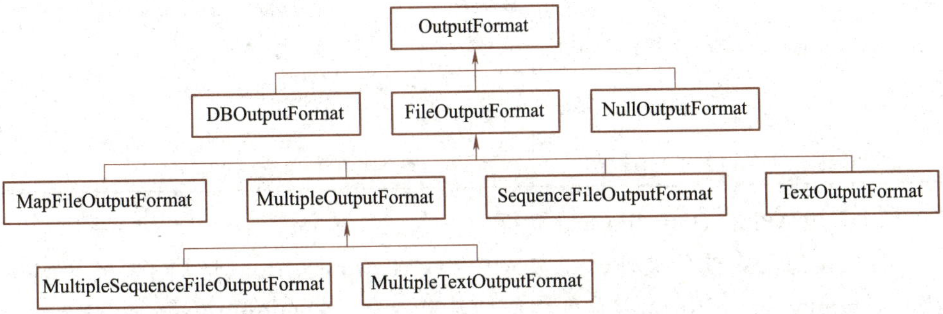

```
                        OutputFormat
                             |
        ┌────────────────────┼────────────────────┐
  DBOutputFormat      FileOutputFormat      NullOutputFormat
                             |
  ┌──────────────┬───────────┼──────────────┬──────────────┐
MapFileOutputFormat  MultipleOutputFormat  SequenceFileOutputFormat  TextOutputFormat
                             |
        ┌────────────────────┴────────────────────┐
 MultipleSequenceFileOutputFormat        MultipleTextOutputFormat
```

图 4-13　OutputFormat 类结构

为了深入分析 OutputFormat 的实现方法，我们选取比较有代表性的 FileOutputFormat 类进行分析。同介绍 InputFormat 实现的思路一样，我们先介绍基类 FileOutputFormat，再介绍其派生类 TextOutputFormat。

基类 FileOutputFormat 需要提供所有基于文件的 OutputFormat 实现的公共功能，总结起来，主要有以下两个：

（1）实现 checkOutputSpecs 接口。该接口在作业运行之前被调用，默认功能是检查用户配置的输出目录是否存在，如果存在则抛出异常，以防止之前的数据被覆盖。

（2）处理 side-effect file。任务的 side-effect file 并不是任务的最终输出文件，而是具有特殊用途的任务专属文件。它的典型应用是执行推测式任务。在 Hadoop 中，因为硬件老化、网络故障等原因，同一个作业的某些任务执行速度可能明显慢于其他任务，这种任务会拖慢整个作业的执行速度。为了对这种"慢任务"进行优化，Hadoop 会为之在另外一个节点上启动一个相同的任务，该任务便被称为推测式任务，最先完成任务的计算结果便是这块数据对应的处理结果。为防止这两个任务同时往一个输出文件中写入数据时发生写冲突，FileOutputFormat 会为每个 Task 的数据创建一个 side-effect file，并将产生的数据临时写入该文件，待 Task 完成后，再移动到最终输出目录中。这些文件的相关操作，比如创建、删除、移动等，均由 OutputCommitter 完成。它是一个接口，Hadoop 提供了默认实现 FileOutputCommitter，用户也可以根据自己的需求编写 OutputCommitter 实现，并通过参数 {mapred.output.committer.class} 指定。OutputCommitter 接口定义以及 FileOutputCommitter 对应的实现如表 4-2 所示。

表 4–2　OutputCommitter 接口定义及 FileOutputCommitter 对应的实现

方法	何时被调用	FileOutputCommitter 实现
setupJob	作业初始化	创建临时目录 ${mapred.out.dir}/_temporary
commitJob	作业成功运行完成	删除临时目录，并在 ${mapred.out.dir} 目录下创建空文件 _SUCCESS
abortJob	作业运行失败	删除临时目录
setupTask	任务初始化	不进行任何操作。原本是需要在临时目录下创建 side-effect file 的，但它是用时创建的（create on demand）
needsTaskCommit	判断是否需要提交结果	只要存在 side-effect file，就返回 true
commitTask	任务成功运行完成	提交结果，即将 side-effect file 移动到 ${mapred.out.dir} 目录下
abortTask	任务运行失败	删除任务的 side-effect file

2）新版 API 的 OutputFormat 解析

除了接口变为抽象类外，新版 API 中的 OutputFormat 增加了一个新的方法 getOutputCommitter，以允许用户自己定制合适的 OutputCommitter 实现，如图 4-14 所示。

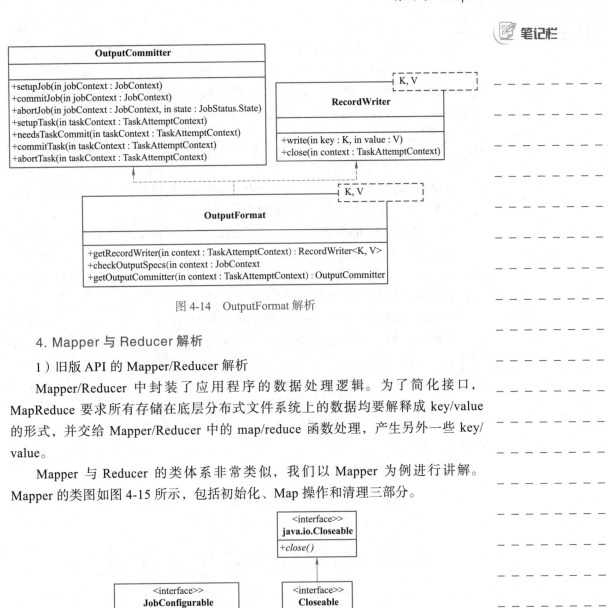

图 4-14　OutputFormat 解析

4. Mapper 与 Reducer 解析

1）旧版 API 的 Mapper/Reducer 解析

Mapper/Reducer 中封装了应用程序的数据处理逻辑。为了简化接口，MapReduce 要求所有存储在底层分布式文件系统上的数据均要解释成 key/value 的形式，并交给 Mapper/Reducer 中的 map/reduce 函数处理，产生另外一些 key/value。

Mapper 与 Reducer 的类体系非常类似，我们以 Mapper 为例进行讲解。Mapper 的类图如图 4-15 所示，包括初始化、Map 操作和清理三部分。

图 4-15　Mapper 的类图

（1）初始化。Mapper 继承了 JobConfigurable 接口。该接口中的 configure() 方法允许通过 JobConf 参数对 Mapper 进行初始化。

（2）Map 操作。MapReduce 框架会通过 InputFormat 中 RecordReader 从 InputSplit 获取一个个 key/value 对，并交给下面的 map() 函数处理：

```
void map(K1 key, V1 value, OutputCollector<K2, V2> output, Reporter reporter)throws IOException;
```

该函数的参数除了 key 和 value 之外，还包括 OutputCollector 和 Reporter 两个类型的参数，分别用于输出结果和修改 Counter 值。

（3）清理。Mapper 通过继承 Closeable 接口（它又继承了 Java IO 中的 Closeable 接口）获得 close() 方法，用户可通过实现该方法对 Mapper 进行清理。

MapReduce 提供了很多 Mapper/Reducer 实现，如图 4-16 所示，但大部分功能比较简单。它们对应的功能分别是：

- ChainMapper/ChainReducer：用于支持链式作业。
- IdentityMapper/IdentityReducer：对于输入 key/value 不进行任何处理，直接输出。
- InvertMapper：交换 key/value 位置。
- RegexMapper：正则表达式字符串匹配。
- TokenMapper：将字符串分割成若干个 token（单词），可用作 WordCount 的 Mapper。
- LongSumReducer：以 key 为组，对 long 类型的 value 求累加和。

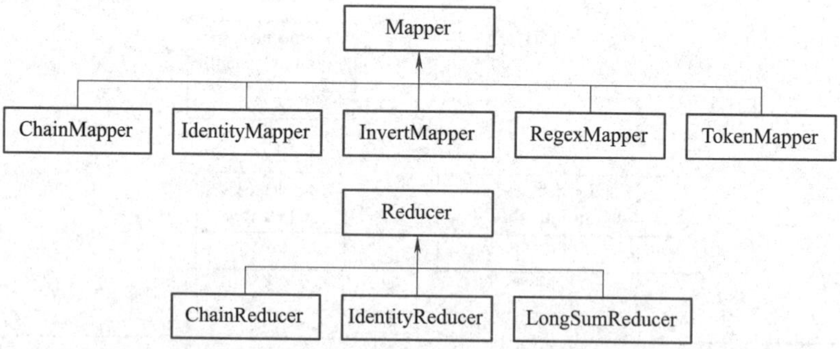

图 4-16 Mapper 的实现

对于一个 MapReduce 应用程序，不一定非要存在 Mapper。MapReduce 框架提供了比 Mapper 更通用的接口——MapRunnable，如图 4-17 所示。用户可以实现该接口以定制 Mapper 的调用方式或者自己实现 key/value 的处理逻辑，比如，Hadoop Pipes 自行实现了 MapRunnable，直接将数据通过 Socket 发送给其他进程处理。提供该接口的另外一个好处是允许用户实现多线程 Mapper。

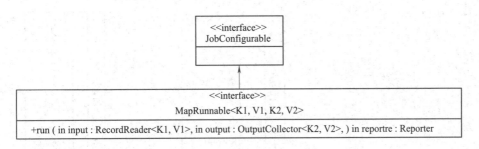

图 4-17　MapRunnable 的接口

如图 4-18 所示，MapReduce 提供了两个 MapRunnable 实现，分别是 MapRunner 和 MultithreadedMapRunner，其中 MapRunner 为默认实现。MultithreadedMapRunner 实现了一种多线程的 MapRunnable。默认情况下，每个 Mapper 启动 10 个线程，通常用于非 CPU 类型的作业以提供吞吐率。

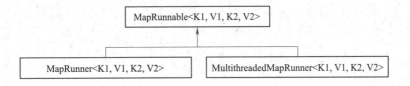

图 4-18　MapRunnable 的实现

2）新版 API 的 Mapper/Reducer 解析

从图 4-19 可知，新 API 在旧 API 基础上发生了以下几个变化：

（1）Mapper 由接口变为抽象类，且不再继承 JobConfigurable 和 Closeable 两个接口，而是直接在类中添加了 setup() 和 cleanup() 两个方法进行初始化和清理工作。

（2）将参数封装到 Context 对象中，这使得接口具有良好的扩展性。

（3）去掉 MapRunnable 接口，在 Mapper 中添加 run() 方法，以方便用户定制 map() 函数的调用方法，run() 默认实现与旧版本中 MapRunner 的 run() 实现一样。

（4）新 API 中 Reducer 遍历 value 的迭代器类型变为 java.lang.Iterable，使得用户可以采用"foreach"形式遍历所有 value，相关代码如下所示：

```
1. void reduce(KEYIN key, Iterable<VALUEIN> values, Context context)
2. throws IOException, InterruptedException {
3. for(VALUEIN value: values) { // 注意遍历方式
4. context.write((KEYOUT) key, (VALUEOUT) value);
5. }
6. }
```

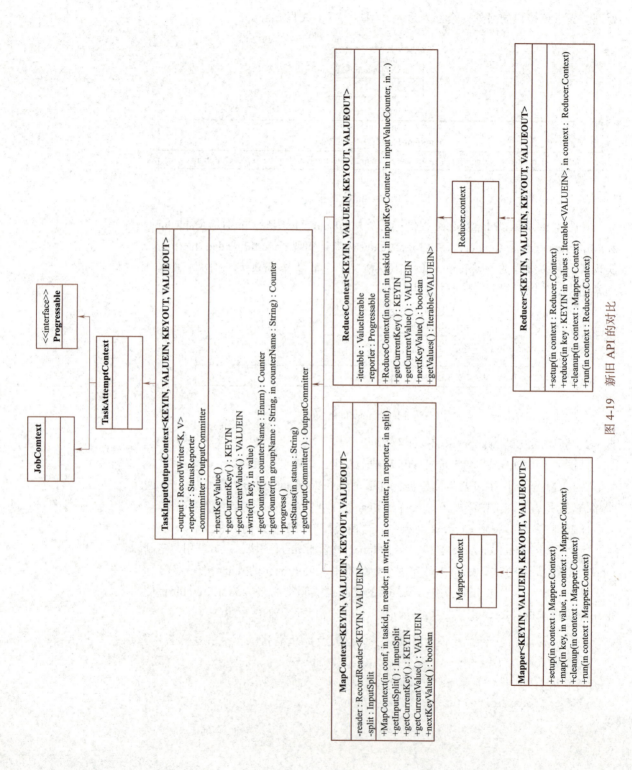

图 4-19 新旧 API 的对比

5. Partitioner 接口的设计与实现

Partitioner 的作用是对 Mapper 产生的中间结果进行分片，以便将同一分组的数据交给同一个 Reducer 处理，它直接影响 Reduce 阶段的负载均衡。旧版 API 中 Partitioner 的类图如图 4-20 所示。它继承了 JobConfigurable，可通过 configure 方法初始化。它本身只包含一个待实现的方法 getPartition。该方法包含三个参数，均由框架自动传入，前面两个参数是 key/value，第三个参数 numPartitions 表示每个 Mapper 的分片数，也就是 Reducer 的个数。

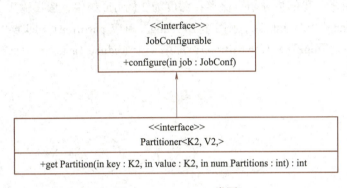

图 4-20　Partitioner 类图

MapReduce 提供了两个 Partitioner 实现：HashPartitioner 和 TotalOrderPartitioner。其中 HashPartitioner 是默认实现，它实现了一种基于哈希值的分片方法，其代码如下所示：

```
1. public int getPartition(K2 key, V2 value,int numReduceTasks) {
2.     return (key.hashCode() & Integer.MAX_VALUE) % numReduceTasks;
3. }
```

TotalOrderPartitioner 提供了一种基于区间的分片方法，通常用在数据全排序中。在 MapReduce 环境中，容易想到的全排序方案是归并排序，即在 Map 阶段，每个 Map Task 进行局部排序，在 Reduce 阶段，启动一个 Reduce Task 进行全局排序。由于作业只能有一个 Reduce Task，因而 Reduce 阶段会成为作业的瓶颈。为了提高全局排序的性能和扩展性，MapReduce 提供了 TotalOrderPartitioner。它能够按照大小将数据分成若干个区间（分片），并保证后一个区间的所有数据均大于前一个区间数据，这一过程包括三个步骤。

第一步，数据采样。在 Client 端通过采样获取分片的分割点。Hadoop 自带了几个采样算法，如 IntercalSampler、RandomSampler、SplitSampler 等（具体见 org.apache.Hadoop.mapred.lib 包中的 InputSampler 类）。下面举例说明：

采样数据为：b, abc, abd, bcd, abcd, efg, hii, afd, rrr, mnk。

经排序后得到：abc, abcd, abd, afd, b, bcd, efg, hii, mnk, rrr。

如果 Reduce Task 个数为 4，则采样数据的四等分点为 abd、bcd、mnk，将这

3 个字符串作为分割点。

第二步，Map 阶段。本阶段涉及两个组件，分别是 Mapper 和 Partitioner。其中，Mapper 可采用 IdentityMapper，直接将输入数据输出，但 Partitioner 必须选用 TotalOrderPartitioner，它将第一步中获取的分割点保存到 trie 树中以便快速定位任意一个记录所在的区间，这样，每个 Map Task 产生 R（Reduce Task 个数）个区间，且区间之间有序。

TotalOrderPartitioner 通过 trie 树查找每条记录所对应的 Reduce Task 编号。如图 4-21 所示，我们将分割点保存在深度为 2 的 trie 树中，假设输入数据中有两个字符串"abg"和"mnz"，则字符串"abg"对应 partition1，即第 2 个 Reduce Task，字符串"mnz"对应 partition3，即第 4 个 Reduce Task。

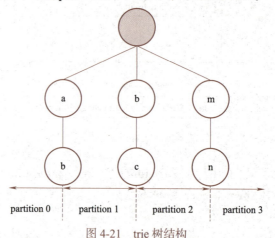

图 4-21　trie 树结构

第三步，Reduce 阶段。每个 Reducer 对分配到的区间数据进行局部排序，最终得到全排序数据。

从以上三个步骤可以看出，基于 TotalOrderPartitioner 全排序的效率跟 key 分布规律和采样算法有直接关系；key 值分布越均匀且采样越具有代表性，则 Reduce Task 负载越均衡，全排序效率越高。

TotalOrderPartitioner 有两个典型的应用实例：TeraSort 和 HBase 批量数据导入。其中，TeraSort 是 Hadoop 自带的一个应用程序实例。它曾在 TB 级数据排序基准评估中赢得第一名，而 TotalOrderPartitioner 正是从该实例中提炼出来的。HBase 是一个构建在 Hadoop 之上的 NoSQL 数据仓库。它以 Region 为单位划分数据，Region 内部数据有序（按 key 排序），Region 之间也有序。很明显，一个 MapReduce 全排序作业的 R 个输出文件正好可对应 HBase 的 R 个 Region。

新版 API 中的 Partitioner 类图如图 4-22 所示。它不再实现 JobConfigurable 接口。当用户需要让 Partitioner 通过某个 JobConf 对象初始化时，可自行实现 Configurable 接口，如：

```
public class TotalOrderPartitioner<K, V> extends Partitioner
<K,V> implements Configurable
```

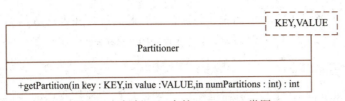

图 4-22　新版 API 中的 Partitioner 类图

4.2　MapReduce 工作机制

在本章第一节的内容中，我们已经了解了 MapReduce 的编程模型，本节我们将探讨学习 MapReduce 的工作机制。

4.2.1　MapReduce 架构

在讲解 MapReduce 之前，我们先来了解下 MapReduce 的架构图，如图 4-23 所示。从该图中可以看出，MapReduce 的架构由 5 个部分组成。

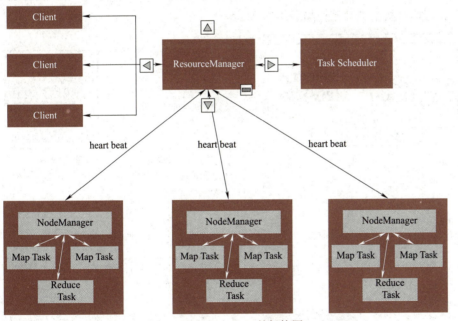

图 4-23　MapReduce 的架构图

1. Client

用户编写的 MapReduce 程序通过 Client 提交到 ResourceManager 端；同时，用户可通过 Client 提供的一些接口查看作业运行状态。在 Hadoop 内部用"作业"（Job）表示 MapReduce 程序，一个 MapReduce 程序可对应若干个作业，而每个作业会被分解成若干个 Map/Reduce 任务（Task）。

2. ResourceManager

在 YARN 中，ResourceManager 负责集群中所有资源的统一管理和分配，它接收来自各个节点（NodeManager）的资源汇报信息，并把这些信息按照一定的策略分配给各个应用程序（实际上是 ApplicationManager）。

3. NodeManager

NodeManager 是每一台机器框架的代理，是执行应用程序的容器，监控应用程序的资源使用情况（CPU、内存、硬盘、网络）并且向调度器（ResourceManager）汇报。

4. Task

Task 分为 Map Task 和 ReduceTask 两种，均由 NodeManager 启动。HDFS 以固定大小的 block 为基本单位存储数据，而对于 MapReduce 而言，其处理单位是 split。

4.2.2 MapReduce 作业运行机制

在上面的章节中，我们了解了 MapReduce 的架构，下面来学习 MapReduce 的作业运行机制，其流程如图 4-24 所示。

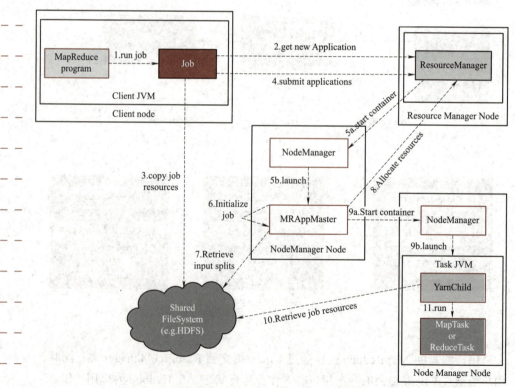

图 4-24　MapReduce 作业运行流程图

具体运行步骤如下：

1. 作业提交

MapReduce 的作业实现了 ClientProtocol，当 MapReduce.framework.name 设

置为 YARN 时启动（第 1 步）。提交的过程与经典的非常相似。首先，从资源管理器（ResourceManager，而不是 JobTracker）获取新的作业 ID，在 YARN 命名法中它是一个应用程序 ID（第 2 步）。然后，作业客户端检查作业的输出说明，计算输入分片并将作业资源（包括作业 JAR、配置和分片信息）复制到 HDFS（第 3 步）。最后，通过调用资源管理器上的 submitApplication() 方法提交作业（第 4 步）。

2. 作业初始化

资源管理器收到调用它的 submitApplciation() 消息后，便将请求传递给调度器（Scheduler），调度器分配一个容器（Container），然后资源管理器在节点管理器（NodeManager）的管理下在容器中启动应用程序的 master 进程（第 5a 步和第 5b 步）。

MapReduce 作业的 ApplicationMaster 是一个 Java 应用程序，它的主类是 MRAppMaster。它对作业进行初始化的过程是这样的：通过创建多个簿记（bookkeeping）对象以保持对作业进度的跟踪，因为它将接收来自任务的进度和完成报告（第 6 步）。接下来，它接收来自共享文件系统在客户端计算的输入分片（第 7 步）。对每一个分片创建一个 Map 任务对象以及由 MapReduce.job.reduces（默认值是 1）属性确定的多个 Reduce 任务对象。

接下来，ApplicationMaster 决定如何运行构成 MapReduce 作业的各个任务。如果作业很小，就选择在与它同一个 JVM 上运行任务。

相对于在一个节点上顺序运行它们，判断在新的容器中分配和运行任务的开销大于并行运行它们的开销时，就会发生这一情况。这不同于 MapReduce1，MapReduce1 从不在单个 TaskTracker 上运行小作业。这样的作业称为 uberized，或者作为 Uber 任务运行。

哪些任务是小任务？默认情况下，小任务就是小于 10 个 mapper 且只有 1 个 reducer 且输入大小小于一个 HDFS 块的任务。[通过设置 MapReduce.job.ubertask.maxmaps（默认值是 9）、MapReduce.job.ubertask.maxreduces（默认值是 1）和 MapReduce.job.ubertask.maxbytes（默认值是属性 dfs.block.size 的值）可以改变一个作业的上述值。] 将 MapReduce.job.ubertask.enable（默认值是 false）设置为 false 也可以完全使 uber 任务不可用。

在任何任务运行之前，作业的 setup() 方法为了设置作业的 OutputCommitter 被调用来建立作业的输出目录。在 MapRuduce1 中，它在一个由 TaskTracker 运行的特殊任务中被调用，而在 YARN 执行框架中，该方法由 ApplicationMaster 直接调用。

3. 任务分配

如果作业不适合作为 Uber 任务运行，那么 ApplicationMaster 就会为该作业中的所有 Map 任务和 Reduce 任务向资源管理器（ResourceManager）请求容器（Container）（第 8 步）。附着心跳信息的请求包括每个 Map 任务的数据本地化信息，特别是输入分片所在的主机和相应机架信息。调度器使用这些信息来做调度决策（像 JobTracker 的调度器一样）。理想情况下，它将任务分配到数据本地化的节点，但如果不可能这样做，调度器就会相对于非本地化的分配优先使用机架本地化的分配。

请求也为任务指定了内存需求。在默认情况下，Map 任务和 Reduce 任务都分配到 1024 MB 的内存，但这可以通过 MapReduce.map.memory.mb（默认值是 1024）和 MapReduce.reduce.memory.mb（默认值是 1024）来设置。

内存的分配方式不同于 MapReduce1，后者中 TaskTracker 有在集群配置时设置的固定数量的槽（Slot），每个任务在一个槽上运行。槽有最大内存分配限制，这对集群是固定的，导致当任务使用较少内存时无法充分利用内存（因为其他等待的任务不能使用这些未使用的内存），以及由于任务不能获取足够内存而导致作业失败。

在 YARN 中，资源分为更细的粒度，所以可以避免上述问题。具体而言，ApplicationMaster 可以请求最小到最大限制范围的任意最小值倍数的内存容量。默认的内存分配容量是调度器特定的，对于容量调度器，它的默认值最小值是 1024 MB（由 yarn.scheduler.capacity.minimum-allocation-mb 设置），默认的最大值是 10240 MB（由 yarn.scheduler.capacity.maximum-allocation-mb 设置）。因此，任务可以通过适当设置 MapReduce.map.memory.mb 和 MapReduce.reduce.memory.mb 来请求 1 GB 到 10 GB 间的任意 1 GB 倍数的内存容量（调度器在需要的时候使用最接近的倍数）。

4. 任务执行

一旦资源管理器的调度器为任务分配了容器（Container），ApplicationMaster 就通过与节点管理器（NodeManager）通信来启动容器（第 9a 步和第 9b 步）。该任务由主类为 YarnChild 的 Java 应用程序执行。在它运行任务之前，首先将任务需要的资源本地化，包括作业的配置、JAR 文件和所有来自分布式缓存的文件（第 10 步）。最后，运行 Map 任务或 Reduce 任务（第 11 步）。

5. 进度和状态更新

在 YARN 下运行时，任务每 3 s 通过脐带（Umbilical）接口向 ApplicationMaster 汇报进度和状态（包含计数器 Counter），作为作业的汇聚视图（Aggregate View），这个过程如图 4-25 所示。相比之下，MapReduce 通过 TaskTracker 到 JobTracker 来实现进度更新。

客户端每秒（通过 MapReduce.client.progressmonitor.pollinterval 设置，默认值是 1000 milliseconds）查询一次 ApplicationMaster 以接收进度更新，通常都会向用户显示。

在 MapReduce 中，JobTracker 的 Web UI 展示运行作业列表及其进度。在 YARN 中，资源管理器的 Web UI 展示了正在运行的应用以及连接到的对应

ApplicationMaster，每个 ApplicationMaster 展示 MapReduce 作业的进度等进一步的细节。

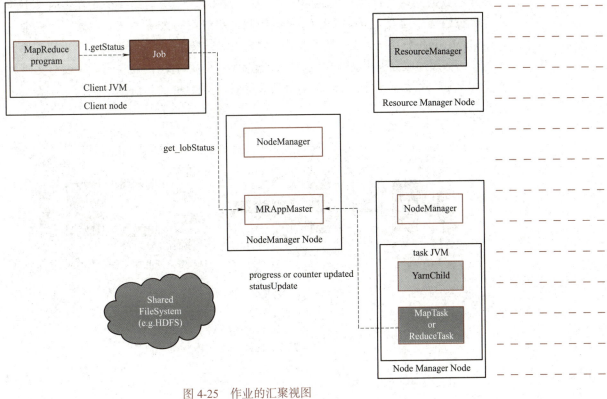

图 4-25　作业的汇聚视图

6. 作业完成

除了向 ApplicationMaster 查询进度外，客户端每 5 s 还通过调用 Job 的 waitForCompletion() 来检查作业是否完成。查询的间隔可以通过 MapReduce. client.completion.pollinterval 属性（默认值是 5000 milliseconds）进行设置。

注意，通过 HTTP 回调（Callback）来完成作业也是支持的，就像在 MapReduce 中一样，回调由 ApplicationMaster 初始化。

作业完成后，ApplicationMaster 和任务容器（Container）清理其工作状态，OutputCommiter 的作业清理方法会被调用。作业历史服务器保存作业的信息供用户需要时查询。

4.2.3　MapReduce 原理

MapReduce 的工作流程主要由 Map Task 和 Reduce Task 两部分组成，其工作原理如图 4-26 所示。

1. Map Task

程序会根据 InputFormat 将输入文件分割成 splits，每个 split 会作为一个 Map

Task 的输入，每个 Map Task 会有一个内存缓冲区，输入数据经过 Map 阶段处理后的中间结果会写入内存缓冲区，并且决定数据写入到哪个 partitioner，当写入的数据到达内存缓冲区的的阀值（默认是 0.8），会启动一个线程将内存中的数据溢写入磁盘，同时不影响 Map 中间结果继续写入缓冲区。在溢写过程中，MapReduce 框架会对 key 进行排序，如果中间结果比较大，会形成多个溢写文件，最后的缓冲区数据也会全部溢写入磁盘形成一个溢写文件(最少有一个溢写文件)，如果是多个溢写文件，则最后合并所有的溢写文件为一个文件。

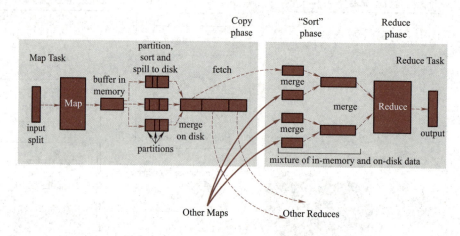

图 4-26 MapReduce 工作原理

2. Reduce Task

当所有的 Map Task 完成后，每个 Map Task 会形成一个最终文件，并且该文件按区划分。Reduce 任务启动之前，一个 Map Task 完成后，就会启动线程来拉取 Map 结果数据到相应的 Reduce Task，不断地合并数据，为 Reduce 的数据输入做准备，当所有的 Map Task 完成后，数据也拉取合并完毕后，Reduce Task 启动，最终将输出结果存入 HDFS 上。

3. MapReduce 中 Shuffle 过程

Shuffle 的过程：描述数据从 Map Task 输出到 Reduce Task 输入的这段过程。我们对 Shuffle 过程的期望是：
- 完整地从 Map Task 端拉取数据到 Reduce Task 端。
- 跨界点拉取数据时，尽量减少对带宽的不必要消耗。
- 减小磁盘 IO 对 Task 执行的影响。

先看 Map 端，如图 4-27 所示。split 被送入 Map Task 后，程序库决定数据结果数据属于哪个 partitioner，写入到内存缓冲区，到达阀值，开启溢写过程，进行 key 排序，如果有 combiner 步骤，则会对相同的 key 做归并处理，最终多个溢写文件合并为一个文件。

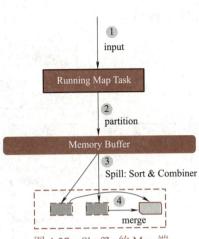

图 4-27　Shuffle 的 Map 端

再看 Reduce 端，如图 4-28 所示。多个 Map Task 形成的最终文件的对应 partitioner 会被对应的 Reduce Task 拉取至内存缓冲区，对可能形成多个溢写文件合并，最终作为 Reduce Task 的数据输入。

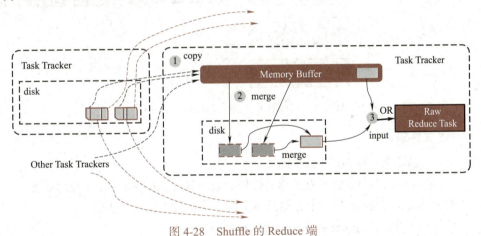

图 4-28　Shuffle 的 Reduce 端

4.3　MapReduce 类型与格式

MapReduce 数据处理模型非常简单：map() 和 reduce() 函数的输入和输出是键值对。本章节将学习 MapReduce 模型，重点介绍各种类型的数据如何在 MapReduce 中使用。

4.3.1　MapReduce 输入格式

MapReduce 的文件输入类需要进行如下实现：

（1）JobClient 通过指定的输入文件的格式来生成数据分片 InputSplit。

（2）一个分片不是数据本身，而是可分片数据的引用。

（3）InputFormat 接口负责生成分片。

输入类的结构关系如图 4-29 所示。

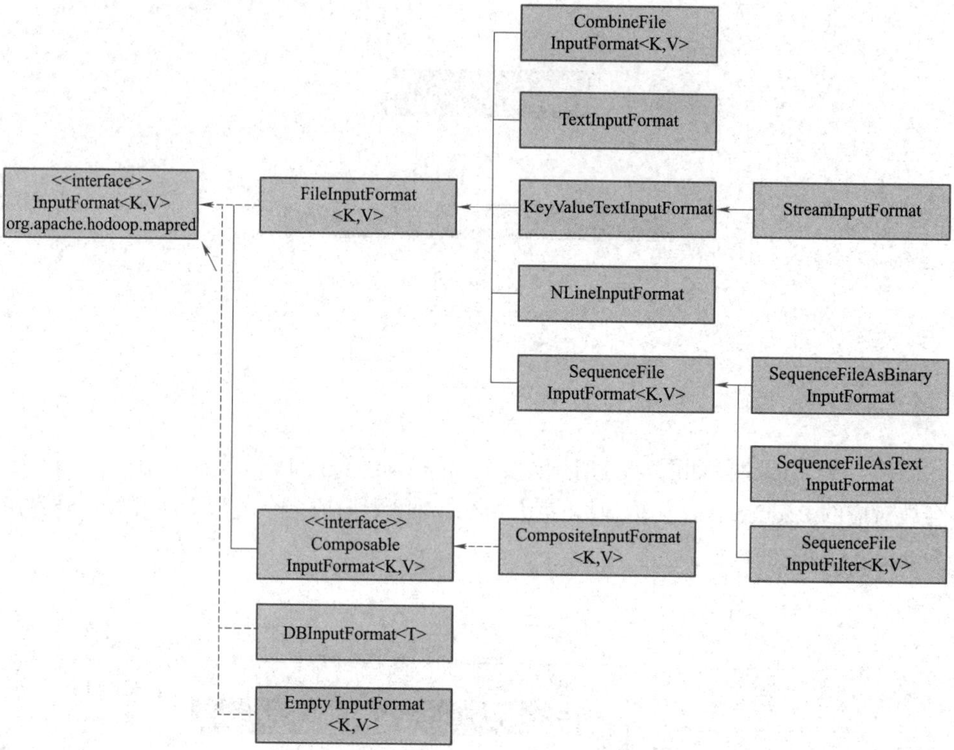

图 4-29　MapReduce 输入类的结构关系图

1. 文件输入

（1）抽象类：FileInputFormat。

① FileInputFormat 是所有使用文件作为数据源的 InputFormat 实现的基类。

② FileInputFormat 输入数据格式的分配大小由数据块大小决定。

（2）抽象类：CombineFileInputFormat。

① 可以使用 CombineFileInputFormat 来合并小文件。

② 因为 CombineFileInputFormat 是一个抽象类，使用的时候需要创建一个 CombineFileInputFormat 的实体类，并且实现 getRecordReader() 的方法。

③ 避免文件分割的方法：

● 数据块大小尽可能大，这样使文件的大小小于数据块的大小，就不用进行分片。

● 继承 FileInputFormat，并且重载 isSplitable() 方法。

2. 文本输入

（1）类名：TextInputFormat。

① TextInputFormat 是默认的 InputFormat，每一行数据就是一条记录。

② TextInputFormat 的 key 是 LongWritable 类型的，存储该行在整个文件的偏

移量，value 是每行的数据内容，Text 类型。

③ 输入分片与 HDFS 数据块关系：TextInputFormat 每一条记录就是一行，很有可能某一行跨数据块存放。

（2）类名：KeyValueInputFormat 类。可以通过 key 为行号的方式来知道记录的行号，并且可以通过 key.value.separator.in.input 设置 key 与 value 的分隔符。

（3）类名：NLineInputFormat 类。可以设置每个 Mapper 处理的行数，可以通过 mapred.line.input.format.lienspermap 属性设置。

3. 二进制输入

类名：SequenceFileInputFormat、SequenceFileAsTextInputFormat、SequenceFileAsBinaryInputFormat。由于 SequenceFile 能够支持 Splittable，所以能够作为 MapReduce 输入文件的格式，能够很方便的得到已经含有 value 的分片。

4. 多文件输入

类名：MultipleInputs。

（1）MultipleInputs 能够提供多个输入数据类型。

（2）通过 addInputPath() 方法来设置多路径。

5. 数据库格式输入

类名：DBInputFormat。

（1）DBInputFormat 是一个使用 JDBC 并且从关系型数据库中读取数据的一种输入格式。

（2）避免过多的数据库连接。

（3）HBase 中的 TableInputFormat 可以让 MapReduce 程序访问 HBase 表里的数据。

4.3.2 MapReduce 输出格式

输出格式化类的结构关系如图 4-30 所示。

1. 文本输出

类名：TextOutputFormat。

（1）默认的输出方式，key 是 LongWritable 类型的，value 是 Text 类型的。

（2）以 "key \t value" 的方式输出行。

2. 二进制输出

类名：SequenceFileOutputFormat，输出为一个顺序文件；SequenceFileAsTextOutputFormat，输出为一个文本文件；SequenceFileAsBinaryOutputFormat，输出为二进制格式文件；MapFileOutputFormat。

3. 多文件输出

类名：MultipleOutputFormat，MultipleOutputs。

区别：MultipleOutputs 可以产生不同类型的输出。

4. 数据库输出

类名：DBOutputFormat。

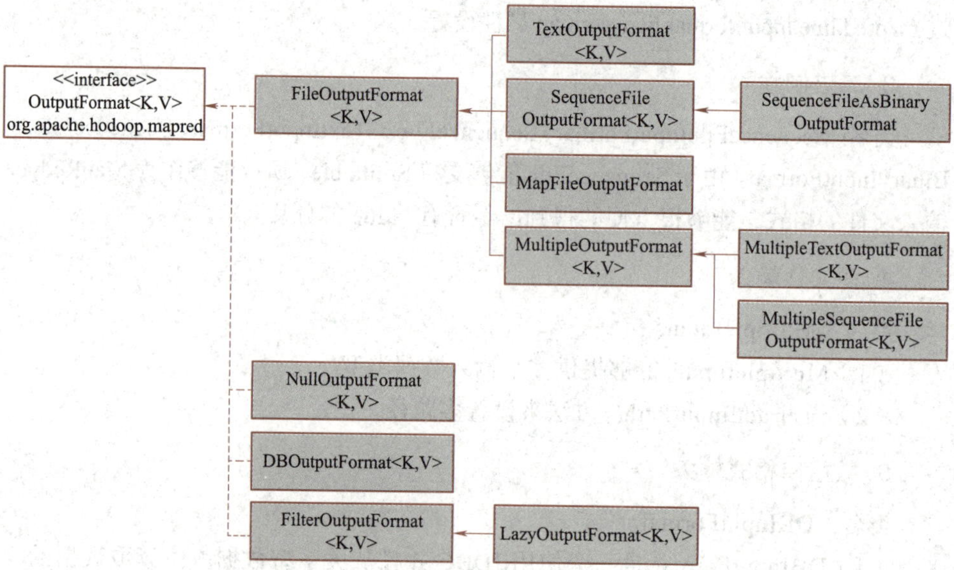

图 4-30　MapReduce 输出类的结构关系图

4.4　MapReduce 案例

在本章第 3 节的内容中，已经对 MapReduce 的理论知识有了深刻认识，在本节中将通过几个实际生产环境的案例来学习 MapReduce 的使用方法。

MapReduce项目1

4.4.1　案例一：分组取 topN 统计温度案例

1. 温度案例需求及设计思路

需求：从一组数据中，统计每一年的每一个月中，气温最高的两天。

输入样例：

```
1. 1949-10-01 14:21:02 34c
2. 1949-10-02 14:01:02 36c
3. 1950-01-01 11:21:02 32c
4. 1950-10-01 12:21:02 37c
5. 1951-12-01 12:21:02 23c
6. 1950-10-02 12:21:02 41c
7. 1950-10-03 12:21:02 27c
```

```
8. 1951-07-01 12:21:02 45c
9. 1951-07-02 12:21:02 46c
10. 1951-07-03 12:21:03 47c
```

输出样例：

```
1. 1949-10-2-36
2. 1949-10-1-34
```

设计思路：

该示例设计时，需要明确以下几点：

（1）对于输出结果，如何保证选取两条气温最高的记录？

将相同的年月下的记录按照温度降序排列。这样，在最终获取结果时，前两条记录一定是气温最高的两天。

（2）如何获得相同的年月下的气温最高的记录呢？

对于 Reduce 端拉取的数据，保证 Reduce 每次处理的数据为同一年同一个月份下的数据，将同年同月的数据排序（这个阶段可由 Group 做），取前两条记录，即为该年该月下，气温最高的前两条记录。

（3）上一个 WordCount 案例中的排序，是按照 MapReduce 程序默认的字典排序规则进行排序，但对于本示例，既要对日期进行升序排列（默认），又要对温度做降序排列，那么，如何编码呢？

可自定义比较方法来实现需求。那么，比较的对象又如何确定呢？

可自定义一个对象（JavaBean），包含年、月、日、温度四个属性，将该对象的年份相同的一组数据，支配一个 Reduce 进行处理（自定义 partition() 方法），从数据中可以看出，一共是 3 个年份，那么，可以考虑将 Reduce 的个数设置为 3，用年属性减去最小的那一年，将其值对 3 取余。之后，再比较月份，月份相同，再比较温度，温度按照降序排列。

通过以上分析，我们需要编写以下几个阶段：

• Map 阶段：负责将数据切分，对应存入 JavaBean 中。将 JavaBean 传入 partition 阶段。

• Partition 阶段：继承 Partitioner，复写 getPartition() 方法，指定相同年份的数据分到同一个 Reduce 中，这样，一个 Reduce 任务，对应输出一个文件。

• Sort 阶段：确保每个传递过来的 JavaBean 确定排序规则——相同的年份，比较月份；月份相同，比较温度。

• Group 阶段：此阶段为 Shuffle Reduce 端的分组排序。

• Reduce 阶段：统计每一年中每一个月中每天的温度，并选择其中温度最高的两条记录。

其中，需要注意的是，在 Sort 和 Group 阶段，必须复写构造方法，因为参考源码可知，如果没有复写构造方法，无法创建实例。

2. 代码编写

（1）runJob 代码如下所示：

```java
1. public class runJob {
2. public static void main(String[] args) throws Exception {
3. // 利用 job 对 mapreduce 进行管理
4. Configuration conf=new Configuration();
5. conf.set("fs.defaultFS", "HDFS://Master:9000");
6. Job job=Job.getInstance(conf);
7. // 设置程序入口
8. job.setJarByClass(runJob.class);
9. // 设置 map 类
10. job.setMapperClass(mapper.class);
11. // 设置 map 的输出类型
12. job.setMapOutputKeyClass(weather.class);
13. job.setMapOutputValueClass(IntWritable.class);
14. // 设置 reduce 类
15. job.setReducerClass(reduce.class);
16. job.setPartitionerClass(TQpartition.class);
17. job.setSortComparatorClass(sort.class);
18. job.setGroupingComparatorClass(group.class);
19. job.setNumReduceTasks(3);
20. // 设置文件的输入路径
21. FileInputFormat.addInputPath(job, new Path("/input/data/weather"));
22. // 设置结果输出路径
23. // 如果路径存在，删除
24. Path out=new Path("/output/weather");
25. FileSystem fs=FileSystem.get(conf);
26. if(fs.exists(out)){
27. fs.delete(out, true);
28. }
29. FileOutputFormat.setOutputPath(job, out);
30. // 提交
31. boolean flag=job.waitForCompletion(true);
32. if(flag){
33. System.out.println("job success");
34. }
35. }
36. }
```

（2）Mapper 阶段代码如下所示：

```
1. public class mapper extends Mapper<LongWritable, Text,
weather, IntWritable>{//weather:自定义的Javabean
2. // 需要对日期进行排序，对温度进行降序。因此，对日期和温度封装成一个
   // Javabean
3. @Override
4. protected void map(LongWritable key, Text value, Context
context)
5. throws IOException, InterruptedException {
6. //1. 读取文件，切分字符串 1949-10-01 14:21:02 34c
7. String[] strs=StringUtils.split(value.toString(),'\t');
8. //2. 将日期格式转换为日期对象，分别将其年月日温度插入weather 对象中
9. SimpleDateFormat sdf=new SimpleDateFormat("yyyy-MM-dd HH:mm:ss");
10. Calendar cal=Calendar.getInstance();
11. String date=strs[0];
12. try {
13. // 将string 类型的时间传给calendar 对象
14. cal.setTime(sdf.parse(date));
15. weather w=new weather();
16. // 利用calendar 将日期对象的年月日转为整型
17. w.setYear(cal.get(Calendar.YEAR));
18. w.setMonth(cal.get(Calendar.MONTH)+1);
19. w.setDate(cal.get(Calendar.DATE));
20. String temperature=strs[1];
21. // 去掉 "c"
22. w.setTem(Integer.parseInt(temperature.substring(0, temperature.lastIndexOf("c"))));
23. // 输出
24. context.write(w, new IntWritable(w.getTem()));
25. } catch (ParseException e) {
26. // TODO Auto-generated catch block
27. e.printStackTrace();
28. }
29. }
30. }
```

（3）Partition 阶段代码如下所示：

```
1. public class TQpartition extends Partitioner<weather, Int
```

```
Writable>{
2. @Override
3. // 比较，每一次 key value 都会执行partition 规则
4. public int getPartition(weather key, IntWritable value, int numReduceTasks) {
5.     return ((key.getYear()-1949) % numReduceTasks);
6. }
7. }
```

（4）Sort 阶段代码如下所示：

```
1. public class sort extends WritableComparator {
2. // 必须复写构造方法，因为参考源码，如果没有复写构造方法，createIn
   //stance 为空，无法创建实例
3. public sort() {
4.     super(weather.class,true);
5. }
6. @Override
7. //map 端的排序 reduce 端shuffle 会进行第二次排序group，此次排序，只
   // 比较年月即可。这样前两条数据即为温度最高的两条记录
8. public int compare(WritableComparable a, WritableComparable b) {
9.     weather w1=(weather)a;
10.    weather w2=(weather)b;
11.    int c1=Integer.compare(w1.getYear(), w2.getYear());
12.    if(c1==0){
13.    // 相同的年份，比较月份
14.    int c2=Integer.compare(w1.getMonth(), w2.getMonth());
15.    if(c2==0){
16.    // 月份相同，比较温度，降序
17.    int c3=-Integer.compare(w1.getTem(), w2.getTem());
18.    return c3;
19.    }
20.    return c2;
21.    }
22.    return c1;
23. }
24. }
```

（5）Group 阶段代码如下所示：

```
1. public class group extends WritableComparator{
2. public group() {
```

```
3. super(weather.class,true);
4. }
5. @Override
6. public int compare(WritableComparable a, WritableComparable b) {
7. weather w1=(weather)a;
8. weather w2=(weather)b;
9. int c1=Integer.compare(w1.getYear(), w2.getYear());
10. if(c1==0){
11. // 相同的年份，比较月份
12. int c2=Integer.compare(w1.getMonth(), w2.getMonth());
13. return c2;
14. }
15. return c1;
16. }
17. }
```

（6）Reducer 阶段代码如下所示：

```
1. public class reduce extends Reducer<weather, IntWritable, Text, NullWritable>{
2. @Override
3. //reduce 阶段只需要将分组中的前两条记录读出即可，因为 reduce 阶段每一组，key 相同，即年、月都相同
4. protected void reduce(weather w, Iterable<IntWritable> iterable, Context context)
5. throws IOException, InterruptedException {
6. int flag=0;
7. for (IntWritable i : iterable) {
8. flag++;
9. if(flag>2){
10. break;
11. }
12. String msg=w.getYear()+"--"+w.getMonth()+"--"+w.getDate()+"-"+w.getTem();
13. context.write(new Text(msg), NullWritable.get());
14. }
15. }
16. }
```

3. JavaBean

注意,在 Hadoop 中,对象不但要实现序列化和反序列化,而且还应支持比较,该部分代码如下所示:

```
1.  public class weather implements WritableComparable<weather>{
2.  // 在 Hadoop 中,对象要实现序列号和反序列化,并且支持比较
3.  private int year;
4.  private int month;
5.  private int date;
6.  private int tem;// 温度
7.  public int getYear() {
8.  return year;
9.  }
10. public void setYear(int year) {
11. this.year=year;
12. }
13. public int getMonth() {
14. return month;
15. }
16. public void setMonth(int month) {
17. this.month=month;
18. }
19. public int getDate() {
20. return date;
21. }
22. public void setDate(int date) {
23. this.date=date;
24. }
25. public int getTem() {
26. return tem;
27. }
28. public void setTem(int tem) {
29. this.tem=tem;
30. }
31. @Override
32. public void write(DataOutput out) throws IOException {
33. // 写
34. out.writeInt(year);
35. out.writeInt(month);
36. out.writeInt(date);
```

```
37.    out.writeInt(tem);
38.   }
39.   @Override
40.   public void readFields(DataInput in) throws IOException {
41.    // 读
42.    this.year=in.readInt();
43.    this.month=in.readInt();
44.    this.date=in.readInt();
45.    this.tem=in.readInt();
46.   }
47.   @Override
48.   // 如果程序中没有重写 sort() 和 group() 的方法，那排序和分组，就会找此方法
49.   public int compareTo(weather w) {
50.    // 比较年，如果年份相同，比较月，月份相同，再比较温度
51.    int c1=Integer.compare(this.year, w.getYear());
52.    if(c1==0){
53.     // 年份相同
54.     int c2=Integer.compare(this.month, w.getMonth());
55.     if(c2==0){
56.      return Integer.compare(this.tem, w.getTem());
57.     }
58.     return c2;
59.    }
60.    return c1;
61.   }
62.  }
```

4. 结果展示

将上面几个步骤的代码导入 Eclipse 之后，运行程序，得到的结果如图 4-31 所示。

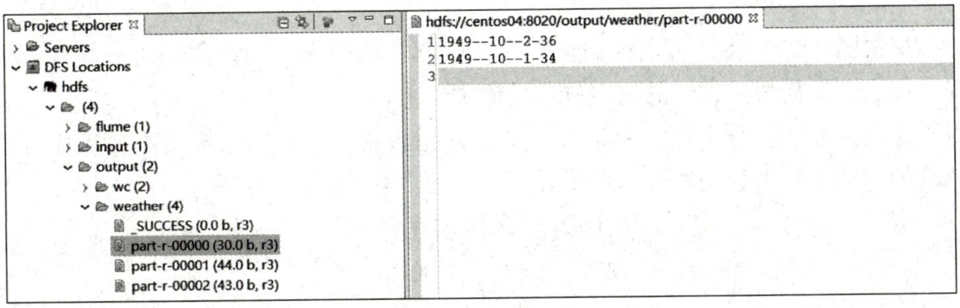

图 4-31　结果展示

4.4.2 案例二：微博推荐案例（TF-IDF）

1. 微博推荐需求及设计思路

在介绍微博推荐算法之前，我们需要先了解一下推荐系统和推荐算法。

推荐系统的诞生很早，但真正被大家所重视，缘起于以"淘宝"为代表的电商的繁荣。选择的时代已经来临，信息和物品的极大丰富，让用户如浩瀚宇宙中的一个点，无所适从。推荐系统迎来爆发的机会，使用户离得更近，主要表现有以下几点：

- 快速更新的信息，使用户需要借助群体的智慧了解当前热点。
- 信息极度膨胀，带来了高昂的个性化信息获取成本，过滤获取有用信息的效率低下。
- 很多情况下，用户的个性化需求很难明确表达，比如"今天晚上需要在附近找一个性价比高、又符合我口味的餐馆"。

推荐系统的适用场景还有很多，不再一一列举；其主要解决的问题是为用户找到合适的item（连接和排序），并找到一个合理的理由来解释推荐结果。而问题的解决，就是系统的价值，即建立关联、促进流动和传播、加速优胜劣汰。

推荐算法是实现推荐系统目标的方法和手段。算法与产品相结合，搭载在高效稳定的架构上，才能发挥它的最大功效。

接下来，通过一个微博推荐的案例，让大家了解一下如何根据用户的行为偏好来推荐他们感兴趣的内容。

通过图 4-32 展示的一组数据，我们可以看到，第一列是用户的微博号，第二列是微博内容。那么，如何判断每一个用户的一些行为偏好呢？

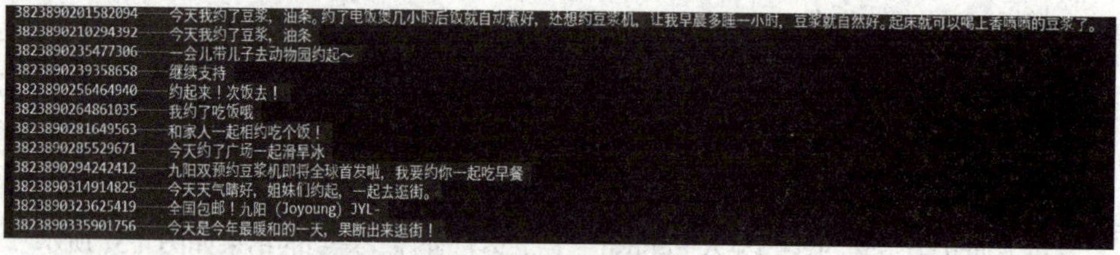

```
3823890201582094    今天我约了豆浆，油条，约了电饭煲几小时后就能自动煮好，达想约豆浆机，让我早晨多睡一小时，豆浆就自然好。起床就可以喝上香喷喷的豆浆了。
3823890210294392    今天我约了豆浆，油条
3823890235477306    一会儿带儿子去动物园约起~
3823890239358658    继续支持
3823890256464940    约起来！次饭去！
3823890264861035    我约了吃饭喔
3823890281649563    和家人一起相约吃个饭
3823890285529671    今天约了冰场一起滑早冰
3823890294242412    九阳双预约豆浆机即将全球首发啦，我要约你一起吃早餐
3823890314914825    今天天气晴好，姐妹们约起，一起去逛街。
3823890323625419    全国包邮！九阳（Joyoung）JYL-
3823890335901756    今天是今年最暖和的一天，果断出来逛街。
```

图 4-32 微博数据

观察图 4-32，我们可以根据他们发布微博的内容来推测该用户的一些行为偏好。那么，如何根据微博的内容进行推测呢？

这就需要用到分词器，所谓分词器，是指将用户输入的一段文本分析成符合逻辑的一种工具。分词器包括单子分词、二分词和词典分词三种。

（1）单子分词。例："中国人"分成"中""国""人"。

（2）二分词。例："中国人"分成"中国""国人"。

（3）词典分词，由基本的语意来进行分词的。例："中国人"分成"中国""国人""中国人"。

通过分词器，可以判断该用户发表的微博中出现的分词的次数，再结合某种

算法，即可以判断某个词语的重要程度。根据某用户所发的微博中某些词语的重要程度，推测用户的行为偏好。

TF-IDF 是一种统计方法，用以评估一个字词对于一个文件集或一个语料库中的其中一份文件的重要程度。字词的重要性随着它在文件中出现的次数成正比增加，但同时会随着它在语料库中出现的频率成反比下降。TF-IDF 加权的各种形式常被搜索引擎应用，作为文件与用户查询之间相关程度的度量或评级。除了 TF-IDF 以外，因特网上的搜索引擎还会使用基于链接分析的评级方法，以确定文件在搜寻结果中出现的顺序。

TF-IDF 算法的主要思想是：如果某个词或短语在一篇文章中出现的 TF（频率）高，并且在其他文章中很少出现，则认为此词或者短语具有很好的类别区分能力，适合用来分类。TF-IDF 实际上是：TF * IDF，TF 即词频（Term Frequency），IDF 即逆向文件频率（Inverse Document Frequency）。TF 表示词条在文档中出现的频率。IDF 的主要思想是：如果包含词条 t 的文档越少，也就是 n 越小，IDF 越大，则说明词条 t 具有很好的类别区分能力。如果某一类文档 C 中包含词条 t 的文档数为 m，而其他类包含 t 的文档总数为 k，显然所有包含 t 的文档数 $n=m+k$，当 m 大的时候，n 也大，按照 IDF 公式得到的 IDF 的值会小，就说明该词条 t 类别区分能力不强。但是实际上，如果一个词条在一个类的文档中频繁出现，则说明该词条能够很好代表这个类的文本的特征，这样的词条应该给它们赋予较高的权重，并选来作为该类文本的特征词以区别于其他类文档。这就是 IDF 的不足之处。在一份给定的文件里，词频（Term Frequency，TF）指的是某一个给定的词语在该文件中出现的频率。这个数字是对词数（Term Count）的归一化，以防止它偏向长的文件。（同一个词语在长文件里可能会比短文件有更高的词数，而不管该词语重要与否。）对于在某一特定文件里的词语来说，它的重要性可表示为：

$$\text{tf}_{i,j} = \frac{n_{k,j}}{\sum_k n_{k,j}} \quad (4\text{-}1)$$

以上式子中 $n_{k,j}$ 是该词在文件中的出现次数，而分母则是在文件中所有字词的出现次数之和。

逆向文件频率（Inverse Document Frequency，IDF）是一个词语普遍重要性的度量。某一特定词语的 IDF，可以由总文件数目除以包含该词语之文件的数目，再将得到的商取对数得到：

$$\text{idf}_i = \log \frac{|D|}{\{j : t_i \in d_j\}} \quad (4\text{-}2)$$

式中，$|D|$ 为语料库中的文件总数；$\{j:t_i \in d_j\}$ 为包含词语的文件数目（即文件数目），如果该词语不在语料库中，就会导致分母为零，因此一般情况下使用

1+|d ∈ D:t ∈ d}| 作为分母，然后再计算 TF 与 IDF 的乘积。

$$\text{TF-IDF}_{i,j} = tf_{i,j} * idf_i$$

某一特定文件内的高词语频率，以及该词语在整个文件集合中的低文件频率，可以产生出高权重的 TF-IDF。因此，TF-IDF 倾向于过滤掉常见的词语，保留重要的词语。

下面举几个例子来说明 TF-IDF。

【例 4-1】有很多不同的数学公式可以用来计算 TF-IDF。此处的例子以上述的数学公式来计算。词频（TF）是一词语出现的次数除以该文件的总词语数。假如一篇文件的总词语数是 100 个，而词语"母牛"出现了 3 次，那么"母牛"一词在该文件中的词频就是 3/100=0.03。一个计算文件频率（IDF）的方法是文件集里包含的文件总数除以测定有多少份文件出现过"母牛"一词。所以，如果"母牛"一词在 1 000 份文件出现过，而文件总数是 10 000 000 份的话，其逆向文件频率就是 lg(10 000 000 / 1 000)=4。最后的 TF-IDF 的分数为 0.03 × 4=0.12。

【例 4-2】在某个一共有 1 000 词的网页中"原子能"、"的"和"应用"分别出现了 2 次、35 次 和 5 次，那么它们的词频就分别是 0.002、0.035 和 0.005。我们将这 3 个数相加，其和 0.042 就是相应网页和查询"原子能的应用"相关性的一个简单的度量。概括地讲，如果一个查询包含关键词 $w_1, w_2, \cdots, w_N$，它们在一篇特定网页中的词频分别是：$TF_1, TF_2, \cdots, TF_N$。那么，这个查询和该网页的相关性就是 $TF_1+TF_2+\cdots+TF_N$。

读者可能已经发现了又一个漏洞。在上面的例子中，词"的"占了总词频的 80% 以上，而它对确定网页的主题几乎没有用。我们称这种词叫"应删除词"（Stopwords），也就是说在度量相关性时不应考虑它们的频率。在汉语中，应删除词还有"是""和""中""地""得"等几十个。忽略这些应删除词后，上述网页的相关性就变成了 0.007，其中"原子能"贡献了 0.002，"应用"贡献了 0.005。细心的读者可能还会发现另一个小的漏洞。在汉语中，"应用"是个很通用的词，而"原子能"是个很专业的词，后者在相关性排名中比前者重要。因此我们需要给汉语中的每一个词给一个权重，这个权重的设定必须满足下面两个条件：

（1）一个词预测主题能力越强，权重就越大；反之，权重就越小。我们在网页中看到"原子能"这个词，或多或少地能了解网页的主题。我们看到"应用"一词，对主题基本上还是一无所知。因此，"原子能"的权重就应该比"应用"大。

（2）应删除词的权重应该是零。我们很容易发现，如果一个关键词只在很少的网页中出现，我们通过它就容易锁定搜索目标，它的权重也就应该大；反之，如果一个词在大量网页中出现，我们看到它仍然不是很清楚要找什么内容，因此它的权重应该小。概括地讲，假定一个关键词 w 在 Dw 个网页中出现过，那么 Dw 越大，w 的权重越小，反之亦然。在信息检索中，使用最多的权重是"逆文本频率指数"（Inverse Document Frequency，IDF），它的公式为 log(D/Dw) 其中 D 是全部网页数。比如，我们假定中文网页数是 D=10 亿，应删除词"的"在所有的网页中都出现，即 Dw=10 亿，那么它的 IDF=log(10 亿 /10 亿)= log(1)=0。假如专用词"原子能"在两百万个网页中出现，即 Dw=200 万，则它的权重 IDF=log(500) =2.7。又假定通用词"应用"，出现在五亿个网页中，它的权重 IDF=log(2) 则只有 0.3。也就是说，在网页中找到一个"原子能"的匹配相当于找到 9 个"应用"的匹配。利用 IDF，上述相关性计算的公式就由词频的简单求和变成了加权求和，即 $TF_1*IDF_1+TF_2*IDF_2+\cdots+TF_N*IDF_N$。在上面的例子中，该网页和"原子能的应用"的相关性为 0.0069，其中"原子能"贡献了 0.0054，而"应用"只贡献了 0.0015。这个比例和我们的直觉比较一致了。

那么，如何用 MapReduce 来实现呢？

分析如下：

（1）利用分词器将微博内容拆分成一个个单词。

（2）拿到每个用户的微博，将微博内容利用分词器拆分后统计每一个单词在整个微博库中的 TF-IDF 值，按照 TF-IDF 排序，根据在微博中出现的词的 TF-IDF，来推断该用户的行为偏好。

如何计算 TF-IDF 呢？此时需要根据式 4-1 和 4-2 来计算：

TF：某一个给定的词语在该文件中出现的频率，分子是该词在文件中的出现次数，而分母则是在文件中所有字词的出现次数之和。

IDF：逆向文件频率。|D|：语料库中的文件总数。分母：包含该词语的文件总数。

因此，计算一个词语在一篇微博中的 TF-IDF 值，需要知道这个词语在这篇微博的词频，还需要知道文件总数，还需要知道包含该词语的文件总数。因此在 MapReduce 程序中需要将以上的未知数计算出来。

2. 代码编写

（1）runJob 代码如下所示：

```
1. public class runJob {
2. public static void main(String[] args) {
3. Configuration config=new Configuration();
4. config.set("fs.defaultFS", "HDFS://Master:9000");
5. config.set("yarn.resourcemanager.hostname", "Master");
6. try {
7. FileSystem fs=FileSystem.get(config);

8. Job job=Job.getInstance(config);
9. job.setJarByClass(FirstJob.class);
```

```
10. job.setJobName("weibo1");

11. job.setOutputKeyClass(Text.class);
12. job.setOutputValueClass(IntWritable.class);

13. job.setNumReduceTasks(5);
14. job.setPartitionerClass(FirstPartition.class);
15. job.setMapperClass(FirstMapper.class);
16. job.setCombinerClass(FirstReduce.class);
17. job.setReducerClass(FirstReduce.class);

18. FileInputFormat.addInputPath(job, new Path("/input/data/weibo.txt"));

19. Path path=new Path("/output/weibo/");
20. if (fs.exists(path)) {
21.     fs.delete(path, true);
22. }
23. FileOutputFormat.setOutputPath(job, path);

24. boolean f=job.waitForCompletion(true);
25. if (f) {
26. }
27. } catch (Exception e) {
28.     e.printStackTrace();
29. }
30. }
31. }
```

（2）Mapper 阶段：利用分词器按照"词语_微博号，1"的形式输出，方便 reduce 统计每个词语在该篇微博中出现的次数。我们选用 IKSegmenter 分词器，如下所示：

```
1. /**
2.  * 第一个MR，计算TF和计算N(微博总数)
3.  * @author root
4.  *
5.  */
6. public class FirstMapper extends Mapper<LongWritable, Text,
```

```
Text, IntWritable> {

7.  @Override
8.  protected void map(LongWritable key, Text value, Context context)
9.  throws IOException, InterruptedException {
10. String[] v=value.toString().trim().split("\t");
11. if (v.length>=2) {
12. //3823890201582094 今天我约了豆浆,油条
13. String id=v[0].trim();
14. String content=v[1].trim();

15. StringReader sr=new StringReader(content);
16. // 分词器
17. IKSegmenter ikSegmenter=new IKSegmenter(sr, true);
18. Lexeme word=null;
19. while ((word=ikSegmenter.next())!=null) {
20. String w=word.getLexemeText();
21. // 输出 今天_3823890201582094 1 T
22. context.write(new Text(w+"_"+id), new IntWritable(1));
23. //f_count_id: 便于统计这篇微博一共有多少个词
24. context.write(new Text("f_count"+"_"+id), new IntWrit
able(1));

25. }
26. //count: 便于统计一共有多少篇微博
27. context.write(new Text("count"), new IntWritable(1));
28. } else {
29. System.out.println(value.toString()+"--------------");
30. }
31. }
32. }
```

（3）Partition 阶段：由于数据量比较大，我们选用 5 个 Reduce 进行处理，将计算微博总数的任务交给 Reduce4 处理，统计每篇微博中的总词数交给 Reduce3 处理，其他任务交给其余两个 Reduce 处理。代码如下所示：

```
1. public class FirstPartition extends HashPartitioner<Text,
IntWritable> {

2. @Override
```

```
3. public int getPartition(Text key, IntWritable value, int reduceCount) {
4. if(key.toString().startsWith("f_count")){
5. return 3;
6. }
7. else if(key.equals(new Text("count"))){
8. return 4;
9. }else{
10. return super.getPartition(key, value, reduceCount-2);
11. }
12. }
13. }
```

（4）Reduce 阶段：统计所有的 key 出现的次数。该部分代码如下所示：

```
1. public class FirstReduce extends Reducer<Text, IntWritable, Text, IntWritable> {

2. @Override
3. protected void reduce(Text key, Iterable<IntWritable> iterable,
4. Context context) throws IOException, InterruptedException {

5. int sum=0;
6. for (IntWritable i : iterable) {
7. sum=sum+i.get();
8. }
9. if(key.equals(new Text("count"))) {
10. System.out.println(key.toString()+"_____"+sum);
11. }
12. context.write(key, new IntWritable(sum));
13. }
14. }
```

经过第一次的 MapReduce 处理，其结果如图 4-33 所示。

通过上述结果可以看出，结果图 A 展示的是最终 Reduce 形成的 5 个文件。结果图 B 展示的是利用分词器统计出"单词_微博号"的个数。结果图 C 展示的是每篇微博有多少词。count 指的是一共有 1 065 条微博。

经过第一个 MapReduce 程序，我们获得了每个单词在该篇微博中出现的次数和每篇微博单词总数、微博总数，接下来，我们计算出现该词语的文件总数。同一个词语出现在同一篇微博中，计数 1。

结果图 A

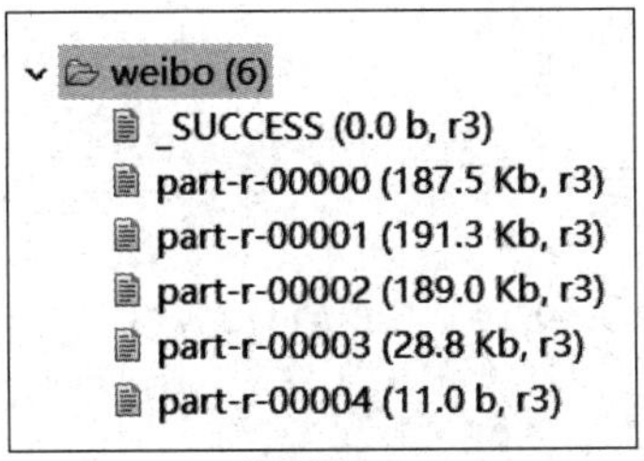

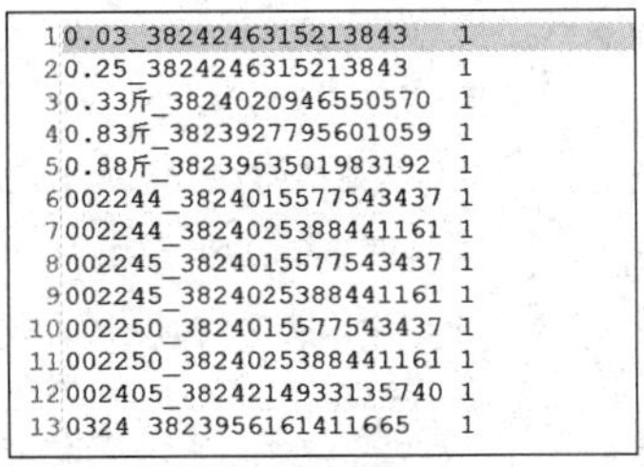

结果图 B

结果图 C

1. count 1065

图 4-33 MapReduce 处理结果图

第二个 MapReduce。

（1）runJob 代码如下所示：

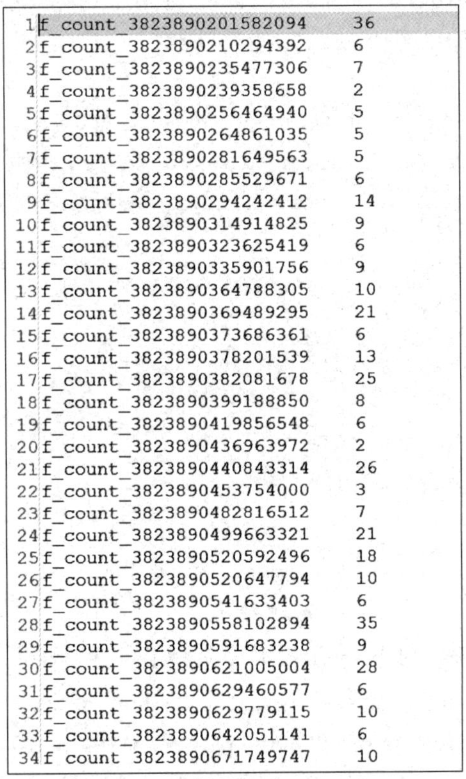

```
1. public class runJob{
2. public static void main(String[] args) {
3. Configuration config=new Configuration();
4. config.set("fs.defaultFS", "HDFS://Master:9000");
5. config.set("yarn.resourcemanager.hostname", "Master");
6. try {
7. Job job=Job.getInstance(config);
```

```
8.  job.setJarByClass(TwoJob.class);
9.  job.setJobName("weibo2");
10. // 设置 map 任务的输出 key 类型、value 类型
11. job.setOutputKeyClass(Text.class);
12. job.setOutputValueClass(IntWritable.class);

13. job.setMapperClass(TwoMapper.class);
14. job.setCombinerClass(TwoReduce.class);
15. job.setReducerClass(TwoReduce.class);

16. // mr 运行时的输入数据从 HDFS 的哪个目录中获取
17. FileInputFormat.addInputPath(job, new Path("/output/weibo"));
18. FileOutputFormat.setOutputPath(job, new Path("/output/weibo2"));

19. boolean f=job.waitForCompletion(true);
20. if(f) {
21. System.out.println(" 执行 job 成功 ");
22. }
23. } catch (Exception e) {
24. e.printStackTrace();
25. }
26. }
27. }
```

（2）Mapper 阶段：Mapper 阶段的输入是上一次结果的输出路径。想要统计词在多少个微博中出现过，需要利用从上一个 MapReduce 程序结果中统计每个词在一篇微博中出现次数的 part-r-00000、part-r-00001、part-r-00002 文件。将其中的数据分割，取出每个词语，输出（词语，1）。其代码如下所示：

```
1. // 统计 df: 词在多少个微博中出现过
2. public class TwoMapper extends Mapper<LongWritable, Text, Text, IntWritable> {

3. @Override
4. protected void map(LongWritable key, Text value, Context context)
5. throws IOException, InterruptedException {

6. // 获取当前 mapper task 的数据片段 (split)
7. FileSplit fs=(FileSplit) context.getInputSplit();
```

```
8. if(!fs.getPath().getName().contains("part-r-00004") &&
!fs.getPath().getName().contains("part-r-00003")) {

9. String[] v=value.toString().trim().split("\t");
10. if (v.length>=2) {
11. String[] ss=v[0].split("_");
12. if (ss.length>=2) {
13. String w=ss[0];
14. context.write(new Text(w), new IntWritable(1));
15. }
16. } else {
17. System.out.println(value.toString()+"--------------");
18. }
19. }
20. }
21. }
```

（3）Reduce 阶段：利用 Reduce 统计每个单词出现的总次数。其代码如下所示：

```
1. public class TwoReduce extends Reducer<Text, IntWritable,
Text, IntWritable> {

2. @Override
3. protected void reduce(Text key, Iterable<IntWritable> arg1,
Context context)
4. throws IOException, InterruptedException {
5. int sum=0;
6. for (IntWritable i : arg1) {
7. sum=sum+i.get();
8. }
9. context.write(key, new IntWritable(sum));
10. }
11. }
```

这样，计算完成后，就获得了每个单词在多少文件中出现过。部分数据结果如下所示：

```
1. 原始 1
2. 原本 1
3. 原来 1
4. 原来是 2
5. 原汁 4
```

```
6. 厨 2
7. 厨具 1
8. 厨房 2
9. 厨房电器 1
10. 去 102
11. 去了 9
12. 去做 1
13. 去去 2
14. 去吃 2
```

现在，已经通过第一个 MapReduce，求出了单词在该篇微博出现的次数和该篇微博词语总数，可以计算 TF。并且第一个 MapReduce 计算出了文件总数。通过第二个 MapReduce，计算出了出现该词语的文件总数，因此，已知微博总数和出现某词语的文件总数，即可求得 IDF。

第三个 MapReduce，即计算每个词语的 IDF。

（1）LastJob 阶段代码如下所示：

```
1. public class LastJob {

2. public static void main(String[] args) {
3. Configuration config=new Configuration();
4. config.set("fs.defaultFS", "HDFS://Master:9000");
5. // config.set("yarn.resourcemanager.hostname", "Master");
6. try {
7. FileSystem fs=FileSystem.get(config);

8. Job job=Job.getInstance(config);
9. job.setJarByClass(LastJob.class);
10. job.setJobName("weibo3");
11. // 把微博总数加载到内存
12. job.addCacheFile(new Path("/output/weibo/part-r-00004")
13. .toUri());
14. // 把 df 加载到内存
15. job.addCacheFile(new Path("/output/weibo2/part-r-00000")
16. .toUri());
17. // 把 F（每篇微博多少词）加载到内存
18. job.addCacheFile(new Path("/output/weibo/part-r-00003")
19. .toUri());
20. // 设置 map 任务的输出 key 类型、value 类型
21. job.setOutputKeyClass(Text.class);
```

```
22. job.setOutputValueClass(Text.class);
23. job.setMapperClass(LastMapper.class);
24. job.setReducerClass(LastReduce.class);
25. // mr 运行时的输入数据从 HDFS 的哪个目录中获取
26. FileInputFormat.addInputPath(job, new Path(
27. "/output/weibo"));
28. Path outpath=new Path("/output/weibo3");
29. if (fs.exists(outpath)) {
30.     fs.delete(outpath, true);
31. }
32. FileOutputFormat.setOutputPath(job, outpath);
33. boolean f=job.waitForCompletion(true);
34. if(f){
35.     System.out.println("执行job成功");
36. }
37. } catch (Exception e) {
38.     e.printStackTrace();
39. }
40. }
41. }
```

（2）Mapper 阶段：输出（微博 id，单词 tdidf）。代码如下所示：

```
1. public class LastMapper extends Mapper<LongWritable, Text, Text, Text> {
2. // 存放微博总数
3. public static Map<String, Integer> cmap=null;
4. // 存放 df
5. public static Map<String, Integer> df=null;
6. // 存放每篇微博的单词总数
7. public static Map<String, Integer> F=null;
8. // 在 map 方法执行之前
9. @Override
10. protected void setup(Context context) throws IOException,
11. InterruptedException {
12.     if (cmap==null||cmap.size()==0||df==null||df.size()==0){
13.         URI[] ss=context.getCacheFiles();
14.         if (ss != null) {
15.             for (int i=0; i<ss.length; i++) {
16.                 URI uri=ss[i];
```

```java
17. if (uri.getPath().endsWith("part-r-00004")) {// 微博总数
18. Path path=new Path(uri.getPath());
19. System.out.println(uri.getPath()+""+path.getName());
20. BufferedReader br=new BufferedReader(new FileReader(path.getName()));
21. String line=br.readLine();
22. cmap=new HashMap<String, Integer>();
23. if (line.startsWith("count")) {
24. String[] ls=line.split("\t");
25. cmap.put(ls[0], Integer.parseInt(ls[1].trim()));
26. }
27. br.close();
28. } else if (uri.getPath().endsWith("part-r-00000")) {// 词条的 DF
29. df=new HashMap<String, Integer>();
30. Path path=new Path(uri.getPath());
31. System.out.println("----"+uri.getPath());
32. BufferedReader br=new BufferedReader(new FileReader(path.getName()));
33. String line;
34. while ((line=br.readLine())!=null) {
35. String[] ls=line.split("\t");
36. df.put(ls[0], Integer.parseInt(ls[1].trim()));
37. }
38. br.close();
39. }else if(uri.getPath().endsWith("part-r-00003")){
40. F=new HashMap<String, Integer>();
41. Path path=new Path(uri.getPath());
42. System.out.println("----"+uri.getPath());
43. BufferedReader br=new BufferedReader(new FileReader(path.getName()));
44. String line;
45. while ((line=br.readLine())!=null) {
46. //f_count_3823890256464940 5
47. String[] ls=line.split("\t");
48. String[] s=ls[0].split("_");
49. F.put(s[2], Integer.parseInt(ls[1]));
50. }
51. br.close();
52. }
```

```
53. }
54. }
55. }
56. }
57. @Override
58. protected void map(LongWritable key, Text value, Context context)
59. throws IOException, InterruptedException {
60. FileSplit fs=(FileSplit) context.getInputSplit();
61. // System.out.println("--------------------");
62. if (!fs.getPath().getName().contains("part-r-00004") && !fs.getPath().getName().contains("part-r-00003")) {
63. // 样本：早餐_3824213972412901 2
64. String[] v=value.toString().trim().split("\t");
65. if (v.length>=2) {
66. int t=Integer.parseInt(v[1].trim());// t 值
67. String[] ss=v[0].split("_");
68. if (ss.length>=2) {
69. String w=ss[0];
70. String id=ss[1];
71. // 遍历 Map，查找 id 对应的 F
72. int f=F.get(id);
73. double tf=(double) t/f;
74. double s=(double) tf*Math.log(cmap.get("count")/df.get(w));
75. NumberFormat nf=NumberFormat.getInstance();
76. nf.setMaximumFractionDigits(5);
77. context.write(new Text(id), new Text(w+":"+nf.format(s)));
78. }
79. } else {
80. System.out.println(value.toString()+"--------------");
81. }
82. }
83. }
84. }
```

（3）Reducer 阶段代码如下所示：

```
1. public class LastReduce extends Reducer<Text, Text, Text, Text> {
2. @Override
```

```
3. protected void reduce(Text key, Iterable<Text> iterable,
Context context)
4. throws IOException, InterruptedException {
5. StringBuffer sb=new StringBuffer();
6. for (Text i : iterable) {
7. sb.append(i.toString()+"\t");
8. }
9. context.write(key, new Text(sb.toString()));
10. }
11. }
```

注意：最后一个程序代码，需要在集群环境中运行。

3. 效果展示

当上述代码运行完成之后，可以看到结果，如图 4-34 所示。

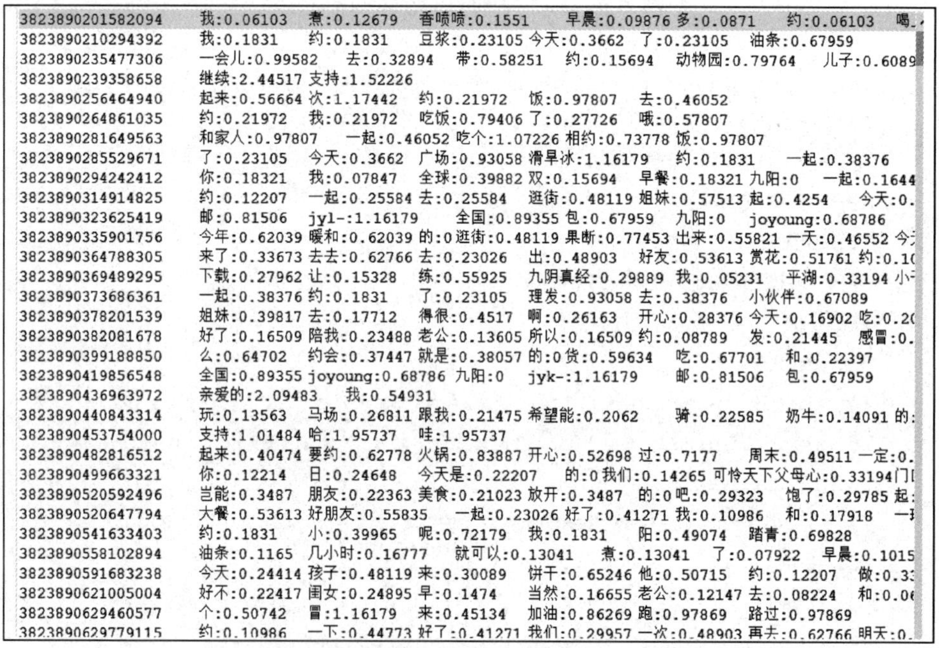

图 4-34 Reducer 运行结果

有了上面的结果，就可以针对每篇微博每个词出现的 TF-IDF 值，分析该篇微博中主要体现用户的哪些行为，从而针对用户的行为偏好进行分析。另一方面，上述代码并没有对每个词的 TF-IDF 值进行排序输出，这项工作由读者独立完成。

4.4.3 案例三：好友推荐案例

1. 好友推荐需求及设计思路

思考：结合图 4-35，使用 Hadoop，推荐谁当作好友最合适？

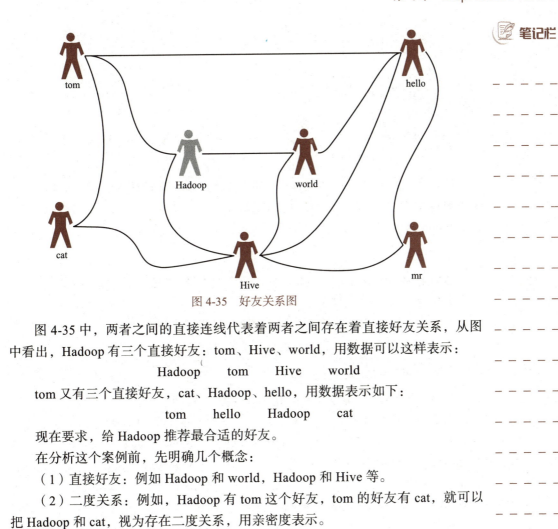

图 4-35 好友关系图

图 4-35 中，两者之间的直接连线代表着两者之间存在着直接好友关系，从图中看出，Hadoop 有三个直接好友：tom、Hive、world，用数据可以这样表示：

      Hadoop tom Hive world

tom 又有三个直接好友，cat、Hadoop、hello，用数据表示如下：

      tom hello Hadoop cat

现在要求，给 Hadoop 推荐最合适的好友。

在分析这个案例前，先明确几个概念：

（1）直接好友：例如 Hadoop 和 world，Hadoop 和 Hive 等。

（2）二度关系：例如，Hadoop 有 tom 这个好友，tom 的好友有 cat，就可以把 Hadoop 和 cat，视为存在二度关系，用亲密度表示。

原始数据如下所示：

```
1. tom hello Hadoop cat
2. world Hadoop hello Hive
3. cat tom Hive
4. mr Hive hello
5. Hive cat Hadoop world hello mr
6. Hadoop tom Hive world
7. hello tom world Hive mr
```

案例分析：在分析时，是对整体数据进行分析，还是只对涉及 Hadoop 的用户进行分析？

对整体数据进行分析，拿到每个用户的好友推荐列表，将其列表结果推荐给刚上线的用户。可以通过亲密度（二度关系，即通过一个好友即可认识）进行推荐。

假如输出格式如下所示：

```
1. cat-hello-2
2. cat-Hadoop-2
3. cat-mr-1
4. cat-world-1
5. Hadoop-hello-3
6. Hadoop-mr-1
7. Hadoop-cat-2
```

结合上式，cat 想要认识 hello，则可以通过 tom 或者 Hive，因此 cat 和 hello 的亲密度为 2。因此，给 cat 推荐 hello 或者 Hadoop，因为它们的亲密度都为 2。给 Hadoop 推荐 hello，因为它们的亲密度为 3。

2. 找出每个用户最亲密的二度关系好友

如何用 MapReduce 程序分析，找出每个用户最亲密的二度关系好友？

（1）找到所有的二度关系。

（2）根据二度关系的次数，即亲密度，做降序排列。

（3）选取该用户亲密度最高的，作为推荐首选。

3. 找到所有的二度关系

如何找到所有的二度关系呢？这里有两种方案：

方案一：寻找 tom 的二度关系好友，选取 tom 的好友列表，针对 tom 好友列表中每一个好友，选取他们各自的好友列表，tom 好友的好友列表里的好友，与 tom 即为二度关系好友。该方案的缺点是：从第一行看，tom 的好友列表里有 hello，在 hello 的好友列表里也有 tom，tom 与 hello 不是二度关系；tom 的好友里有 Hadoop，Hadoop 的好友里有 tom，tom 与 Hadoop 不是二度关系。

方案二：选取都在同一个好友列表里的数据。例如，tom 的好友 hello 和 Hadoop，都在 tom 的好友列表中，那么 hello 和 Hadoop，即为二度好友关系。但是，有个地方值得注意。从数据的第二行看，hello 的二度好友为 Hive，在最后一行可以看出，hello 与 Hive 也是一度好友。因此，需要去除非二度关系的好友。

在此，我们选用方案二，只要用方案二的方法，确定了所有的二度好友关系，再从中去除那些一度关系的好友，剩下的就是所有的二度关系好友。相比方案二，方案一更加麻烦。

因此，我们的编码步骤过程如下：

（1）找到所有的二度关系：在同一个用户的好友列表里，两个好友两两之间都是二度关系。

（2）拿到真正的二度关系（亲密度），去除已知直接好友关系。

（3）用户推荐好友列表，按照用户名升序排列、亲密度降序排序。

那么，MapReduce 程序应该如何开发呢？在这里，我们用两个 MapReduce 程序来完成需求。

第一个 MapReduce 程序，找到所有的二度关系好友，并且去除已知一度关系（直接好友）关系。以第二行数据（world Hadoop hello Hive）为例：

找到 world 的好友列表，列表里的用户两两组合。以好友为 key，value 为 1（代表存在二度关系），如表 4-3 所示。

表 4-3　world 的二度好友示例表

key	value
Hadoop-hello	1
Hadoop-Hive	1
hello-Hive	1

先找 Hadoop 的好友，再找 Hive 的好友，判断是否存在直接好友关系。可以发现，如果找第 6 行 Hadoop 的好友，Hadoop 与 Hive 是直接好友，因此，Hadoop 与 Hive 不是二度关系。将好友与其好友列表中的好友作为 key，value 为 0。

总结：将两个好友作为 key，以 "-" 分隔，value 代表亲密度，第一个好友与其好友列表中的亲密度都设为 0，其好友列表中的好友，两两组合，值为 1，结果如表 4-4 所示。

表 4-4　结果表

key	value
world-Hadoop	0
world-hello	0
world-Hive	0
Hadoop-hello	1
Hadoop-Hive	1
hello-Hive	1

这样，在 Reduce 阶段，会得到 key 相同，值为 0 或 1 的所有二度关系，如果得到的值为 0，说明两者为直接好友关系不输出。否则，统计 1 的次数，即为亲密度输出。

在这里，还需要明确一些细节。例如，world-hello，hello-world，都是相同的关系，如何用代码保证相同的二者关系会划分到同一个 reduce 程序中呢？可以通过编写一个 Fof 类，自定义一个 format() 方法，该方法始终保证好友 1 的字典序小于好友 2。

第二个 MapReduce 程序，负责排列统计亲密度，需要将用户名升序排列（默认），将亲密度降序排列。

其中需要注意的是：例如，Hadoop-hello-3，说明给 Hadoop 推荐亲密度为 3 的好友，为 hello。但是，如果给 hello 推荐亲密度为 3 的好友，应为 Hadoop，数据应为 hello-Hadoop-3。但此时排序完成后，只有一条 Hadoop-hello-3 记录。因此，我们规定，始终将第一个用户作为需要推荐用户的用户，因此在 Reduce 端处理时，应将其整理为两个条目：Hadoop-hello-3 和 hello-Hadoop-3。

● Map 阶段：分隔字符串，整合好友关系记录（将 Hadoop-hello-3 整合成

Hadoop-hello-3，hello-Hadoop-3）。

● Partition 阶段，不需要对 map 端输出数据指定具体 Reduce，因此使用默认的方法。

● Sort 阶段：确定比较方法，好友 1 相同，比较亲密度，好友升序排列，亲密度降序排列。

● Group 阶段：确保将好友 1 相同的分为一组，传给 Reduce。

● Reduce 阶段：按照亲密度降序输出。

4．代码编写

（1）JobOne 代码如下所示：

```
1. public class JobOne {
2. public static void main(String[] args) throws Exception {
3. // 利用job对mapreduce进行管理
4. Configuration conf=new Configuration();
5. conf.set("fs.defaultFS", "HDFS://Master:9000");
6. Job job=Job.getInstance(conf);
7. // 设置程序入口
8. job.setJarByClass(jobOne.class);
9. // 设置map类
10. job.setMapperClass(mapperOne.class);
11. // 设置map的输出类型
12. job.setMapOutputKeyClass(Text.class);
13. job.setMapOutputValueClass(IntWritable.class);
14. // 设置reduce类
15. job.setReducerClass(reduceOne.class);
16. job.setNumReduceTasks(1);
17. // 设置文件的输入路径
18. FileInputFormat.addInputPath(job, new Path("/input/data/fof.txt"));
19. // 设置结果输出路径
20. // 如果路径存在，删除
21. Path out=new Path("/output/fof");
22. FileSystem fs=FileSystem.get(conf);
23. if(fs.exists(out)){
24. fs.delete(out, true);
25. }
26. FileOutputFormat.setOutputPath(job, out);
27. // 提交
28. boolean flag=job.waitForCompletion(true);
```

```
29. if(flag){
30. System.out.println("job success");
31. }
32. }
```

（2）Mapper 阶段代码如下所示：

```
1. public class mapperOne extends Mapper<LongWritable, Text, Text, IntWritable> {
2. /**
3.  * 1. 获取所有的好友的好友列表，即为二度关系，输出值为1
4.  * 2. 统计直接好友列表，输出值为 0
5.  * 注意：Hadoop-Hive Hive-Hadoop 为同一种二度好友关系
6.  */
7. Fof fof=new Fof();
8. @Override
9. protected void map(LongWritable key, Text value,Context context)
10. throws IOException, InterruptedException {
11. String[] strs=value.toString().split(" ");
12. // 统计直接好友列表
13. for(int i=0; i<strs.length; i++){
14. String oneRelation=fof.format(strs[0], strs[i]);
15. // 输出 key-value
16. context.write(new Text(oneRelation), new IntWritable(0));
17. for(int j=i+1; j<strs.length; j++){
18. // 所有二度关系
19. String twoRelation=fof.format(strs[i], strs[j]);
20. context.write(new Text(twoRelation), new IntWritable(1));
21. }
22. }
23. }
```

（3）该部分使用了 Fof，为了解决同一种好友关系位置输出相反的情况，确保小的用户名始终在最前方。例如 Hadoop-hello、hello-Hadoop 为同一种好友关系，输出应为 Hadoop-hello，Fof 代码如下所示：

```
1. Public class Fof {
2. /**
3.  * 解决同一种好友关系，利用比较，确保输出的永远是小值在前
4.  */
5. public String format(String f1, String f2){
6. int c=f1.compareTo(f2);
7. if(c<0){
```

```
8.  //f1<f2
9.  return f1+"-"+f2;
10. }
11. return f2+"-"+f1;
12. }
13. }
```

(4) Reduce 阶段代码如下所示：

```
1.  public class reduceOne extends Reducer<Text, IntWritable, Text, NullWritable>{
2.  // 迭代器中存放的是 0 或者 1。reduce 得到的是经过 shuffle 分好组的数据
3.  @Override
4.  protected void reduce(Text key, Iterable<IntWritable> iterable,Context context)
5.  throws IOException, InterruptedException {
6.  int sum=0;
7.  boolean flag=true;
8.  for (IntWritable i : iterable) {
9.  if(i.get()==0){
10. // 好友关系中存在一度关系，结束循环，不输出
11. flag=false;
12. break;
13. }
14. // 如果没有 0，则累加，计算亲密度
15. sum++;
16. }
17. if(flag){
18. String msg=key.toString()+"-"+sum;
19. context.write(new Text(msg), NullWritable.get());
20. }
21. }
22. }
```

第一个 MapReduce 执行结果如下所示：

```
1. cat-Hadoop-2
2. cat-hello-2
3. cat-mr-1
4. cat-world-1
5. Hadoop-hello-3
6. Hadoop-mr-1
7. Hive-tom-3
8. mr-tom-1
```

9. mr-world-2
10. tom-world-2

注意，这个结果说明，以 cat-Hadoop-2 为例，cat 与 Hadoop 的亲密度为 2，Hadoop 与 cat 的亲密度也为 2。

第二个 MapReduce 程序：

（1）JobTwo 代码如下所示：

```
1.  public class JobTwo {
2.  public static void main(String[] args) throws Exception {
3.  // 利用job对mappreduce进行管理
4.  Configuration conf=new Configuration();
5.  conf.set("fs.defaultFS", "HDFS://centos04:9000");
6.  Job job=Job.getInstance(conf);
7.  // 设置程序入口
8.  job.setJarByClass(jobTwo.class);
9.  // 设置map类
10. job.setMapperClass(mapperTwo.class);
11. // 设置map的输出类型
12. job.setMapOutputKeyClass(Friend.class);
13. job.setMapOutputValueClass(IntWritable.class);
14. job.setSortComparatorClass(sortTwo.class);
15. job.setGroupingComparatorClass(groupTwo.class);
16. // 设置 reduce 类
17. job.setReducerClass(redueTwo.class);
18. job.setNumReduceTasks(1);
19. // 设置文件的输入路径
20. FileInputFormat.addInputPath(job, new Path("/output/fof"));
21. // 设置结果输出路径
22. // 如果路径存在，删除
23. Path out=new Path("/output/fofTwo");
24. FileSystem fs=FileSystem.get(conf);
25. if(fs.exists(out)){
26. fs.delete(out, true);
27. }
28. FileOutputFormat.setOutputPath(job, out);
29. // 提交
30. boolean flag=job.waitForCompletion(true);
31. if(flag){
32. System.out.println("job success");
33. }
34. }
35. }
```

（2）Mapper 阶段代码如下所示：

```
1. public class mapperTwo extends Mapper<LongWritable, Text, Friend, IntWritable>{
2. @Override
3. protected void map(LongWritable key, Text value, Context context)
4. throws IOException, InterruptedException {
5. // 输出 a-b-3,b-a-3,因此需要 friend1, friend2。一条二度关系要分
   // 为两条输出
6. // 截取字符串
7. String[] strs=StringUtils.split(value.toString(), "-");
8. String friend1=strs[0];
9. String friend2=strs[1];
10. String hotString=strs[2];
11. Friend f1=new Friend();
12. Friend f2=new Friend();
13. f1.setFriend1(friend1);
14. f1.setFriend2(friend2);
15. f1.setHot(Integer.parseInt(hotString));
16. f2.setFriend1(friend2);
17. f2.setFriend2(friend1);
18. f1.setHot(Integer.parseInt(hotString));
19. context.write(f1, new IntWritable(f1.getHot()));
20. context.write(f2, new IntWritable(f1.getHot()));
21. }
22. }
```

（3）Sort 阶段代码如下所示：

```
1. public class sortTwo extends WritableComparator{
2. public sortTwo() {
3. super(Friend.class,true);
4. }
5. @Override
6. public int compare(WritableComparable a, WritableComparable b) {
7. Friend f1=(Friend)a;
8. Friend f2=(Friend)b;
9. int c=f1.getFriend1().compareTo(f2.getFriend1());
10. if(c==0){
11. return-Integer.compare(f1.getHot(), f2.getHot());
12. }
13. return c;
14. }
```

15. }

（4）Group 阶段代码如下所示：

```
1. public class groupTwo extends WritableComparator{
2. public groupTwo() {
3. super(Friend.class,true);
4.
5. }
6. @Override
7. public int compare(WritableComparable a, WritableComparable b) {
8. Friend f1=(Friend)a;
9. Friend f2=(Friend)b;
10. // 只需要将用户名相同的分为一组即可，不需要比较亲密度
11. int c=f1.getFriend1().compareTo(f2.getFriend1());
12. return c;
13. }
14. //reduce 阶段：
15. public class redueTwo extends Reducer<Friend,IntWritable, Text, NullWritable>{
16. @Override
17. protected void reduce(Friend key, Iterable<IntWritable> iterable,Context context)
18. throws IOException, InterruptedException {
19. // 只需要输出结果即可。iterable 中存放的为亲密度，已经排好序了
20. for (IntWritable i : iterable) {
21. String msgString=key.getFriend1()+"-"+key.getFriend2()+"-"+i.get();
22. context.write(new Text(msgString), NullWritable.get());
23. }
24. }
25. }
```

（5）Friend 阶段代码如下所示：

```
1. public class Friend implements WritableComparable<Friend>{
2. private String friend1;
3. private String friend2;
4. // 亲密度
5. private int hot;
6. @Override
7. public void write(DataOutput out) throws IOException {
8. out.writeUTF(friend1);
9. out.writeUTF(friend2);
```

```java
10.     out.writeInt(hot);
11. }
12. public String getFriend1() {
13.     return friend1;
14. }
15. public void setFriend1(String friend1) {
16.     this.friend1=friend1;
17. }
18. public String getFriend2() {
19.     return friend2;
20. }
21. public void setFriend2(String friend2) {
22.     this.friend2=friend2;
23. }
24. public int getHot() {
25.     return hot;
26. }
27. public void setHot(int hot) {
28.     this.hot=hot;
29. }
30. @Override
31. public void readFields(DataInput in) throws IOException {
32.     this.friend1=in.readUTF();
33.     this.friend2=in.readUTF();
34.     this.hot=in.readInt();
35. }
36. @Override
37. public int compareTo(Friend f) {
38.     int c=this.friend1.compareTo(f.getFriend1());// 比较第一个friend
39.     // 如果第一个friend相同,再比较亲密度。第一个friend表示的是需要推荐的用户
40.     if(c==0){
41.         return Integer.compare(this.hot, f.getHot());
42.     }
43.     return c;
44. }
45. }
```

5. 效果展示

运行完上述代码之后,其最终结果如下所示:

1. cat-hello-2
2. cat-Hadoop-2
3. cat-mr-1

```
4. cat-world-1
5. Hadoop-hello-3
6. Hadoop-mr-1
7. Hadoop-cat-2
8. hello-Hadoop-3
9. hello-cat-2
10. Hive-tom-3
11. mr-world-2
12. mr-tom-1
13. mr-cat-1
14. mr-Hadoop-1
15. tom-world-2
16. tom-Hive-3
17. tom-mr-1
18. world-cat-1
19. world-tom-2
20. world-mr-2
```

从上面的最终结果可以看出，给 Hadoop 推荐的最适合的用户为 hello，亲密度为 3。

4.5 项目实战：数据清洗

通过本章前面章节的项目实践，相信同学们已经对 MapReduce 有了比较深刻地认识了，下面开始通过 MapReduce 完成项目中的数据清洗工作。

前面章节已经介绍过数据通过 Flume 存储到 HDFS 中的方法，但是，HDFS 中存储的数据是原始的数据，数据文件是 json 格式，同时某些数据可能不符合我们的项目需求。因此，我们将通过 MapReduce 程序来对数据进行清洗工作。

每天 00:01，数据清洗组件从 hdfs://Master:9000/initialFile/%Y%m%d 目录下逐行读取前一天接收到的全部数据文件，进行清洗处理后，保存在 HDFS 的 /cleanFile/YYYYMMDD 目录中。数据清洗过程如图 4-36 所示。

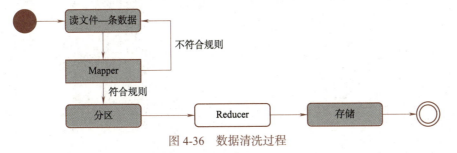

图 4-36 数据清洗过程

根据项目的需求，我们在对数据进行清洗之后会生成两类文件：一类文件为职位原始数据，一类文件为职位关键词统计数据，其文件格式如表 4-5 所示。

表 4-5 数据文件格式

类 型	文 件 格 式
职位原始数据	source | tag | position | job_catrgory | job_name | job_location | crawl_date | edu | salary | experience | job_info | company_name | company_addr | company_scale | qualification | key_words 其中： job_info：以逗号分隔的字符串 qualification：以逗号分隔的字符串 key_words：以逗号分隔的字符串
关键词统计数据	tag | position | job_name | word | count | crawl_date 其中： Word 为原始数据中 Key_Words 数据中的一个词 Count 为该词在原始数据中 Key_Words 数据中出现的次数

Mapper 过程主要完成数据清洗，将不符合规则要求的数据排除，数据合规性检查规则如表 4-6 所示。

表 4-6 数据检查规则

检查项 数据标签	数据格式 标签不存在	数 据				
		Null 或 None	含字符 "|"	长度大于 20	空字符串	列表为空
job	×	–	–	–	–	–
source	×	×	×	●	×	–
tag	×	×	×	●	×	–
position	×	×	×	●	×	–
job_catrgory	×	●	×	●	●	–
job_name	×	×	×	●	×	–
job_location	×	×	×	×	×	–
crawl_data	×	×	×	×	×	–
edu	×	●	×	●	●	–
salary	×	●	×	●	●	–
experience	●	●	×	×	●	–
job_info	×	×	×	–	×	×
company_name	×	×	×	●	×	–
company_addr	●	●	×	●	●	–
company_scale	●	●	×	●	●	–
additional_info	×	–	–	–	–	–
qualification	×	×	×	–	–	×
key_words	×	×	×	–	–	×

注：表中使用×表示不合规、●表示合规、–表示不适合对该项做合规性检查

对于合规数据，Mapper 程序对以下字段进行预处理，其处理规则如表 4-7 所示。

表 4–7 数据预处理规则

数 据 标 签	处 理 规 则
job_location	从该数据中获取标准城市名称，若提取失败，则将该数据划分为不合规数据。标准城市名称定义见附表 2：标准城市名称
key_words	遍历数据所有元素，统计词频

下面我们开始代码的编写工作：

（1）职位原始数据清洗的 MapReduce 程序：

① Meta_Driver.java 代码如下所示：

```
1.  package MapReduce;
2.  import org.apache.Hadoop.conf.Configuration;
3.  import org.apache.Hadoop.fs.Path;
4.  import org.apache.Hadoop.io.NullWritable;
5.  import org.apache.Hadoop.io.Text;
6.  import org.apache.Hadoop.MapReduce.Job;
7.  import org.apache.Hadoop.MapReduce.lib.input.FileInputFormat;
8.  import org.apache.Hadoop.MapReduce.lib.output.FileOutputFormat;
9.  import java.io.IOException;
10. import java.text.SimpleDateFormat;
11. import java.util.Calendar;
12. import java.util.Date;
13. public class meta_Drive {
14. public static void main(String[] args) throws IOException, ClassNotFoundException, InterruptedException {
15. // 创建配置文件对象，加载需要的配置
16. Configuration conf=new Configuration();
17. // 根据配置文件信息，创建 job 对象
18. Job job=Job.getInstance(conf);
19. // 设置具体的任务主类
20. job.setJarByClass(meta_Drive.class);
21. // 设置 mapper 类
22. job.setMapperClass(map_Meta.class);
23. // 设置分区器的实现类
24. job.setPartitionerClass(partition.class);
25. // 设置输出的 key 的类型
26. job.setOutputKeyClass(Text.class);
```

```
27.    // 设置输出的 value 的类型
28.    job.setOutputValueClass(NullWritable.class);
29.    // 设置 reduce 的数量
30.    job.setNumReduceTasks(3);
31.    // 获取当前时间前一天的时间
32.    Date date1;
33.    Calendar calendar=Calendar.getInstance();
34.    calendar.add(Calendar.DAY_OF_MONTH, -1);
35.    date1=calendar.getTime();
36.    SimpleDateFormat sdf=new SimpleDateFormat("yyyyMMdd");
37.    String date=sdf.format(date1);
38.    // 定义输入路径
39.    FileInputFormat.addInputPath(job, new Path("/Initial_
Data/"+date));
40.    // 定义输出路径
41.    Path path=new Path("/cleanFile/"+date+"/"+"job_"+date);
42.    // 删除你的输出文件目录
43.    path.getFileSystem(conf).delete(path, true);
44.    // 设置输出路径
45.    FileOutputFormat.setOutputPath(job, path);
46.    // 提交 job
47.    System.exit(job.waitForCompletion(true) ? 0 : 1);
48.    }
49.  }
```

② Map_Meta.java 代码如下所示:

```
1. package MapReduce;
2. import com.alibaba.fastjson.JSONObject;
3. import org.apache.Hadoop.io.LongWritable;
4. import org.apache.Hadoop.io.NullWritable;
5. import org.apache.Hadoop.io.Text;
6. import org.apache.Hadoop.MapReduce.Mapper;
7. public class map_Meta extends Mapper<LongWritable, Text,
Text, NullWritable> {
8. // 因为读取的数据文件是 json 格式,每一行数据都是一个 json 字符串,定义
json 对象来解析每一行的数据
9. JSONObject object;
10. // 设置输出的 Text 对象
```

```
11. Text text=new Text();
12. JSONObject obj;
13. @Override
14. protected void map(LongWritable key, Text value, Context context) {
15. // 对数据进行判断，如果包含 | 则判定为不合规数据
16. if (value.toString().contains("|")) {
17. return;
18. }
19. try {
20. // 解析数据，返回对象
21. object=JSONObject.parseObject(value.toString());
22. // 获取json字符串的各个属性
23. String job=object.getString("job");
24. String add=object.getString("additional_info");
25. object=JSONObject.parseObject(job);
26. String source=object.getString("source");  // 数据来源
27. String tag=object.getString("tag");  // 标签
28. String position=object.getString("position");  // 岗位
29. String job_category=object.getString("job_category");// 职位分类
30. String job_name=object.getString("job_name");  // 职位名称
31. String job_location=object.getString("job_location");// 工作地点
32. String crawl_date=object.getString("crawl_date");  // 采集日期
33. String edu=object.getString("edu");  // 学历
34. String salary=object.getString("salary");// 薪资
35. String experoence=object.getString("experience");  // 工作经验
36. String job_info=object.getString("job_info");  // 职位信息
37. String company_name=object.getString("company_name");  // 工作经验
38. String company_addr=object.getString("company_addr");  // 公司名称
39. String company_scale=object.getString("company_scale");// 公司规模
40. obj=JSONObject.parseObject(add);
41. String qualification=obj.getString("qualification");
42. String key_words=obj.getString("key_words");
43. // 判断必备的属性是否为空，如果为空，则判定为不合规数据
44. if (source==null||tag==null||job_location==null||key_words==null||crawl_date==null
45. ||position==null||company_name==null) {
46. return;
```

```
47. }
48. // 对城市进行判断，不符合规则则判定为不合规数据
49. job_location=job_location.split("-")[0].split(" ")[0];
50. if (job_location.equals("异地招聘")) {
51. return;
52. }
53. // 将数据拼接
54. edu=source+"|"+tag+"|"+position+"|"+job_cat egory+"|"+job_name+"|"+job_location+"|"
55. +crawl_date+"|"+edu+"|"+salary+"|"+experoence+"|"+job_info+"|"+company_name
56. +"|"+company_addr+"|"+company_scale+"|"+qualifi cation+"|"+key_words;
57. edu=edu.replaceAll("\"", "").replaceAll("\\[", "").replaceAll("\\]", "").replaceAll("】", "");
58. text.set(edu);
59. // 将结果进行输出
60. context.write(text, NullWritable.get());
61. } catch (Exception e) {
62. return;
63. }
64. }
65. }
```

③ 分区器的 partition.java 代码如下所示：

```
1. package MapReduce;
2. import org.apache.Hadoop.io.NullWritable;
3. import org.apache.Hadoop.io.Text;
4. import org.apache.Hadoop.MapReduce.Partitioner;
5. import java.util.HashMap;
6. public class partition extends Partitioner<Text, NullWritable> {
7. // 定义 map 结构存储数据来源分类
8. static HashMap<String, Integer> hashMap=new HashMap<String, Integer>();
9. static {
10. hashMap.put("zh", 0);
11. hashMap.put("51", 1);
12. hashMap.put("ch", 2);
```

```
13. }
14. Integer m;
15. String key;
16. public int getPartition(Text text, NullWritable nullWrit
able, int i) {
17.   // 根据数据来源进行数据分类，将不同的数据分发到不同的 reduce
18.   key=text.toString();
19.   key=key.substring(0, 2);
20.   m=hashMap.get(key);
21.   return m==null?3 : m;
22. }
23. }
```

（2）关键字统计数据清洗的 MapReduce 程序：

① Word_Driver.java 代码如下所示：

```
1.  package MapReduce;
2.  import org.apache.Hadoop.conf.Configuration;
3.  import org.apache.Hadoop.fs.Path;
4.  import org.apache.Hadoop.io.NullWritable;
5.  import org.apache.Hadoop.io.Text;
6.  import org.apache.Hadoop.MapReduce.Job;
7.  import org.apache.Hadoop.MapReduce.lib.input.FileInputFormat;
8.  import org.apache.Hadoop.MapReduce.lib.output.FileOutputFormat;
9.  import java.io.IOException;
10. import java.text.SimpleDateFormat;
11. import java.util.Calendar;
12. import java.util.Date;
13. public class word_Drive {
14. public static void main(String[] args) throws IOException,
ClassNotFoundException, InterruptedException {
15.   // 创建配置文件对象，加载需要的配置
16.   Configuration conf=new Configuration();
17.   // 根据配置文件信息，创建 job 对象
18.   Job job=Job.getInstance(conf);
19.   // 设置具体的任务主类
20.   job.setJarByClass(word_Drive.class);
21.   // 设置 mapper 类
22.   job.setMapperClass(map_Word.class);
23.   // 设置分区器的实现类
```

```
24. job.setPartitionerClass(partition.class);
25. // 设置输出的 key 的类型
26. job.setOutputKeyClass(Text.class);
27. // 设置输出的 value 的类型
28. job.setOutputValueClass(NullWritable.class);
29. // 设置 reduce 的数量
30. job.setNumReduceTasks(3);
31. // 获取当前时间前一天的时间
32. Date date1;
33. Calendar calendar=Calendar.getInstance();
34. calendar.add(Calendar.DAY_OF_MONTH, -1);
35. date1=calendar.getTime();
36. SimpleDateFormat sdf=new SimpleDateFormat("yyyyMMdd");
37. String date=sdf.format(date1);
38. // 定义输入路径
39. FileInputFormat.addInputPath(job, new Path("/Initial_Data/"+date));
40. // 定义输出路径
41. Path path=new Path("/cleanFile/"+date+"/word_"+date);
42. // 删除你的输出文件
43. path.getFileSystem(conf).delete(path, true);
44. // 设置输出路径
45. FileOutputFormat.setOutputPath(job, path);
46. // 提交 job
47. System.exit(job.waitForCompletion(true) ? 0 : 1);
48. }
49. }
```

② Map_Word.java 代码如下所示：

```
1. package MapReduce;
2. import java.io.IOException;
3. import java.util.Calendar;
4. import java.util.Date;
5. import org.apache.Hadoop.io.LongWritable;
6. import org.apache.Hadoop.io.NullWritable;
7. import org.apache.Hadoop.io.Text;
8. import org.apache.Hadoop.MapReduce.Mapper;
9. import com.alibaba.fastjson.JSONObject;
10. public class map_Word extends Mapper<LongWritable, Text,
```

```
Text, NullWritable> {
11.    // 设置输出的 Text 对象
12.    Text text=new Text();
13.    // 因为读取的数据文件是 json 格式，每一行数据都是一个 json 字符串，定
义 json 对象来解析每一行的数据
14.    JSONObject object;
15.    JSONObject obj;
16.    String edu;
17.    String[] words;
18.    Date date1;
19.    @Override
20.    protected void map(LongWritable key, Text value, Context
context) throws IOException, InterruptedException {
21.    // 获取前一天的时间
22.    Calendar calendar=Calendar.getInstance();
23.    calendar.add(Calendar.DAY_OF_MONTH, -1);
24.    date1=calendar.getTime();
25.    // 对数据进行判断，如果包含 "|" 则判定为不合规数据
26.    if (value.toString().contains("|")) {
27.        return;
28.    }
29.    try {
30.    // 解析数据，返回对象
31.    object=JSONObject.parseObject(value.toString());
32.    // 获取 json 字符串的各个属性
33.    String job=object.getString("job");
34.    String add=object.getString("additional_info");
35.    object=JSONObject.parseObject(job);
36.    String tag=object.getString("tag");        // 标签
37.    String source=object.getString("source");  // 数据来源
38.    String position=object.getString("position");  // 岗位
39.    String job_name=object.getString("job_name");  // 职位名称
40.    String job_location=object.getString("job_location");// 工作地点
41.    String crawl_date=object.getString("crawl_date"); // 采集日期
42.    System.out.println(crawl_date);
43.    obj=JSONObject.parseObject(add);
44.    String key_words=obj.getString("key_words");
45.    job_location=job_location.split("-")[0].split(" ")[0];
46.    if (source==null||tag==null||job_location==null
```

```
||key_words==null||crawl_date==null
47. ||position==null) {
48.     return;
49. }
50. if (job_location.equals("异地招聘")) {
51.     return;
52. }
53. words=key_words.toString().split(",");
54. // 将数据进行拼接
55. for (int i=0; i<words.length; i++) {
56.     String work=words[i];
57.     int counts=1;
58.     edu=source+"|"+tag+"|"+position+"|"+job_name+"|"+work+"|"+counts+"|"
59.     +crawl_date;
60.     edu=edu.replaceAll("\"", "").replaceAll("\\[", "").replaceAll("\\]", "").replaceAll("?", "");
61.     text.set(edu);
62.     // 将结果进行输出
63.     context.write(text, NullWritable.get());
64. }
65. } catch (Exception e) {
66.     return;
67. }
68. }
69. }
```

运行完成上述基本操作之后，表示数据的清洗组件已经运行正常。至此，"任务二：通过 MapReduce 进行数据清洗工作"已经完成。

拓展阅读 大数据时代个人隐私保护的对策

大数据技术已经对经济社会产生了重大深远的影响，而高度信息化带来的主要问题是个人私密信息泄露风险增加，精准诈骗、广告骚扰等现象屡见不鲜。在大数据时代，用法律维护公民个人私密信息安全是妥善保护个人隐私的关键所在。

个人信息是社会对信息私密性的一种普遍认识和认同，任何一种个人信息在特定条件下都可能被视为一种个人私密信息。换言之，法律所能普遍保护的个人私密信息，即是个人信息。个人私密信息的范围正在随着时代发展不断演进，对法律不断提出新的要求。我国于 2021 年 11 月 1 日起施行《个人信息保护法》。

小　　结

本章首先给出了 MapReduce 编程模型的分布式编程方法，主要包括 5 个步骤：迭代、将输入 key/value 对映射成另外一些 key/value 对、依据 key 对中间数据进行分组、以组为单位对数据进行归约、迭代。其次，从架构、作业运作机制以及原理方面，介绍了 MapReduce 的工作机制。最后介绍了 MapReduce 的输入格式和输出格式。

习　　题

1. 在 MapReduce 中，如果将 Reducer 数设置为 0 会发生怎样的情形？（　　）
   A. 仅有 Reduce 作业发生
   B. 仅有 Map 作业发生
   C. Reducer 输出会成为最终输出（Mapper 输出是最终输出）

2. 在 MapReduce 中，下面哪个会将输入键值对处理成中间键值对？（　　）
   A. Mapper
   B. Reducer
   C. Mapper 和 Reducer

3. 在 MapReduce 中，Map 数取决于（　　）的总量。
   A. 任务数　　　　B. 输入数据　　　C. 输出数据

4. 在 Hadoop 的分区阶段，默认的 Partitioner 是（　　）。
   A. HashPar
   B. Partitioner
   C. HashPartitioner

5. 下面（　　）是一种编程模型，它将大规模的数据处理工作拆分成互相独立的任务然后并行处理。
   A. MapReduce　　B. HDFS　　　　C. Pig

6. 在 Hadoop 中，下面（　　）是默认的 InputFormat 类型，它将每行内容作为新值，而将字节偏移量作为 key。
   A. FileInputFormat
   B. TextInputFormat
   C. KeyValueTextInputFormat

7. MapReduce 中，对于 Map 输出的中间结果，负责按 Key 进行分区的是（　　）。
   A. RecordReader   B. Combiner   C. Partitioner
8. 在 MapReduce 中，下面哪个阶段是并行进行的？（　　）
   A. Shuffle 和 Map
   B. Shuffle 和 Sort
   C. Reduce 和 Sort
9. 关于 MapReduce 中的键值对，下面陈述正确的是（　　）。
   A. Key 类必须实现 Writable
   B. Key 类必须实现 WritableComparable
   C. Value 类必须实现 WritableComparable
   D. Value 类必须继承 WritableComparable

第 5 章

Hive 介绍及架构原理

根据项目经理的项目工作排期，下面我们开始完成"任务三：通过 Hive 进行数据分析并通过 Sqoop 将数据导出到 MySQL"。

在完成任务三之前，我们需要对 Hive 有基础的认知，这样才能够更好地完成项目中的数据分析工作。本章我们将详细地介绍 Hive 的理论知识和基本操作。

在前述章节的学习中，相信同学们已经对 Hive 有了简单的认识，并且能够熟练地搭建 Hive 分析平台，下面我们通过一些具体的项目实践来学习 Hive。

知识目标

- 理解 Hive 数据仓库的基本概念。
- 掌握 Hive 数据仓库的架构和基本操作。

能力目标

会使用 Hive 数据仓库进行数据库操作和数据表操作等实验。

素质目标

培养读者自主学习和团队协作能力，形成较强的数据思维和科学素养。

5.1 Hive 简介

Hive 是一个数据仓库基础工具，标识如图 5-1 所示，在 Hadoop 中用来处理结构化数据。它架构在 Hadoop 之上，总归为大数据，并使得查询和分析更为方便。并提供简单的 SQL 查询功能，可以将 SQL 语句转换为 MapReduce 任务进行运行。

Hive 没有专门的数据格式，它可以很好地工作在 Thrift 之上，控制分隔符，也允许用户指定数据格式。Hive 不适用于在线事务处理，它最适用于传统的数据仓库任务。

图 5-1 Hive 工具标识

Hive 构建在基于静态批处理的 Hadoop 之上，Hadoop 通常都有较高的延迟并且在作业提交和调度的时候需要大量的开销。因此，Hive 并不能够在大规模数据集上实现低延迟快速的查询。例如，Hive 在几百兆字节的数据集上执行查询一般有分钟级的时间延迟。因此，Hive 并不适合那些需要低延迟的应用，例如，联机事务处理（OLTP）。Hive 查询操作过程严格遵守 Hadoop MapReduce 的作业执行模型，Hive 将用户的 HiveQL 语句通过解释器转换为 MapReduce 作业提交到 Hadoop 集群上，Hadoop 监控作业执行过程，然后返回作业执行结果给用户。Hive 并非为联机事务处理而设计，Hive 并不提供实时的查询和基于行级的数据更新操作，Hive 的最佳使用场合是大数据集的批处理作业，如网络日志分析。

5.1.1 数据仓库概念介绍

在介绍数据仓库之前，我们一定对数据库（Database）非常熟悉，数据库是长期存储在计算机内、有组织的、可共享的数据集合。数据库中的数据指的是以一定的数据模型组织、描述和存储在一起，具有尽可能小的冗余度、较高的数据独立性和易扩展性的特点，并可在一定范围内为多个用户共享。

而相对于数据库，数据仓库的概念有所区别，数据仓库英文名称为 Data Warehouse，可简写为 DW 或 DWH。数据仓库是为企业所有级别的决策制定过程提供所有类型数据支持的战略集合，它是单个数据存储，出于分析性报告和决策支持目的而创建。数据仓库的业务结构如图 5-2 所示。

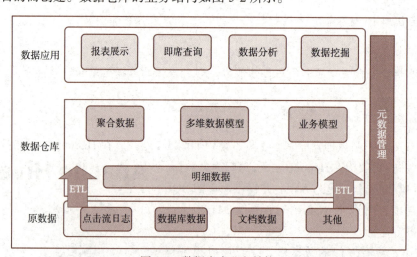

图 5-2　数据仓库业务结构

5.1.2 数据仓库数据模型

数据模型是抽象描述现实世界的一种工具和方法，是通过抽象的实体及实体之间联系的形式,来表示现实世界中事务的相互关系的一种映射。在这里,数据模型抽象的是实体和实体之间的关系,通过对实体和实体之间关系的定义和描述,来表达实际的业务中具体的业务关系。

数据仓库模型是数据模型中针对特定的数据仓库应用系统的一种特定的数据模型,一般来说,数据仓库模型分为以下几个层次,如图 5-3 所示。

图 5-3 数据仓库模型的层次划分

通过上面的层次划分,我们可以很容易地看出在整个数据仓库的建模过程中,需要经历四个过程:

(1)业务建模,生成业务模型,主要解决业务层面的分解和程序化。

(2)领域建模,生成领域模型,主要是对业务模型进行抽象处理,生成领域概念模型。

(3)逻辑建模,生成逻辑模型,主要是将领域模型的概念实体以及实体之间的关系进行数据库层次的逻辑化。

(4)物理建模,生成物理模型,主要解决逻辑模型针对不同关系型数据库的物理化以及性能等具体的技术问题。

因此,在整个数据仓库的模型设计和架构中,既涉及业务知识,也涉及具体的技术,我们既需要了解丰富的行业经验,同时,也需要一定的信息技术来帮助我们实现数据模型,最重要的是,我们还需要一个非常适用的方法论来指导我们针对业务进行抽象、处理,生成各个阶段的模型。

5.1.3 Hive 数据仓库的特点

Hive 数据仓库包括主题性、集成性、稳定性和动态性四个特点。

1. 主题性

数据仓库一般是从用户的实际需求出发,将不同平台的数据源按设定主题进行划分整合,与传统的面向事务的操作型数据库不同,具有较高的抽象性。面向主题的数据组织方式,就是在较高层次对分析对象数据的一个完整、统一并一致的描述,能完整及统一地刻画各个分析对象所涉及的有关企业的各项数据,以及数据之间的联系。

2. 集成性

数据仓库中存储的数据大部分来源于传统的数据库,但并不是将原有数据简单地直接导入,而是需要进行预处理。这是因为事务型数据中的数据一般都是有噪声的、不完整的和数据形式不统一的。这些"脏数据"的直接导入将对在数据仓库基础上进行的数据挖掘造成混乱。"脏数据"在进入数据仓库之前必须经过抽取、清洗、转换才能生成从面向事务转而面向主题的数据集合。数据集成是数据仓库建设中最重要,也是最为复杂的一步。

3. 稳定性

数据仓库中的数据主要为决策者分析提供数据依据。决策依据的数据是不允许进行修改的。即数据保存到数据仓库后,用户仅能通过分析工具进行查询和分析,而不能修改。数据的更新升级主要都在数据集成环节完成,过期的数据将在数据仓库中直接筛除。

4. 动态性

数据仓库中的数据会随时间变化而定期更新,不可更新是针对应用而言,即用户分析处理时不更新数据。每隔一段固定的时间间隔后,抽取运行数据库系统中产生的数据,转换后集成到数据仓库中。随着时间的变化,数据以更高的综合层次被不断综合,以适应趋势分析的要求。当数据超过数据仓库的存储期限,或对分析无用时,从数据仓库中删除这些数据。数据仓库的结构和维护信息保存在数据仓库的元数据(Metadata)中,数据仓库维护工作由系统根据其中的定义自动进行,或由系统管理员定期维护。

5.2 Hive的架构

5.2.1 Hive 的架构图

图 5-4 所示为 Hive 的架构图。从图中可以看出,Hive 用户接口主要有三个:CLI、Client(JDBC/ODBC)和 WebUI。

(1)CLI:是最常用的命令行接口,这是默认的服务。

(2)Client:是 Hive 的客户端,如果以服务器方式运行(启动服务:Hive – service Hiveserver),可以在应用程序中以不同机制连接到服务器。在启动 Client 模式的时候,需要指出 Hive Server 所在节点,并且在该节点启动 Hive Server。

(3)WebUI:WebUI 方式是通过浏览器访问 Hive。

当然,Hive 还包括一些其他的服务,通过 Hive_service help 可以获得可用服务列表,除了上面介绍的服务,还有一些较为常用的服务:

(1)Hiveserver:让 Hive 以提供 Thrift 服务的服务器形式运行,允许用不同语言编写的客户端进行访问,使用 Thrift、JDBC、ODBC 连接器的客户端需要运行 Hive 服务器来和 Hive 进行通信。通过设置 Hive_PORT 环境变量来指明服务器所监听的端口号,默认为 10000。

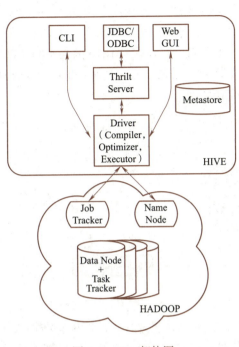

图 5-4　Hive 架构图

（2）metastore：默认情况下，metastore 和 Hive 服务运行在同一个进程里，使用这个服务，可以让 metastore 作为一个单独的进程（远程）运行。通过设置 METASTORE_PORT 环境变量可以指定服务器监听的端口号。

（3）Thrift 客户端：Hive Thrift 客户端简化了在多种编程语言中运行 Hive 命令。

（4）JDBC 驱动：Hive 提供了纯 Java 的 JDBC 驱动，定义在 org.apache.Hadoop.Hive.jdbc.HiveDriver 类中。Java 应用程序可以在指定的主机和端口连接在另一个进程中运行的 Hive 服务器。

（5）ODBC 驱动，Hive 的 ODBC 驱动允许支持 ODBC 协议的应用程序连接到 Hive。

Hive 将元数据存储在数据库中，如 MySQL、Derby。Hive 中的元数据包括表的名字、表的列和分区及其属性、表的属性（是否为外部表等）、表的数据所在目录等。解释器、编译器、优化器完成的是 HQL 查询语句从词法分析、语法分析、编译、优化以及查询计划的生成。生成的查询计划存储在 HDFS 中，并在随后有 MapReduce 调用执行。

Hive 的数据存储在 HDFS 中，大部分的查询、计算由 MapReduce 完成（注意：包含 * 的查询，比如 select * from tbl 不会生成 MapRedcue 任务，但是 select count(*) from tbl 会产生 MapReduce 任务）。

图 5-5 展示了客户端请求 Hive 驱动器的示意图,从图中可以看出:经过解释器(注意负责对 HQL 的词法分析、语义分析)、编译器、优化器等将 HQL 查询转化为一条查询计划(操作符,操作符是 Hive 的最小的处理单元,每个操作符代表 HDFS 的一个操作或者一道 MapReduce 作业),生成的查询计划存储在 HDFS 上,随后通过 MapReduce 调用执行。

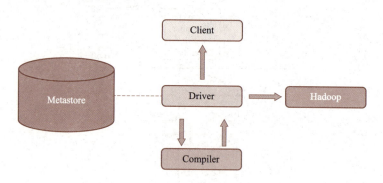

图 5-5 客户端请求 Hive 示意图

操作符是 Hive 定义的一个处理过程,是以树状结构来定义的,类似于 SQL 的抽象语法树,操作符最终定义成一个树形结构,如图 5-6 所示。

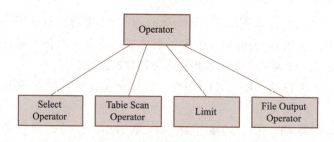

图 5-6 树状结构操作符图

操作符是最小的操作单元,通过 ANTLR 进行语法分析。语法解析的分析流程如图 5-7 所示。

图 5-7 的流程可以总结为以下 6 个步骤:

第 1 步:将 HQL(Hive 语句)转化为语法树。

第 2 步:将抽象语法树转化为查询块。

第 3 步:将查询块转化为查询计划(注意,查询块、查询计划等都不是物理的,都是逻辑层面的)。

第 4 步:重写逻辑计划。

第 5 步:将逻辑计划转化为物理计划(即对于 MapReduce 或者 HDFS 的命令)。对于一条 HQL,做语法解析,生成语法树,可能会生成好几条策略。

第 6 步:最终做优化,在多条策略中,选取一条最优的。

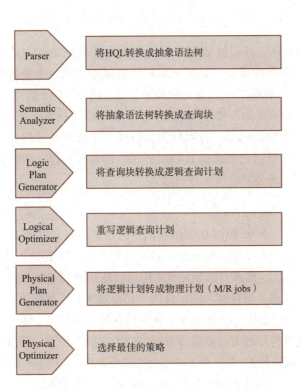

图 5-7　ANTLR 词法语法分析工具解析 HQL

5.2.2　Hive 的存储

Hive 存储海量数据在 Hadoop 系统中，提供了一套类数据库的数据存储和处理机制。它采用类 SQL 语言对数据进行自动化管理和处理，经过语句解析和转换，最终生成基于 Hadoop 的 MapReduce 任务，通过执行这些任务完成数据处理。图 5-8 显示了 Hive 数据仓库的系统结构。

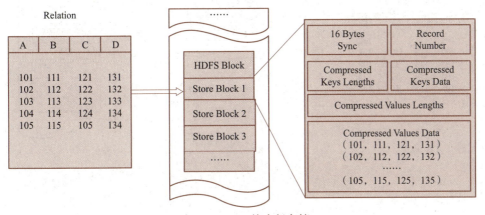

图 5-8　HDFS 块内行存储

1. 行存储

基于 Hadoop 系统行存储结构的优点在于快速数据加载和动态负载的高适应能力，这是因为行存储保证了相同记录的所有域都在同一个集群节点，即同一个 HDFS 块。不过，行存储的缺点也是显而易见的。例如，它不能支持快速查询处理，因为当查询仅仅针对多列表中的少数几列时，它不能跳过不必要的列读取。此外，由于混合着不同数据值的列，行存储不易获得一个极高的压缩比，即空间利用率不易大幅提高。尽管通过熵编码和利用列相关性能够获得一个较好的压缩比，但是复杂数据存储实现会导致解压开销增大。

2. 列存储

在这个例子中，列 A 和列 B 存储在同一列组，而列 C 和列 D 分别存储在单独的列组。查询时，列存储能够避免读不必要的列，并且压缩一个列中的相似数据能够达到较高的压缩比。然而，由于元组重构的较高开销，它并不能提供基于 Hadoop 系统的快速查询处理，列存储不能保证同一记录的所有域都存储在同一集群节点。例如，在图 5-9 的例子中，记录的 4 个域存储在位于不同节点的 3 个 HDFS 块中。因此，记录的重构将导致通过集群节点网络的大量数据传输。尽管预先分组后，多个列在一起能够减少开销，但是对于高度动态的负载模式，它并不具备很好的适应性。除非所有列组根据可能的查询预先创建，否则对于一个查询需要一个不可预知的列组合，一个记录的重构或许需要 2 个或多个列组。再者，由于多个组之间的列交叠，列组可能会创建多余的列数据存储，这导致存储利用率的降低。

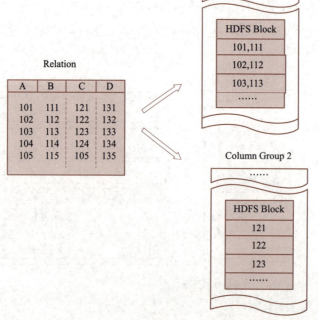

图 5-9　HDFS 块内列存储实例

3. PAX 混合存储

PAX 存储模型（用于 Data Morphing 存储技术）使用混合存储方式，目的在于提升 CPU Cache 性能。对于记录中来自不同列的多个域，PAX 将它们放在一个磁盘页中。在每个磁盘页中，PAX 使用一个迷你页来存储属于每个列的所有域，并使用一个页头来存储迷你页的指针。类似于行存储，PAX 对多种动态查询有很强的适应能力。然而，它并不能满足大型分布式系统对于高存储空间利用率和快速查询处理的需求，原因在于：首先，PAX 没有数据压缩的相关工作，这部分与 Cache 优化关系不大，但对于大规模数据处理系统是非常关键的，它提供了列维度数据压缩的可能性；其次，PAX 不能提升 I/O 性能，因为它不能改变实际的页内容，该限制使得大规模数据扫描时不易实现快速查询处理；再次，PAX 用固定的页作为数据组织的基本单位，按照这个大小，在海量数据处理系统中，PAX 将不会有效存储不同大小类型的数据域。

5.3 Hive 的定义语言

在本章的前述内容中我们已经学习了 Hive 的理论知识，下面的章节将开始学习 Hive 的基本操作，在本节开始讲解 Hive 的 DDL 操作。

5.3.1 Hive 数据类型

Hive 支持关系型数据库中的大多数基本数据类型，同时也支持关系型数据库中很少出现的 3 种集合数据类型，下面将简短介绍一下这样做的原因。

其中一个需要考虑的因素就是，这些数据类型是如何在文本文件中表示的，同时还要考虑文本存储中为了解决各种性能问题以及其他问题有哪些替代方案。和大多数数据库相比，Hive 具有一个独特的功能，那就是其对于数据在文件中的编码方式具有非常大的灵活性。大多数的数据库对数据具有完全的控制，这种控制既包括对数据存储到磁盘的过程的控制，也包括对数据生命周期的控制。Hive 将这些方面的控制权转交给用户，以便更加容易地使用各种各样的工具来管理和处理数据。

5.3.2 基本数据类型

Hive 支持多种不同长度的整型和浮点型数据类型，支持布尔类型，也支持无长度限制的字符串类型、时间戳数据类型和二进制数组数据类型，表 5-1 介绍了基本数据类型。

表 5-1 基本数据类型

数据类型	长度	例子
TINYINT	1 Byte 有符号整数	20
SMALLINT	2 Byte 有符号整数	20

续表

数据类型	长度	例子
INT	4 Byte 有符号整数	20
BIGINT	8 Byte 有符号整数	20
BOOLEAN	布尔类型，TRUE 或者 FALSE	TRUE
FLOAT	单精度浮点数	3.14159
DOUBLE	双精度浮点数	3.14159
STRING	字符序列	'now is the time'
TIMESTAMP	整数、浮点数或者字符串	-
BINARY	字节数组	-

注：和其他 SQL 方言一样，这些都是保留字。

5.3.3 复杂数据类型

Hive 中的列支持使用 Struct、Map 和 Array 集合数据类型，如表 5-2 所示。如数据类型为 Struct，其语法示例为 Struct('john' , 'deo')。

表 5-2 复杂数据类型

数据类型	描述	语法示例
Struct	和 C 语言的 struct 或者对象类似，都可以通过"点"符号访问元素内容	Struct('john' , 'deo')
Map	Map 是一组键值对元组集合，使用数组表示可以访问元素	Map('first' : 'join' , 'last' : 'deo')
Array	数组是一组具有相同类型和名称的变量的集合	Array('john' , 'deo')

注：和基本数据类型一样，这些类型的名称同样是保留字。

大多数的关系型数据库并不支持这些集合数据类型，因为使用它们会趋向于破坏标准格式。

5.4 Hive数据库操作

在了解完基本的数据类型之后，下面来看一下 Hive 中数据库的概念。

Hive 中，数据库的概念本质上仅仅是表的一个目录或者命名空间。然而，对于具有很多组和用户的大集群来说，这是非常有用的，因为这样可以避免表命名冲突，通常会使用数据库来将生产表组织成逻辑组。

5.4.1 创建数据库

在使用过程中，如果用户没有显式指定数据库，那么将会使用默认的数据库 default。

创建数据库

下列例子展示了如何创建一个数据库。

```
1.  # 展示当前所有的数据库
2.  Hive> show databases;
3.  OK
4.  default
5.  mydb_test
6.  Time taken: 1.067 seconds, Fetched: 2 row(s)
7.  # 创建数据库
8.  Hive> create database test;
9.  OK
10. Time taken: 1.08 seconds
11. # 展示创建之后的数据库
12. Hive> show databases;
13. OK
14. default
15. mydb_test
16. test
17. Time taken: 0.091 seconds, Fetched: 3 row(s)
```

如果数据库 test 已经存在的话,那么将会抛出一个错误信息,使用如下语句可以避免在这种情况下抛出错误信息:Hive> create database if not exists test;。

虽然通常情况下用户还是期望在同名数据库已经存在的情况下能够抛出警告信息的,但是 if not exists 这个子句,对于那些继续执行之前需要根据需求实时创建数据库的情况来说还是非常有用的。

Hive 会为每个数据库创建一个目录。数据库中的表将会以这个数据库目录的子目录形式存储,有一个例外就是 default 数据库中的表,因为这个数据库本身是没有自己的目录。数据库所在的目录位于属性 Hive.metastore.warehouse.dir 所指定的顶层目录之后,这个在 Hive 安装配置的时候已经知道,此处不再赘述。假设用户使用的是这个配置项默认的配置,也就是 /user/Hive/warehouse,那么当创建数据库 test 时,Hive 就会相应创建一个目录 /user/Hive/warehouse/test.db,如图 5-10 所示。在这里要注意,数据库的文件目录名是以 .db 结尾的。

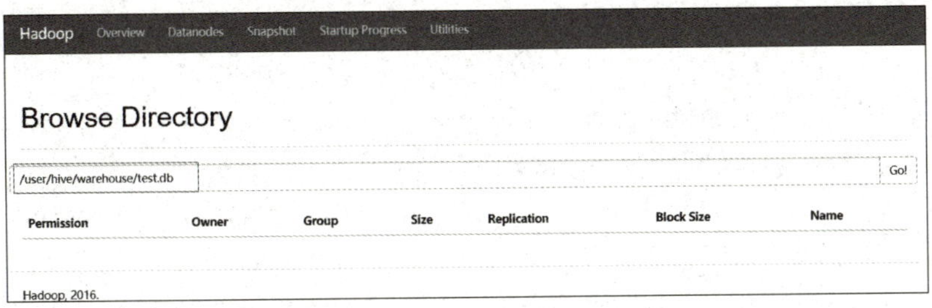

图 5-10　Hive 创建数据库目录

5.4.2 删除数据库

用户除了可以创建数据库之外,还可以删除数据库,其代码如下所示:

```
1. Hive> drop database test;
2. OK
3. Time taken: 0.326 seconds
```

删除数据库

If exists 子句是可选的,如果加了这个子句,就可以避免因数据库 test 不存在而抛出警告信息。

默认情况下,Hive 是不允许用户删除一个还包含有表的数据库的,用户要么先删除数据库中的表,然后再删除数据库,要么在删除命令的最后加上关键字 cascade,这样可以使 Hive 自行先删除数据库中的表,其代码如下:

```
Hive> drop database test if exists cascade;
```

5.4.3 修改数据库

用户可以使用 alter database 命令为某个数据库的 dbproperties 设置键值对属性值,来描述这个数据的属性信息。数据库的其他元数据信息都是不可更改的,包括数据库名和数据库所在的位置,其代码如下:

```
Hive> alter database test set dbproperties('name'='test');
```

修改数据库

5.5 Hive表操作

在掌握了数据库的操作之后,下面开始进行数据库表操作的学习。

创建表的语法如下所示:

```
1. CREATE [TEMPORARY] [EXTERNAL] TABLE [IF NOT EXISTS] [db_
name.]table_name -- (Note: TEMPORARY available in Hive 0.14.0
and later)
2. [(col_name data_type [COMMENT col_comment], ... [con
straint_specification])]
3. [COMMENT table_comment]
4. [PARTITIONED BY (col_name data_type [COMMENT col_comment], ...)]
5. [CLUSTERED BY (col_name, col_name, ...) [SORTED BY (col_
name [ASC|DESC], ...)] INTO num_buckets BUCKETS]
6. [SKEWED BY (col_name, col_name, ...) -- (Note: Available in
Hive 0.10.0 and later)]
7. ON ((col_value, col_value, ...), (col_value, col_value,
...), ...)
8. [STORED AS DIRECTORIES]
```

9. [
10. [ROW FORMAT row_format]
11. [STORED AS file_format]
12. | STORED BY 'storage.handler.class.name' [WITH SERDEPROPERTIES (...)] -- (Note: Available in Hive 0.6.0 and later)
13.]
14. [LOCATION hdfs_path]
15. [TBLPROPERTIES (property_name=property_value, ...)] -- (Note: Available in Hive 0.6.0 and later)
16. [AS select_statement]; -- (Note: Available in Hive 0.5.0 and later; not supported for external tables)
17. CREATE [TEMPORARY] [EXTERNAL] TABLE [IF NOT EXISTS] [db_name.]table_name
18. LIKE existing_table_or_view_name
19. [LOCATION hdfs_path];
20. data_type
21. : primitive_type
22. | array_type
23. | map_type
24. | struct_type
25. | union_type -- (Note: Available in Hive 0.7.0 and later)
26. primitive_type
27. : TINYINT
28. | SMALLINT
29. | INT
30. | BIGINT
31. | BOOLEAN
32. | FLOAT
33. | DOUBLE
34. | DOUBLE PRECISION -- (Note: Available in Hive 2.2.0 and later)
35. | STRING
36. | BINARY -- (Note: Available in Hive 0.8.0 and later)
37. | TIMESTAMP -- (Note: Available in Hive 0.8.0 and later)
38. | DECIMAL -- (Note: Available in Hive 0.11.0 and later)
39. | DECIMAL(precision, scale) -- (Note: Available in Hive 0.13.0 and later)
40. | DATE -- (Note: Available in Hive 0.12.0 and later)
41. | VARCHAR -- (Note: Available in Hive 0.12.0 and later)
42. | CHAR -- (Note: Available in Hive 0.13.0 and later)

```
43. array_type
44.  : ARRAY < data_type >
45. map_type
46.  : MAP < primitive_type, data_type >
47. struct_type
48.  : STRUCT < col_name : data_type [COMMENT col_comment], ...>
49. union_type
50.  : UNIONTYPE < data_type, data_type, ... > -- (Note: Available in Hive 0.7.0 and later)
51. row_format
52.  : DELIMITED [FIELDS TERMINATED BY char [ESCAPED BY char]] [COLLECTION ITEMS TERMINATED BY char]
53. [MAP KEYS TERMINATED BY char] [LINES TERMINATED BY char]
54. [NULL DEFINED AS char] -- (Note: Available in Hive 0.13 and later)
55.  | SERDE serde_name [WITH SERDEPROPERTIES (property_name=property_value, property_name=property_value, ...)]
56. file_format:
57.  : SEQUENCEFILE
58.  | TEXTFILE -- (Default, depending on Hive.default.fileformat configuration)
59.  | RCFILE -- (Note: Available in Hive 0.6.0 and later)
60.  | ORC -- (Note: Available in Hive 0.11.0 and later)
61.  | PARQUET -- (Note: Available in Hive 0.13.0 and later)
62.  | AVRO -- (Note: Available in Hive 0.14.0 and later)
63.  | JSONFILE -- (Note: Available in Hive 4.0.0 and later)
64. INPUTFORMAT input_format_classname OUTPUTFORMAT output_format_classname
```

5.5.1 创建表

Create table 语句遵从 SQL 语法惯例，但是 Hive 的这个语句具有显著的功能扩展，使其可以具有更广泛的灵活性，例如，可以定义表的数据文件存储在什么位置、使用什么样的存储格式等。创建表的语句如下所示：

```
1. create table if not exists employee
2. (
3. name string comment 'employee name',
4. salary float comment 'employee salary',
5. subordinates array<string> comment 'names of subordinates',
```

创建表

```
6. deductions map<string,float> comment 'keys are deductions
names,value are percentage'
7. )
8. comment 'description of the table'
9. tblproperties('creator'='me','created'='2019-04-06');
```

通过上面的建表语句可以看出，我们定义了一张表，表中包含四个字段，分别是名称、工资、下级员工、扣除项，并规定了各个字段的类型。

同时，我们还在每一个字段类型后面为每一个字段添加一个注释。和数据库一样，用户也可以为这个表本身添加一个注释，还可以自定义一个或多个表属性。大多数情况下，tblproperties 的主要作用是按键值对的格式为表添加额外的文档说明。

创建完成表之后，可以在 HDFS 的路径中添加了一个 employee 的目录，如图 5-11 所示。

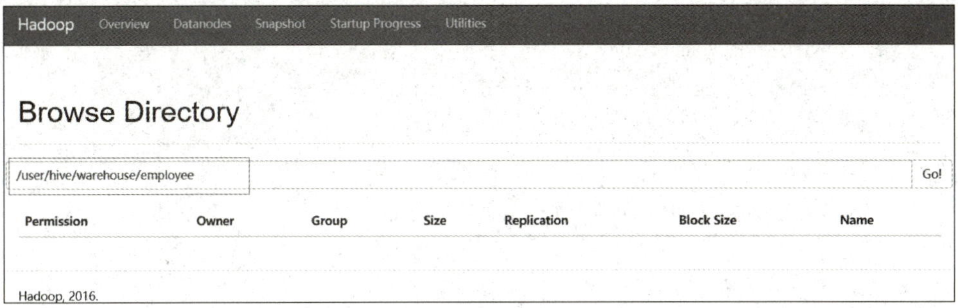

图 5-11 添加目录

定义完表之后，可以查看表的详细描述信息，如下所示：

```
1. Hive> desc formatted employee;
2. OK
3. # 列的描述信息
4. # col_name  data_type  comment

5. name       string     employee name
6. salary     float      employee salary
7. subordinates array<string> names of subordinates
8. deductions map<string,float> keys are deductions names,value
are percentage
9. # 表的详细信息
10. # Detailed Table Information
11. # 数据库名称
12. Database: default
```

13. # 表的归属者
14. Owner: root
15. # 创建时间
16. CreateTime: Sat Apr 06 22:09:23 CST 2019
17. # 最后访问时间
18. LastAccessTime: UNKNOWN
19. # 保护模式
20. Protect Mode: None
21. Retention: 0
22. # 存储位置
23. Location: hdfs://master:9000/user/Hive/warehouse/employee
24. # 表类型
25. Table Type: MANAGED_TABLE
26. # 表参数
27. Table Parameters:
28. comment description of the table
29. created 2019-04-06
30. creator me
31. transient_lastDdlTime 1554559763

32. # 存储信息
33. # Storage Information
34. SerDe Library: org.apache.Hadoop.Hive.serde2.lazy.LazySi
35. mpleSerDe InputFormat: org.apache.Hadoop.mapred.TextInputFormat
36. OutputFormat: org.apache.Hadoop.Hive.ql.io.HiveIgnoreKe
37. yTextOutputFormat Compressed: No
38. Num Buckets: -1
39. Bucket Columns: []
40. Sort Columns: []
41. Storage Desc Params:
42. serialization.format 1
43. Time taken: 0.177 seconds, Fetched: 32 row(s)

5.5.2 列出表

创建完成表之后，可以通过如下所示的命令将 Hive 中存在的表都列出来：

1. Hive> show tables;
2. OK

列出表

```
3. Employee
4. Time taken: 0.041 seconds, Fetched: 1 row(s)
```

5.5.3 内部表

我们在上一节中创建的表就是所谓的管理表，有时也被称为内部表。通过这种管理表，Hive 可以控制数据的生命周期。正如我们所看见的，Hive 在默认情况下会将这些表的数据存储在由配置项 Hive.metastore.warehouse.dir 所定义的目录的子目录下。

当我们删除一个管理表时，Hive 也会删除这个表中数据。

但是管理表不方便和其他工作共享数据。例如，假如我们有一份由 pig 或者其他工具创建并且主要由这一工具使用的数据，同时我们还想使用 Hive 在这份数据上执行一些查询，可是并没有给予 Hive 对数据的所有权，我们可以创建一个外部表指向这份数据，而并不需要对其具有所有权。

5.5.4 外部表

假如我们正在分析来自股票市场的数据。我们会定期的从 infochimps（http://infochimps.com/datasets）这样的数据源接入关于 NASDAQ 和 NYSE 的数据，然后使用很多工具来分析这份数据。我们假设数据文件已经位于 /test/dataset 目录下。

下面开始创建一张外部表，使得可以读取所有位于 /test/dataset/ 目录下的以逗号分隔的数据，其过程如下所示：

```
1.  create external table if not exists stocks(
2.  'exchange' string,
3.  symbol string,
4.  ymd string,
5.  price_open float,
6.  price_high float,
7.  price_low float,
8.  price_close float,
9.  volumn int,
10. price_adj_close float)
11. row format delimited fields terminated by ',' 
12. location '/test/dataset';
```

关键字 external 告诉 Hive 这个表是外部表，而后面的 location... 子句则用于告诉 Hive 数据位于哪个路径下。

因为表是外部的，所以 Hive 并非认为其完全拥有这份数据。因此，删除该表并不会删除这份数据，不过描述表的元数据信息会被删除。

5.5.5 分区

数据分区的一般概念存在已久，它可以有很多种形式，但是通常使用分区来水平分散压力，将数据从物理上转移到和使用最频繁的用户更近的地方，以及实现其他目的。

谈到 Hive 中分区表的概念，我们可以看到分区表具有重要的性能优势，而且分区表还可以将数据以一种符合逻辑的方式进行组织，比如分层存储。

下面还是以 employee 表为例子，假设这张雇员表应用在一个非常大的跨国企业中，HR 人员经常会执行一些带 where 语句的查询。这样可以将结果限制在某个特定的国家或者某个特定的第一级细分（例如中国的省或者美国的州）。下面给当前的表添加 address 的列，address 中包含国家和省这两个属性，那么，让先按照国家再按照省来对数据进行分区，其过程如下所示：

```
1. create table employees
2. (
3. name string,
4. salary float,
5. subordinates array<string>,
6. deductions map<string,float>,
7. address struct<province:string,city:string,street:string>
8. )
9. partitioned by(country string,state string);
```

分区表改变了 Hive 对数据存储的组织方式。创建完表之后，会在 HDFS 上出现图 5-12 所示的目录。

图 5-12　HDFS 目录

下面我们开始创建反应分区结构的子目录：

这些子目录是实际的目录名称，如图 5-13 所示。province 目录下包含零个或者多个文件，这些文件存放着雇员信息。

分区字段一旦创建好，表现的就和普通的字段一样。

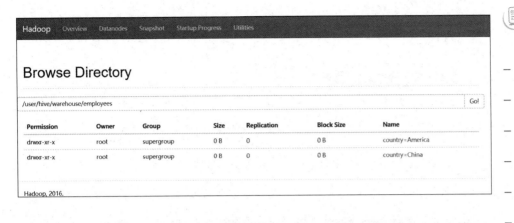

图 5-13　hdfs 子目录

5.5.6　修改表

大多数的表的属性可以通过 alter table 语句来进行修改。这种修改会修改元数据，但不会修改数据本身。这些语句可用于修改表模式中出现的错误、改变分区路径以及一些其他操作。

1. 表重命名

使用如下的语句可以将表重命名：

```
1. Hive> alter table employees rename to abcd;
2. OK
3. Time taken: 0.313 seconds
```

2. 修改列信息

用户可以对某个字段进行重命名，并修改其位置、类型或者注释，如下所示：

```
1. Hive> alter table employee change column name name_1 string;
2. OK
3. Time taken: 0.165 seconds
```

查看表的基本描述信息，发现 name 的名称已经改变，如下所示：

修改表

```
1. Hive> desc employee;
2. OK
3. name_1   string   employee name
4. salary   float    employee salary
5. subordinates array<string> names of subordinates
6. deductions map<string,float> keys are deductions names,value are percentage
7. Time taken: 0.104 seconds, Fetched: 4 row(s)
```

3. 增加列

用户可以在表中增加新的字段，在已有的字段之后，如下所示：

```
1. Hive> alter table employee add columns(age int comment 'age');
2. OK
3. Time taken: 0.449 seconds
```

comment 子句和通常一样，是可选的。如果新增的字段中有某个或多个字段位置是错误的，那么需要使用 "alter column 表名 change column" 语句逐一将字段调整到正确的位置。

4. 删除列或者替换列

下面的例子移除之前所有的字段并添加新的列，如下所示：

```
1. #修改列
2. Hive> alter table employee replace columns(age int);
3. OK
4. Time taken: 0.131 seconds
5. #查看表描述
6. Hive> desc employee;
7. OK
8. age    int
9. Time taken: 0.223 seconds, Fetched: 1 row(s)
```

5. 修改表属性

用户可以增加表属性或者修改已经存在的属性，但是无法删除属性，如下所示：

```
1. Hive> alter table employee set tblproperties('notes'='new notes');
2. OK
3. Time taken: 0.256 seconds
```

5.5.7 删除表

Hive 中支持和 SQL 中的 Drop table 命令类似的操作：

删除表

```
Hive> drop table if exists employee;
```

可以选择是否使用 if exists 关键字。如果没有使用这个关键字而且表并不存在的话,那么将会抛出一个错误信息。

对于管理表,表的元数据信息和表内的数据都会被删除。

5.6 将数据装载到表中

在本章节中,我们将向表中添加数据,在添加数据之前,先创建一张简单的人员表,以便插入数据,建表语句如下所示:

```
1.  create table psn
2.  (
3.  id int,
4.  name string,
5.  likes array<string>,
6.  address map<string,string>
7.  )
8.  row format delimited
9.  fields terminated by ','
10. collection items terminated by '-'
11. map keys terminated by ':';
```

5.6.1 使用存储在 HDFS 中的文件装载数据

在执行插入数据之前,首先在 HDFS 中创建目录 /usr,然后在 /usr 目录下上传文件 data。

Data 数据如下所示:

```
1. 1,小明1,lol-book-movie,beijing:shangxuetang-shanghai:pudong
2. 2,小明2,lol-book-movie,beijing:shangxuetang-shanghai:pudong
3. 3,小明3,lol-book-movie,beijing:shangxuetang-shanghai:pudong
4. 4,小明4,lol-book-movie,beijing:shangxuetang-shanghai:pudong
5. 5,小明5,lol-movie,beijing:shangxuetang-shanghai:pudong
6. 6,小明6,lol-book-movie,beijing:shangxuetang-shanghai:pudong
7. 7,小明7,lol-book,beijing:shangxuetang-shanghai:pudong
8. 8,小明8,lol-book,beijing:shangxuetang-shanghai:pudong
9. 9,小明9,lol-book-movie,beijing:shangxuetang-shanghai:pudong
```

执行文件上传操作,上传之后,在 HDFS 上看到对应结果,如图 5-14 所示。

```
1. # 在 HDFS 上创建文件夹
2. [root@Master ~]# hdfs dfs -mkdir /usr
```

3. # 上传文件
4. [root@Master ~]# hdfs dfs -put data /usr/

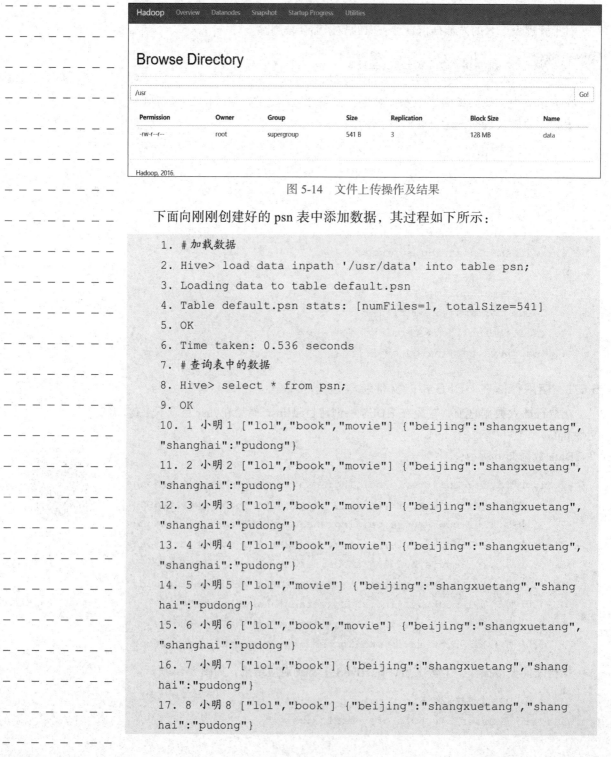

图 5-14 文件上传操作及结果

下面向刚刚创建好的 psn 表中添加数据，其过程如下所示：

1. # 加载数据
2. Hive> load data inpath '/usr/data' into table psn;
3. Loading data to table default.psn
4. Table default.psn stats: [numFiles=1, totalSize=541]
5. OK
6. Time taken: 0.536 seconds
7. # 查询表中的数据
8. Hive> select * from psn;
9. OK
10. 1 小明1 ["lol","book","movie"] {"beijing":"shangxuetang","shanghai":"pudong"}
11. 2 小明2 ["lol","book","movie"] {"beijing":"shangxuetang","shanghai":"pudong"}
12. 3 小明3 ["lol","book","movie"] {"beijing":"shangxuetang","shanghai":"pudong"}
13. 4 小明4 ["lol","book","movie"] {"beijing":"shangxuetang","shanghai":"pudong"}
14. 5 小明5 ["lol","movie"] {"beijing":"shangxuetang","shanghai":"pudong"}
15. 6 小明6 ["lol","book","movie"] {"beijing":"shangxuetang","shanghai":"pudong"}
16. 7 小明7 ["lol","book"] {"beijing":"shangxuetang","shanghai":"pudong"}
17. 8 小明8 ["lol","book"] {"beijing":"shangxuetang","shanghai":"pudong"}

18. 9 小明9 ["lol","book","movie"] {"beijing":"shangxuetang", "shanghai":"pudong"}
19. Time taken: 0.082 seconds, Fetched: 9 row(s)

从上面的代码中可以看到，psn 表中已经插入了数据。

5.6.2 使用查询装载数据

Insert 语句向目标表中插入数据。依旧使用刚刚的 psn 表作为例子，下面创建一张跟 psn 表一样的表，只不过表的名称是 psn2。此时将 psn 表的数据查询出来然后插入 psn2 表中。

执行如下的命令操作，向 psn2 中插入数据：

1. # 插入数据
2. Hive> insert overwrite table psn2 select * from psn where id > 5;
3. Query ID=root_20190407002720_3353c1d7-0f16-4a21-a1e5-b7f05df733df
4. Total jobs=3
5. Launching Job 1 out of 3
6. Number of reduce tasks is set to 0 since there's no reduce operator
7. Starting Job=job_1554556586397_0001, Tracking URL=http://Master:8088/proxy/application_1554556586397_0001/Kill Command=/usr/local/Hadoop-2.6.0/bin/Hadoop job -kill job_1554556586397_0001Hadoop
8. job information for Stage-1: number of mappers: 1; number of reducers: 0
9. 2019-04-07 00:27:35,559 Stage-1 map=0%, reduce=0%
10. 2019-04-07 00:27:48,592 Stage-1 map=100%, reduce=0%, Cumulative CPU 2.13 sec
11. MapReduce Total cumulative CPU time: 2 seconds 130 msec
12. Ended Job=job_1554556586397_0001
13. Stage-4 is selected by condition resolver.
14. Stage-3 is filtered out by condition resolver.
15. Stage-5 is filtered out by condition resolver.
16. Moving data to: hdfs://master:9000/user/Hive/warehouse/psn2/.Hive-staging_Hive_2019-04-07_00-27-20_502_7201420197782779981-1/-ext-1000
17. 0Loading data to table default.psn2
18. Table default.psn2 stats: [numFiles=1, numRows=4, total Size=236, rawDataSize=232]

```
19. MapReduce Jobs Launched:
20. Stage-Stage-1: Map: 1 Cumulative CPU: 2.13 sec HDFS Read: 4707 HDFS Write: 305 SUCCESS
21. Total MapReduce CPU Time Spent: 2 seconds 130 msec
22. OK
23. Time taken: 29.55 seconds
24. #查询psn2表
25. Hive> select * from psn2;
26. OK
27. 6 小明6 ["lol","book","movie"] {"beijing":"shangxuetang","shanghai":"pudong"}
28. 7 小明7 ["lol","book"] {"beijing":"shangxuetang","shanghai":"pudong"}
29. 8 小明8 ["lol","book"] {"beijing":"shangxuetang","shanghai":"pudong"}
30. 9 小明9 ["lol","book","movie"] {"beijing":"shangxuetang","shanghai":"pudong"}
31. Time taken: 0.09 seconds, Fetched: 4 row(s)
```

在这里使用了 overwrite 关键字，如果没有使用 overwrite 或者使用 into 关键字替换的话，那么 Hive 将会以追加的方式写入数据而不会覆盖之前已经存在的内容。

这个例子展示了这个功能非常有用的一个常见的场景，即：数据已经存在于某个目录下，对于 Hive 来说其作为一个外部表，而现在想将其导入到最终的表中。如果用户想将源表数据导入到一个具有不同记录格式的目标表的话，那么使用这种方式也是很好的。

5.6.3 单个查询语句中创建表并加载数据

用户同样可以在一个语句中完成创建表并将查询结果载入这个表，其操作过程如下所示：

单个查询语句中创建表并加载数据

```
1. #创建表并插入数据
2. Hive> create table psn3 as select id,name,likes from psn where id < 5;
3. Query ID=root_20190407003556_bee45be1-b8d9-4418-89dd-475c583f4448
4. Total jobs=3
5. Launching Job 1 out of 3
6. Number of reduce tasks is set to 0 since there's no reduce operator
7. Starting Job=job_1554556586397_0002, Tracking URL=
```

```
http://Master:8088/proxy/application_1554556586397_0002/
8. Kill Command=/usr/local/Hadoop-2.6.0/bin/Hadoop job -kill job_1554556586397_0002
9. Hadoop job information for Stage-1: number of mappers: 1; number of reducers: 0
10. 2019-04-07 00:36:06,235 Stage-1 map=0%, reduce=0%
11. 2019-04-07 00:36:16,739 Stage-1 map=100%, reduce=0%, Cumulative CPU 2.02 sec
12. MapReduce Total cumulative CPU time: 2 seconds 20 msec
13. Ended Job=job_1554556586397_0002
14. Stage-4 is selected by condition resolver.
15. Stage-3 is filtered out by condition resolver.
16. Stage-5 is filtered out by condition resolver.
17. Moving data to: hdfs://master:9000/user/Hive/warehouse/.Hive-staging_Hive_2019-04-07_00-35-56_767_6147824998719974082-1/-ext-10001
18. Moving data to: hdfs://master:9000/user/Hive/warehouse/psn3
19. Table default.psn3 stats: [numFiles=1, numRows=4, totalSize=100, rawDataSize=96]
20. MapReduce Jobs Launched:
21. Stage-Stage-1: Map: 1 Cumulative CPU: 2.02 sec HDFS Read: 4226 HDFS Write: 168 SUCCESS
22. Total MapReduce CPU Time Spent: 2 seconds 20 msec
23. OK
24. Time taken: 22.518 seconds
25. # 查看表数据
26. Hive> select * from psn3;
27. OK
28. 1 小明1 ["lol","book","movie"]
29. 2 小明2 ["lol","book","movie"]
30. 3 小明3 ["lol","book","movie"]
31. 4 小明4 ["lol","book","movie"]
32. Time taken: 0.096 seconds, Fetched: 4 row(s)
```

这张表中含有 psn 表中的 id,name,likes 三个字段的信息。新表的模式是根据 select 语句来生成的。使用这个功能的常见情况是从一个大的宽表中选取部分需要的数据集。

5.6.4 导出数据

刚刚介绍了如何插入数据，那么如何从表中导出数据呢？如果数据文件恰好

导出数据

是用户需要的格式,那么只需要执行如下命令即可实现:

```
1. Hive> insert overwrite local directory '/test' select id, name from psn;
2. Query ID=root_20190407004744_6bad923a-748c-4088-abaa-5e4c3e1d8f
3. aeTotal jobs=1
4. Launching Job 1 out of 1
5. Number of reduce tasks is set to 0 since there's no reduce operat
6. orStarting Job=job_1554556586397_0003, Tracking URL= http://Mast
7. er:8088/proxy/application_1554556586397_0003/Kill Command=/usr/local/Hadoop-2.6.0/bin/Hadoop job -kill job_1554556586397_0003Hadoop job information for Stage-1: number of mappers: 1; number
8. of reducers: 02019-04-07 00:47:52,976 Stage-1 map=0%, reduce=0%
9. 2019-04-07 00:48:00,335 Stage-1 map=100%, reduce=0%, Cumulat
10. ive CPU 1.13 secMapReduce Total cumulative CPU time: 1 seconds 130 msec
11. Ended Job=job_1554556586397_0003
12. Copying data to local directory /test
13. Copying data to local directory /test
14. MapReduce Jobs Launched:
15. Stage-Stage-1: Map: 1 Cumulative CPU: 1.13 sec HDFS Read: 370
16. 2 HDFS Write: 90 SUCCESSTotal MapReduce CPU Time Spent: 1 seconds 130 msec
17. OK
18. Time taken: 17.064 seconds
```

查看本地文件系统中已经包含下载好的文件,过程如下所示:

```
1. # 切换目录
2. [root@Slave2 ~]# cd /test/
3. # 展示目录下的所有文件
4. [root@Slave2 test]# ls
5. 000000_0
6. # 查看文件内容
7. [root@Slave2 test]# cat 000000_0
8. 1小明1
9. 2小明2
10. 3小明3
11. 4小明4
```

```
12. 5 小明 5
13. 6 小明 6
14. 7 小明 7
15. 8 小明 8
16. 9 小明 9
```

5.7 UDF 函数

用户自定义函数（UDF）是一个允许用户扩展 HiveQL 的强大功能。正如我们将看到的，用户使用 Java 进行编码。一旦将用户自定义函数添加到用户会话中，它们就将和内置的函数一样使用，甚至可以提供联机帮助。Hive 具有多种类型的用户自定义函数，每一种都会针对输入数据执行特定的转换过程。

5.7.1 Hive 内置运算符

（1）关系运算符，如"=" "==" "<>"等，详见表 5-3。

表 5-3 Hive 关系运算符

运算符	类型	说明
A=B	所有原始类型	如果 A 与 B 相等，返回 TRUE，否则返回 FALSE
A==B	无	失败，因为无效的语法。SQL 使用"="，不使用"=="
A <> B	所有原始类型	如果 A 不等于 B 返回 TRUE，否则返回 FALSE。如果 A 或 B 值为 NULL，结果返回 NULL
A < B	所有原始类型	如果 A 小于 B 返回 TRUE，否则返回 FALSE。如果 A 或 B 值为 NULL，结果返回 NULL
A <= B	所有原始类型	如果 A 小于等于 B 返回 TRUE，否则返回 FALSE。如果 A 或 B 值为 NULL，结果返回 NULL
A > B	所有原始类型	如果 A 大于 B 返回 TRUE，否则返回 FALSE。如果 A 或 B 值为 NULL，结果返回 NULL
A >= B	所有原始类型	如果 A 大于等于 B 返回 TRUE，否则返回 FALSE。如果 A 或 B 值为 NULL，结果返回 NULL
A IS NULL	所有类型	如果 A 值为 NULL，返回 TRUE，否则返回 FALSE
A IS NOT NULL	所有类型	如果 A 值不为 NULL，返回 TRUE，否则返回 FALSE
A LIKE B	字符串	如果 A 或 B 值为 NULL，结果返回 NULL。字符串 A 与 B 通过 SQL 进行匹配，如果相符返回 TRUE，不符返回 FALSE。B 字符串中的"_"代表任一字符，"%"则代表多个任意字符。例如：('foobar' like 'foo') 返回 FALSE，('foobar' like 'foo___' 或者 'foobar' like 'foo%') 则返回 TURE
A RLIKE B	字符串	如果 A 或 B 值为 NULL，结果返回 NULL。字符串 A 与 B 通过 Java 进行匹配，如果相符返回 TRUE，不符返回 FALSE。例如：('foobar' rlike 'foo') 返回 FALSE，('foobar' rlike '^f.*r$') 返回 TRUE
A REGEXP B	字符串	与 RLIKE 相同

（2）算术运算符，如"+""-""*"等，详见表5-4。

表 5-4　Hive 算数运算符

运算符	类　型	说　　明
A + B	所有数字类型	A 和 B 相加。结果与操作数值有共同类型。例如每一个整数是一个浮点数，浮点数包含整数。所以，一个浮点数和一个整数相加结果也是一个浮点数
A – B	所有数字类型	A 和 B 相减。结果与操作数值有共同类型
A * B	所有数字类型	A 和 B 相乘，结果与操作数值有共同类型。需要说明的是，如果乘法造成溢出，将选择更高的类型
A / B	所有数字类型	A 和 B 相除，结果是 double（双精度）类型
A % B	所有数字类型	A 除以 B 余数与操作数值有共同类型
A & B	所有数字类型	运算符查看两个参数的二进制表示法的值，并执行按位"与"操作。两个表达式的对应位均为 1 时，则结果的该位为 1。否则，结果的该位为 0
A|B	所有数字类型	运算符查看两个参数的二进制表示法的值，并执行按位"或"操作。只要任一表达式的对应位为 1，则结果的该位为 1。否则，结果的该位为 0
A ^ B	所有数字类型	运算符查看两个参数的二进制表示法的值，并执行按位"异或"操作。当且仅当只有一个表达式的某位上为 1 时，结果的该位才为 1。否则结果的该位为 0
~A	所有数字类型	对一个表达式执行按位"非"（取反）

（3）逻辑运算符，如"AND""&&""OR"等，详见表5-5。

表 5-5　Hive 逻辑运算符

运算符	类　型	说　　明
A AND B	布尔值	A 和 B 同时正确时，返回 TRUE，否则 FALSE。如果 A 或 B 值为 NULL，返回 NULL
A && B	布尔值	与 "A AND B" 相同
A OR B	布尔值	A 或 B 正确，或两者同时正确返回 TRUE，否则 FALSE。如果 A 和 B 值同时为 NULL，返回 NULL
A | B	布尔值	与 "A OR B" 相同
NOT A	布尔值	如果 A 为 NULL 或错误的时候返回 TURE，否则返回 FALSE
!A	布尔值	与 "NOT A" 相同

（4）复杂类型函数，如"map()""struct()""array()"等，详见表5-6。

表 5-6　Hive 复杂类型函数

函　数	类　型	说　　明
map	(key1, value1, key2, value2, …)	通过指定的键/值对，创建一个 map
struct	(val1, val2, val3, …)	通过指定的字段值，创建一个结构。结构字段名称为 COL1，COL2，…
array	(val1, val2, …)	通过指定的元素创建一个数组

（5）对复杂类型函数操作，如"A[n]""M[key]"等，详见表 5-7。

表 5–7　Hive 对复杂类型函数的操作

函　数	类　型	说　明
A[n]	A 是一个数组，n 为 int 型	返回数组 A 的第 n 个元素，第一个元素的索引为 0。如果 A 数组为 ['foo','bar']，则 A[0] 返回 'foo' 和 A[1] 返回 "bar"
M[key]	M 是 Map<K, V>，关键 K 型	返回关键值对应的值，例如 mapM 为 \{'f' -> 'foo', 'b' -> ' bar', 'all' -> 'foobar' \}，则 M['all'] 返回 'foobar'
S.x	S 为 struct	返回结构 x 字符串在结构 S 中的存储位置。如 foobar \{int foo, int bar\} foobar.foo 的领域中存储的整数

5.7.2　字符串函数

Hive 字符串函数较多，如"length(string A)""reverse(string A)""concat(string A, string B…)"等，详见表 5-8。

表 5–8　Hive 字符串函数

返回类型	函　数	说　明
int	length(string A)	返回字符串的长度
string	reverse(string A)	返回倒序字符串
string	concat(string A, string B…)	连接多个字符串，合并为一个字符串，可以接受任意数量的输入字符串
string	concat_ws(string SEP, string A, string B…)	连接多个字符串，字符串之间以指定的分隔符分开
string	substr(string A, int start) substring(string A, int start)	从文本字符串中指定的起始位置后的字符
string	substr(string A, int start, int len) substring(string A, int start, int len)	从文本字符串中指定的位置指定长度的字符
string	upper(string A) ucase(string A)	将文本字符串转换成字母全部大写形式
string	lower(string A) lcase(string A)	将文本字符串转换成字母全部小写形式
string	trim(string A)	删除字符串两端的空格，字符之间的空格保留
string	ltrim(string A)	删除字符串左边的空格，其他的空格保留
string	rtrim(string A)	删除字符串右边的空格，其他的空格保留
string	regexp_replace(string A, string B, string C)	字符串 A 中的 B 字符被 C 字符替代

续表

返回类型	函数	说明
string	regexp_extract(string subject, string pattern, int index)	通过下标返回正则表达式指定的部分。regexp_extract('foothebar', 'foo(.*?)(bar)', 2) 返回 'bar.'
string	parse_url(string urlString, string partToExtract [, string keyToExtract])	返回 URL 指定的部分
string	get_json_object(string json_string, string path)	选择时间戳解析 id 和 name。select a.timestamp, get_json_object(a.appevents, '$.eventid'), get_json_object(a.appenvets, '$.eventname') from log a;
string	space(int n)	返回指定数量的空格
string	repeat(string str, int n)	重复 N 次字符串
int	ascii(string str)	返回字符串中首字符的数字值
string	lpad(string str, int len, string pad)	返回指定长度的字符串，给定字符串长度小于指定长度时，由指定字符从左侧填补
string	rpad(string str, int len, string pad)	返回指定长度的字符串，给定字符串长度小于指定长度时，由指定字符从右侧填补
array	split(string str, string pat)	将字符串转换为数组
int	find_in_set(string str, string strList)	返回字符串 str 第一次在 strlist 出现的位置。如果任一参数为 NULL，返回 NULL；如果第一个参数包含逗号，返回 0
array<array<string>>	sentences(string str, string lang, string locale)	将字符串中内容按语句分组，每个单词间以逗号分隔，最后返回数组。例如 sentences ('Hello there! How are you?') 返回 (("Hello", "there"), ("How", "are", "you"))
array<struct<string,double>>	ngrams(array<array<string>>, int N, int K, int pf)	返回出现次数 100 的子序列 SELECT ngrams(sentences(lower(tweet)), 2, 100 [, 1000]) FROM twitter;
array<struct<string,double>>	context_ngrams(array<array<string>>, array<string>, int K, int pf)	从一组标记化的句子中返回文本 SELECT context_ngrams(sentences (lower(tweet)), array(null,null), 100, [, 1000]) FROM twitter;

5.7.3 数学函数

Hive 数学函数，如 "round()" "floor()" "rand()" 等，详见表 5-9。

表 5-9 Hive 数学函数

返回类型	函数	说明
BIGINT	round(double a)	四舍五入
DOUBLE	round(double a, int d)	小数部分 d 位之后数字四舍五入，例如 round(21.263,2)，返回 21.26
BIGINT	floor(double a)	对给定数据进行向下舍入最接近的整数。例如 floor(21.2)，返回 21
BIGINT	ceil(double a), ceiling(double a)	将参数向上舍入为最接近的整数。例如 ceil(21.2)，返回 23
double	rand(), rand(int seed)	返回大于或等于 0 且小于 1 的平均分布随机数（依重新计算而变）
double	exp(double a)	返回 e 的 n 次方
double	ln(double a)	返回给定数值的自然对数
double	log10(double a)	返回给定数值的以 10 为底自然对数
double	log2(double a)	返回给定数值的以 2 为底自然对数
double	log(double base, double a)	返回给定底数及指数的自然对数
double	pow(double a, double p) power(double a, double p)	返回某数的乘幂
double	sqrt(double a)	返回数值的平方根
string	bin(BIGINT a)	返回二进制格式
string	hex(BIGINT a) hex(string a)	将整数或字符转换为十六进制格式
string	unhex(string a)	十六进制字符转换由数字表示的字符
string	conv(BIGINT num, int from_base, int to_base)	将指定数值由原来的度量体系转换为指定的试题体系
double	abs(double a)	取绝对值
int double	pmod(int a, int b) pmod(double a, double b)	返回 a 除 b 的余数的绝对值
double	sin(double a)	返回给定角度的正弦值
double	asin(double a)	返回 a 的反正弦，即是 a。如果 a 是在 -1 到 1 的正弦值，返回 NULL
double	cos(double a)	返回余弦
double	acos(double a)	返回 a 的反余弦，即余弦是 X，如果 -1 ≤ a ≤ 1，否则返回 NULL
int double	positive(int a) positive(double a)	返回 a 的值，例如 positive(2)，返回 2
int double	negative(int a) negative(double a)	返回 a 的相反数，例如 negative(2)，返回 -2

5.7.4 日期函数

Hive 日期函数如"unix_timestamp()""to_dates()""year()"等，详见表 5-10。

表 5-10 Hive 日期函数

返回类型	函 数	说 明
string	from_unixtime(bigint unixtime[, string format])	uxixtime 参数表示返回一个值 'YYYY-MM-DD HH：MM：SS' 或 YYYY MMDDHHMMSS.uuuuuu 格式，这取决于是否是在一个字符串或数字语境中使用的功能。该值表示在当前的时区
bigint	unix_timestamp()	如果不带参数的调用，返回一个 unix 时间戳（从 '1970-01-0100:00:00' 到现在的 UTC 秒数）为无符号整数
bigint	unix_timestamp(string date)	指定日期参数调用 unix_timestamp()，它返回参数值 '1970-01-0100:00:00' 到指定日期的秒数
bigint	unix_timestamp(string date, string pattern)	指定时间输入格式，返回到1970年秒数：unix_timestamp('2009-03-20', 'yyyy-MM-dd')=1237532400
string	to_date(string timestamp)	返回时间中的年月日：to_date("1970-01-01 00:00:00")="1970-01-01"
string	to_dates(string date)	给定一个日期 date，返回一个天数（0年以来的天数）
int	year(string date)	返回指定时间的年份，范围在 1000 到 9999，或为"零"日期的 0
int	month(string date)	返回指定时间的月份，范围为 1 至 12 月，或一个月的一部分，如 '0000-00-00' 或 '2008-00-00' 的日期
int	day(string date) dayofmonth(date)	返回指定时间的日期
int	hour(string date)	返回指定时间的小时，范围为 0 到 23
int	minute(string date)	返回指定时间的分钟，范围为 0 到 59
int	second(string date)	返回指定时间的秒，范围为 0 到 59
int	weekofyear(string date)	返回指定日期所在一年中的星期号，范围为 0 到 53
int	datediff(string enddate, string startdate)	两个时间参数的日期之差
int	date_add(string startdate, int days)	给定时间，在此基础上加上指定的时间段
int	date_sub(string startdate, int days)	给定时间，在此基础上减去指定的时间段

5.7.5 自定义函数

通过前述章节的学习，同学们已经看到了 Hive 提供了非常丰富的函数支持，但是对于某些企业中的应用场景，内置的函数依然可能无法满足所有的需求，我们还是需要自定义函数。

下面以一个实际应用场景来说明如何使用。在企业中有很多数据是需要进行脱敏操作的，即把一个值的部分内容用"*"来替代。

自定义函数步骤如下：

（1）UDF 函数可以直接应用于 select 语句，对查询结构做格式化处理后，再输出内容。

（2）编写 UDF 函数的时候需要注意以下几点：

① 自定义 UDF 需要继承 org.apache.Hadoop.Hive.ql.UDF。

② 需要实现 evaluate() 函数，evaluate() 函数支持重载。

其代码如下所示：

```
1. import org.apache.Hadoop.Hive.ql.exec.UDF;
2. import org.apache.Hadoop.io.Text;
3. public class TuoMin extends UDF {
4. public Text evaluate(final Text s) {
5. if (s==null) {
6. return null;
7. }
8. String str=s.toString().substring(0, 1) + "****";
9. return new Text(str);
10. }
11. }
```

（3）步骤：

① 把程序打包放到目标机器上去。

② 进入 Hive 客户端，添加 jar 包，如下所示：

```
1. Hive> add jar /root/udf_test.jar;
2. Added [/root/udf_test.jar] to class path
3. Added resources: [/root/udf_test.jar]
```

③ 创建临时函数，如下所示：

```
1. Hive> create temporary function tm as 'Hive.udf.TuoMin';
2. OK
3. Time taken: 0.006 seconds
```

④ 查询 HQL 语句，如下所示：

```
1. #原数据内容
2. Hive> select * from psn;
3. OK
4. 1 小明1 ["lol","book","movie"] {"beijing":"shangxuetang",
```

"shanghai":"pudong"}

5. 2 小明2 ["lol","book","movie"] {"beijing":"shangxuetang","shanghai":"pudong"}

6. 3 小明3 ["lol","book","movie"] {"beijing":"shangxuetang","shanghai":"pudong"}

7. 4 小明4 ["lol","book","movie"] {"beijing":"shangxuetang","shanghai":"pudong"}

8. 5 小明5 ["lol","movie"] {"beijing":"shangxuetang","shanghai":"pudong"}

9. 6 小明6 ["lol","book","movie"] {"beijing":"shangxuetang","shanghai":"pudong"}

10. 7 小明7 ["lol","book"] {"beijing":"shangxuetang","shanghai":"pudong"}

11. 8 小明8 ["lol","book"] {"beijing":"shangxuetang","shanghai":"pudong"}

12. 9 小明9 ["lol","book","movie"] {"beijing":"shangxuetang","shanghai":"pudong"}

13. Time taken: 0.103 seconds, Fetched: 9 row(s)

14. #使用函数后的内容

15. Hive> select tm(name) from psn;

16. OK

17. 小****

18. 小****

19. 小****

20. 小****

21. 小****

22. 小****

23. 小****

24. 小****

25. 小****

26. Time taken: 0.086 seconds, Fetched: 9 row(s)

⑤ 销毁临时函数，该步骤使用 Hive> DROP TEMPORARY FUNCTION tm; 语句即可完成。

5.8 连接

在企业的生产环境中，往往不可能只做单表的查询，往往需要多个表的关联查询，Hive 也支持 SQL join，但是只支持等值连接。

下面开始讲解 Hive 的 join 操作，在操作之前，先创建一些数据。现在有企业人事管理系统的两个表，一张是 emp 表，另外一张是 dept 表，两个表通过 deptno 可以进行关联。

数据表如下所示：

dept 表：

```
1. 10,ACCOUNTING,NEW YORK
2. 20,RESEARCH,DALLAS
3. 30,SALES,CHICAGO
4. 40,OPERATIONS,BOSTON
```

emp 表：

```
1.  7369,SMITH,CLERK,7902,1980/12/17,8000.00,1000.00,20
2.  7499,ALLEN,SALESMAN,7698,1981/2/20,1600.00,300.00,30
3.  7521,WARD,SALESMAN,7698,1981/2/22,1250.00,500.00,30
4.  7566,JONES,MANAGER,7839,1981/4/2,2975.00,1000.00,20
5.  7654,MARTIN,SALESMAN,7698,1981/9/28,1250.00,1400.00,30
6.  7698,BLAKE,MANAGER,7839,1981/5/1,2850.00,0,30
7.  7782,CLARK,MANAGER,7839,1981/6/9,2450.00,0,10
8.  7788,SCOTT,ANALYST,7566,1987/4/19,3000.00,1000.00,20
9.  7839,KING,PREDIDENT,,1981/11/17,5000.00,1000.00,20
10. 7844,TURNER,SALESMAN,7698,1981/9/8,1500.00,0.00,30
11. 7876,ADAMS,CLERK,7788,1987/5/23,1100.00,1000.00,20
12. 7900,JAMES,CLERK,7698,1981/12/3,950.00,0,30
13. 7902,FORD,ANALYST,7566,1981/12/3,3000.00,1000.00,20
14. 7934,MILLER,CLERK,7782,1982/1/23,1300.00,0,10
15. 7777,ADMIN,CLERK,7902,1980/12/17,8000.00,1000.00,
```

建表操作如下所示：

```
1.  #创建 dept 表
2.  Hive> create table dept
3.  > (
4.  > deptno int,
5.  > dname string,
6.  > loc string
7.  > )
8.  > row format delimited
9.  > fields terminated by ',';
10. OK
```

```
11. Time taken: 0.143 seconds
12. #向 dept 表添加数据
13. Hive> load data local inpath '/root/dept' into table dept;
14. Loading data to table default.dept
15. Table default.dept stats: [numFiles=1, totalSize=80]
16. OK
17. Time taken: 0.435 seconds
18. #创建 emp 表
19. Hive> create table emp
20. > (
21. > empno int,
22. > ename string,
23. > job string,
24. > mgr int,
25. > hiredate string,
26. > sal float,
27. > comm float,
28. > deptno int
29. > )
30. > row format delimited
31. > fields terminated by ',';
32. OK
33. Time taken: 0.09 seconds
34. #向 emp 表添加数据
35. Hive> load data local inpath '/root/emp' into table emp;
36. Loading data to table default.emp
37. Table default.emp stats: [numFiles=1, totalSize=704]
38. OK
39. Time taken: 0.273 seconds
```

5.8.1 内连接

内连接（Inner Join）中，只有进行连接的两个表中都存在与连接标准相匹配的数据才会被保留下来，操作过程如下所示：

```
1. Hive> select * from emp e join dept d on e.deptno=d.deptno;
2. Query ID=root_20190407015232_becc6391-0dd3-4c10-bbc6-f25f987631bc
3. Total jobs=1
4. Execution log at: /tmp/root/root_20190407015232_becc6391-0dd3-4c10-bbc6-f25f987631bc.log
```

内连接

5. 2019-04-07 01:52:36 Starting to launch local task to process map join; maximum memory=518979584
6. 2019-04-07 01:52:37 Dump the side-table for tag: 1 with group count: 4 into file: file:/tmp/root/680f0d43-a6f4-4c2d-a7e5-5e352986a
7. ed0/Hive_2019-04-07_01-52-32_123_5486804634440371926-1/-local-10003/HashTable-Stage-3/MapJoin-mapfile11--.hashtable2019-04-07 01:52:37 Uploaded 1 File to: file:/tmp/root/680f0d43-a6f4-4c2d-a7e5-5e352986aed0/Hive_2019-04-07_01-52-32_123_548680463
8. 4440371926-1/-local-10003/HashTable-Stage-3/MapJoin-mapfile11--.hashtable (404 bytes)2019-04-07 01:52:37 End of local task; Time Taken: 1.455 sec.
9. Execution completed successfully
10. MapredLocal task succeeded
11. Launching Job 1 out of 1
12. Number of reduce tasks is set to 0 since there's no reduce operator
13. Starting Job=job_1554556586397_0005, Tracking URL=http://Master:8088/proxy/application_1554556586397_0005/
14. Kill Command=/usr/local/Hadoop-2.6.0/bin/Hadoop job -kill job_1554556586397_0005
15. Hadoop job information for Stage-3: number of mappers: 1; number of reducers: 0
16. 2019-04-07 01:52:48,190 Stage-3 map=0%, reduce=0%
17. 2019-04-07 01:52:58,578 Stage-3 map=100%, reduce=0%, Cumulative CPU 2.64 sec
18. MapReduce Total cumulative CPU time: 2 seconds 640 msec
19. Ended Job=job_1554556586397_0005
20. MapReduce Jobs Launched:
21. Stage-Stage-3: Map: 1 Cumulative CPU: 2.64 sec HDFS Read: 8557 HDFS Write: 952 SUCCESS
22. Total MapReduce CPU Time Spent: 2 seconds 640 msec
23. OK
24. 7369 SMITH CLERK 7902 1980/12/17 8000.0 1000.0 20 20 RESEARCH DALLAS
25. 7499 ALLEN SALESMAN 7698 1981/2/20 1600.0 300.0 30 30 SALES CHICAGO
26. 7521 WARD SALESMAN 7698 1981/2/22 1250.0 500.0 30 30 SALES CHICAGO
27. 7566 JONES MANAGER 7839 1981/4/2 2975.0 1000.0 20 20 RESEARCH DALLAS

```
28. 7654 MARTIN SALESMAN 7698 1981/9/28 1250.0 1400.0 30 30
SALES CHICAGO
29. 7698 BLAKE MANAGER 7839 1981/5/1 2850.0 0.0 30 30 SALES CHICAGO
30. 7782 CLARK MANAGER 7839 1981/6/9 2450.0 0.0 10 10 ACCOUNT
ING NEW YORK
31. 7788 SCOTT ANALYST 7566 1987/4/19 3000.0 1000.0 20 20 RE
SEARCH DALLAS
32. 7839 KING PREDIDENT NULL 1981/11/17 5000.0 1000.0 20 20
RESEARCH DALLAS
33. 7844 TURNER SALESMAN 7698 1981/9/8 1500.0 0.0 30 30 SALES CHICAGO
34. 7876 ADAMS CLERK 7788 1987/5/23 1100.0 1000.0 20 20 RE
SEARCH DALLAS
35. 7900 JAMES CLERK 7698 1981/12/3 950.0 0.0 30 30 SALES CHICAGO
36. 7902 FORD ANALYST 7566 1981/12/3 3000.0 1000.0 20 20 RE
SEARCH DALLAS
37. 7934 MILLER CLERK 7782 1982/1/23 1300.0 0.0 10 10 ACCOUNT
ING NEW YORK
38. Time taken: 27.569 seconds, Fetched: 14 row(s)
```

从上述过程中可以看到，on 子句指定了两个表间数据进行连接的条件。在我们的数据中，emp 有 15 条记录，emp 有 4 条记录，完全匹配的只有 14 条记录，看到上述结果确实有 14 条。

5.8.2 左外连接

左外连接通过关键字 left outer join 进行标识，左表的数据能够完全显示，匹配不上的用 null 表示，操作过程如下所示：

```
1. Hive> select * from emp e left outer join dept d on e.deptno=
d.deptno;
2. Query ID=root_20190407015654_badba2d2-b982-4b05-b7ad-
2f664ddfffe0
3. Total jobs=1
4. Execution log at: /tmp/root/root_20190407015654_badba2d2-
b982-4b05-b7ad-2f664ddfffe0.log
5. 2019-04-07 01:56:58 Starting to launch local task to pro
cess map join; maximum memory=518979584
6. 2019-04-07 01:56:59 Dump the side-table for tag: 1 with group
count: 4 into file: file:/tmp/root/680f0d43-a6f4-4c2d-a7e5-5e352986a
7. ed0/Hive_2019-04-07_01-56-54_619_1499487504190422287-1/-lo
cal-10003/HashTable-Stage-3/MapJoin-mapfile21--.hashtable2019-04-07
```

01:57:00 Uploaded 1 File to: file:/tmp/root/680f0d43-a6f4-4c2d-a7e5-5e352986aed0/Hive_2019-04-07_01-56-54_619_149948750

8. 4190422287-1/-local-10003/HashTable-Stage-3/MapJoin-map file21--.hashtable (404 bytes)2019-04-07 01:57:00 End of local task; Time Taken: 1.175 sec.

9. Execution completed successfully

10. MapredLocal task succeeded

11. Launching Job 1 out of 1

12. Number of reduce tasks is set to 0 since there's no reduce operator

13. Starting Job=job_1554556586397_0006, Tracking URL=http://Master:8088/proxy/application_1554556586397_0006/

14. Kill Command=/usr/local/Hadoop-2.6.0/bin/Hadoop job -kill job_1554556586397_0006

15. Hadoop job information for Stage-3: number of mappers: 1; number of reducers: 0

16. 2019-04-07 01:57:09,504 Stage-3 map=0%, reduce=0%

17. 2019-04-07 01:57:16,752 Stage-3 map=100%, reduce=0%, Cumulative CPU 1.31 sec

18. MapReduce Total cumulative CPU time: 1 seconds 310 msec

19. Ended Job=job_1554556586397_0006

20. MapReduce Jobs Launched:

21. Stage-Stage-3: Map: 1 Cumulative CPU: 1.31 sec HDFS Read: 8367 HDFS Write: 1011 SUCCESS

22. Total MapReduce CPU Time Spent: 1 seconds 310 msec

23. OK

24. 7369 SMITH CLERK 7902 1980/12/17 8000.0 1000.0 20 20 RESEARCH DALLAS

25. 7499 ALLEN SALESMAN 7698 1981/2/20 1600.0 300.0 30 30 SALES CHICAGO

26. 7521 WARD SALESMAN 7698 1981/2/22 1250.0 500.0 30 30 SALES CHICAGO

27. 7566 JONES MANAGER 7839 1981/4/2 2975.0 1000.0 20 20 RESEARCH DALLAS

28. 7654 MARTIN SALESMAN 7698 1981/9/28 1250.0 1400.0 30 30 SALES CHICAGO

29. 7698 BLAKE MANAGER 7839 1981/5/1 2850.0 0.0 30 30 SALES CHICAGO

30. 7782 CLARK MANAGER 7839 1981/6/9 2450.0 0.0 10 10 ACCOUNTING NEW YORK

```
31. 7788 SCOTT ANALYST 7566 1987/4/19 3000.0 1000.0 20 20 RE
SEARCH DALLAS
32. 7839 KING PREDIDENT NULL 1981/11/17 5000.0 1000.0 20 20
RESEARCH DALLAS
33. 7844 TURNER SALESMAN 7698 1981/9/8 1500.0 0.0 30 30 SALES
CHICAGO
34. 7876 ADAMS CLERK 7788 1987/5/23 1100.0 1000.0 20 20 RE
SEARCH DALLAS
35. 7900 JAMES CLERK 7698 1981/12/3 950.0 0.0 30 30 SALES CHICAGO
36. 7902 FORD ANALYST 7566 1981/12/3 3000.0 1000.0 20 20 RE
SEARCH DALLAS
37. 7934 MILLER CLERK 7782 1982/1/23 1300.0 0.0 10 10 ACCOUNT
ING NEW YORK
38. 7777 ADMIN CLERK 7902 1980/12/17 8000.0 1000.0 NULL NULL
NULL NULL
39. Time taken: 23.224 seconds, Fetched: 15 row(s)
```

从上述的结果可以看到，emp 表的全部数据都能够正常显示，但是右表匹配不上的数据显示为 null。

5.8.3 右外连接

右外连接通过关键字 right outer join 进行标识，右表的数据能够完全显示，左表匹配不上的用 null 表示，其操作过程如下所示：

```
1. Hive> select * from emp e right outer join dept d on
e.deptno=d.deptno;
2. Query ID=root_20190407020025_1dbdf63b-8e94-4178-9084-
b57bbc52630a
3. Total jobs=1
4. Execution log at: /tmp/root/root_20190407020025_1dbdf63b-
8e94-4178-9084-b57bbc52630a.log
5. 2019-04-07 02:00:29 Starting to launch local task to pro
cess map join; maximum memory=518979584
6. 2019-04-07 02:00:30 Dump the side-table for tag: 0 with
group count: 4 into file: file:/tmp/root/680f0d43-a6f4-4c2d-
a7e5-5e352986a
7. ed0/Hive_2019-04-07_02-00-25_119_3441562607301030382-1/-lo
cal-10003/HashTable-Stage-3/MapJoin-mapfile30--.hashtable2019-
04-07 02:00:30 Uploaded 1 File to: file:/tmp/root/680f0d43-
a6f4-4c2d-a7e5-5e352986aed0/Hive_2019-04-07_02-00-25_119_344156260
```

8. 7301030382-1/-local-10003/HashTable-Stage-3/MapJoin-map file30--.hashtable (955 bytes)2019-04-07 02:00:30 End of local task; Time Taken: 1.225 sec.
9. Execution completed successfully
10. MapredLocal task succeeded
11. Launching Job 1 out of 1
12. Number of reduce tasks is set to 0 since there's no reduce operator
13. Starting Job=job_1554556586397_0007, Tracking URL=http://Master:8088/proxy/application_1554556586397_0007/
14. Kill Command=/usr/local/Hadoop-2.6.0/bin/Hadoop job -kill job_1554556586397_0007
15. Hadoop job information for Stage-3: number of mappers: 1; number of reducers: 0
16. 2019-04-07 02:00:40,752 Stage-3 map=0%, reduce=0%
17. 2019-04-07 02:00:48,020 Stage-3 map=100%, reduce=0%, Cumulative CPU 1.39 sec
18. MapReduce Total cumulative CPU time: 1 seconds 390 msec
19. Ended Job=job_1554556586397_0007
20. MapReduce Jobs Launched:
21. Stage-Stage-3: Map: 1 Cumulative CPU: 1.39 sec HDFS Read: 7608 HDFS Write: 997 SUCCESS
22. Total MapReduce CPU Time Spent: 1 seconds 390 msec
23. OK
24. 7782 CLARK MANAGER 7839 1981/6/9 2450.0 0.0 10 10 ACCOUNTING NEW YORK
25. 7934 MILLER CLERK 7782 1982/1/23 1300.0 0.0 10 10 ACCOUNTING NEW YORK
26. 7369 SMITH CLERK 7902 1980/12/17 8000.0 1000.0 20 20 RESEARCH DALLAS
27. 7566 JONES MANAGER 7839 1981/4/2 2975.0 1000.0 20 20 RESEARCH DALLAS
28. 7788 SCOTT ANALYST 7566 1987/4/19 3000.0 1000.0 20 20 RESEARCH DALLAS
29. 7839 KING PREDIENT NULL 1981/11/17 5000.0 1000.0 20 20 RESEARCH DALLAS
30. 7876 ADAMS CLERK 7788 1987/5/23 1100.0 1000.0 20 20 RESEARCH DALLAS

```
31. 7902 FORD ANALYST 7566 1981/12/3 3000.0 1000.0 20 20 RE
SEARCH DALLAS
32. 7499 ALLEN SALESMAN 7698 1981/2/20 1600.0 300.0 30 30
SALES CHICAGO
33. 7521 WARD SALESMAN 7698 1981/2/22 1250.0 500.0 30 30 SALES
CHICAGO
34. 7654 MARTIN SALESMAN 7698 1981/9/28 1250.0 1400.0 30 30
SALES CHICAGO
35. 7698 BLAKE MANAGER 7839 1981/5/1 2850.0 0.0 30 30 SALES
CHICAGO
36. 7844 TURNER SALESMAN 7698 1981/9/8 1500.0 0.0 30 30 SALES
CHICAGO
37. 7900 JAMES CLERK 7698 1981/12/3 950.0 0.0 30 30 SALES CHICAGO
38. NULL NULL NULL NULL NULL NULL NULL NULL 40 OPERATIONS BOSTON
39. Time taken: 23.98 seconds, Fetched: 15 row(s)
```

从上述的结果可以看到，dept 表的全部数据都能够正常显示，但是左表匹配不上的数据显示为 null。

5.8.4 全外连接

全外连接通过关键字 full outer join 进行标识，左表和右表的数据能够完全显示，匹配不上的用 null 表示，操作过程如下所示：

```
1. Hive> select * from emp e full outer join dept d on e.dept
no=d.deptno;
2. Query ID=root_20190407020409_47372dd0-9638-4a15-b8c4-
840605ea3110
3. Total jobs=1
4. Launching Job 1 out of 1
5. Number of reduce tasks not specified. Estimated from input
data size: 1
6. In order to change the average load for a reducer (in bytes):
7. set Hive.exec.reducers.bytes.per.reducer=<number>
8. In order to limit the maximum number of reducers:
9. set Hive.exec.reducers.max=<number>
10. In order to set a constant number of reducers:
11. set MapReduce.job.reduces=<number>
12. Starting Job=job_1554556586397_0008, Tracking URL=
http://Master:8088/proxy/application_1554556586397_0008/
13. Kill Command=/usr/local/Hadoop-2.6.0/bin/Hadoop job
```

```
-kill job_1554556586397_0008
14. Hadoop job information for Stage-1: number of mappers: 2; number of reducers: 1
15. 2019-04-07 02:04:18,613 Stage-1 map=0%, reduce=0%
16. 2019-04-07 02:04:32,023 Stage-1 map=100%, reduce=0%, Cumulative CPU 2.39 sec
17. 2019-04-07 02:04:41,315 Stage-1 map=100%, reduce=100%, Cumulative CPU 4.13 sec
18. MapReduce Total cumulative CPU time: 4 seconds 130 msec
19. Ended Job=job_1554556586397_0008
20. MapReduce Jobs Launched:
21. Stage-Stage-1: Map: 2 Reduce: 1 Cumulative CPU: 4.13 sec HDFS Read: 16055 HDFS Write: 1056 SUCCESS
22. Total MapReduce CPU Time Spent: 4 seconds 130 msec
23. OK
24. 7777 ADMIN CLERK 7902 1980/12/17 8000.0 1000.0 NULL NULL NULL NULL
25. 7782 CLARK MANAGER 7839 1981/6/9 2450.0 0.0 10 10 ACCOUNTING NEW YORK
26. 7934 MILLER CLERK 7782 1982/1/23 1300.0 0.0 10 10 ACCOUNTING NEW YORK
27. 7788 SCOTT ANALYST 7566 1987/4/19 3000.0 1000.0 20 20 RESEARCH DALLAS
28. 7902 FORD ANALYST 7566 1981/12/3 3000.0 1000.0 20 20 RESEARCH DALLAS
29. 7876 ADAMS CLERK 7788 1987/5/23 1100.0 1000.0 20 20 RESEARCH DALLAS
30. 7839 KING PREDIENT NULL 1981/11/17 5000.0 1000.0 20 20 RESEARCH DALLAS
31. 7566 JONES MANAGER 7839 1981/4/2 2975.0 1000.0 20 20 RESEARCH DALLAS
32. 7369 SMITH CLERK 7902 1980/12/17 8000.0 1000.0 20 20 RESEARCH DALLAS
33. 7698 BLAKE MANAGER 7839 1981/5/1 2850.0 0.0 30 30 SALES CHICAGO
34. 7654 MARTIN SALESMAN 7698 1981/9/28 1250.0 1400.0 30 30 SALES CHICAGO
35. 7499 ALLEN SALESMAN 7698 1981/2/20 1600.0 300.0 30 30 SALES CHICAGO
```

```
36. 7521 WARD SALESMAN 7698 1981/2/22 1250.0 500.0 30 30 SALES CHICAGO
37. 7844 TURNER SALESMAN 7698 1981/9/8 1500.0 0.0 30 30 SALES CHICAGO
38. 7900 JAMES CLERK 7698 1981/12/3 950.0 0.0 30 30 SALES CHICAGO
39. NULL NULL NULL NULL NULL NULL NULL NULL 40 OPERATIONS BOSTON
40. Time taken: 32.47 seconds, Fetched: 16 row(s)
```

从上述的结果可以看到，emp 表和 dept 表的全部数据都能够正常显示，但是匹配不上的数据显示为 null。

5.8.5 左半开连接

左半开连接 Left semi join 会返回左边表的记录，前提是其记录对于右边表满足 on 语句中的判定条件。对于常见的内连接来说，这是一个特殊的、优化了的情况。大部分的 SQL 语言会通过 in 或者 exists 结构来处理这种情况，但是 Hive 不支持 in 或者 exists，所以有了 left semi join，其操作过程如下所示：

```
1. Hive> select * from emp e left semi join dept d on e.deptno=d.deptno;
2. Query ID=root_20190407020918_9b1e4eb1-43fe-4ac0-80b9-16e172d16df4
3. Total jobs=1
4. Execution log at: /tmp/root/root_20190407020918_9b1e4eb1-43fe-4ac0-80b9-16e172d16df4.log
5. 2019-04-07 02:09:22 Starting to launch local task to process map join; maximum memory=518979584
6. 2019-04-07 02:09:23 Dump the side-table for tag: 1 with group count: 4 into file: file:/tmp/root/680f0d43-a6f4-4c2d-a7e5-5e352986a
7. ed0/Hive_2019-04-07_02-09-18_270_2903525880978907865-1/-local-10003/HashTable-Stage-3/MapJoin-mapfile41--.hashtable2019-04-07 02:09:24 Uploaded 1 File to: file:/tmp/root/680f0d43-a6f4-4c2d-a7e5-5e352986aed0/Hive_2019-04-07_02-09-18_270_290352588
8. 0978907865-1/-local-10003/HashTable-Stage-3/MapJoin-mapfile41--.hashtable (332 bytes)2019-04-07 02:09:24 End of local task; Time Taken: 1.484 sec.
9. Execution completed successfully
10. MapredLocal task succeeded
11. Launching Job 1 out of 1
```

```
12. Number of reduce tasks is set to 0 since there's no reduce operator
13. Starting Job=job_1554556586397_0009, Tracking URL=http://Master:8088/proxy/application_1554556586397_0009/
14. Kill Command=/usr/local/Hadoop-2.6.0/bin/Hadoop job -kill job_1554556586397_0009
15. Hadoop job information for Stage-3: number of mappers: 1; number of reducers: 0
16. 2019-04-07 02:09:33,440 Stage-3 map=0%, reduce=0%
17. 2019-04-07 02:09:41,868 Stage-3 map=100%, reduce=0%, Cumulative CPU 2.1 sec
18. MapReduce Total cumulative CPU time: 2 seconds 100 msec
19. Ended Job=job_1554556586397_0009
20. MapReduce Jobs Launched:
21. Stage-Stage-3: Map: 1 Cumulative CPU: 2.1 sec HDFS Read: 7700 HDFS Write: 690 SUCCESS
22. Total MapReduce CPU Time Spent: 2 seconds 100 msec
23. OK
24. 7369 SMITH CLERK 7902 1980/12/17 8000.0 1000.0 20
25. 7499 ALLEN SALESMAN 7698 1981/2/20 1600.0 300.0 30
26. 7521 WARD SALESMAN 7698 1981/2/22 1250.0 500.0 30
27. 7566 JONES MANAGER 7839 1981/4/2 2975.0 1000.0 20
28. 7654 MARTIN SALESMAN 7698 1981/9/28 1250.0 1400.0 30
29. 7698 BLAKE MANAGER 7839 1981/5/1 2850.0 0.0 30
30. 7782 CLARK MANAGER 7839 1981/6/9 2450.0 0.0 10
31. 7788 SCOTT ANALYST 7566 1987/4/19 3000.0 1000.0 20
32. 7839 KING PREDIDENT NULL 1981/11/17 5000.0 1000.0 20
33. 7844 TURNER SALESMAN 7698 1981/9/8 1500.0 0.0 30
34. 7876 ADAMS CLERK 7788 1987/5/23 1100.0 1000.0 20
35. 7900 JAMES CLERK 7698 1981/12/3 950.0 0.0 30
36. 7902 FORD ANALYST 7566 1981/12/3 3000.0 1000.0 20
37. 7934 MILLER CLERK 7782 1982/1/23 1300.0 0.0 10
38. Time taken: 24.695 seconds, Fetched: 14 row(s)
```

从上述的结果可以看到，emp 表的全部数据都能够正常显示，但是不会显示 dept 表的内容。

5.9 Hive案例

在上面的章节中我们已经学习了 Hive 的基本操作，下面通过一些基本案例来说明 Hive 在生产环境中的使用。

5.9.1 案例一：使用 Hive 实现 WordCount

在之前的学习中已经通过 MapReduce 进行了 WordCount 的案例实现，可以发现 WordCount 的逻辑本身并不是很复杂，但是还是需要写繁杂的 MapReduce 程序来进行计算，下面来说明如何使用 Hive 类进行分析。

1. 需求思路讲解

WordCount 的分析其实就是将一行中的单词进行分割，然后再将分割后的单词仅从 Count 的操作，下面我们按照上面的思路进行统计。

2. 数据介绍

WordCount 的数据文件已经存在于 HDFS 中，我们还是以之前使用的数据为例，就是 Hadoop 安装包中的 README.txt 的文件，其操作过程如下所示：

```
1. encryption software. BEFORE using any encryption software, please
2. check your country's laws, regulations and policies con
cerning the
3. import, possession, or use, and re-export of encryption software, to
4. see if this is permitted. See <http://www.wassenaar.org/> for more
5. information.
6. The U.S. Government Department of Commerce, Bureau of In
dustry and
7. Security (BIS), has classified this software as Export Com
modity
8. Control Number (ECCN) 5D002.C.1, which includes information security
9. software using or performing cryptographic functions with asymmetric
10. algorithms. The form and manner of this Apache Software F
oundation
11. distribution makes it eligible for export under the Li
cense Exception
12. ENC Technology Software Unrestricted (TSU) exception (see the BIS
13. Export Administration Regulations, Section 740.13) for both object
14. code and source code.
```

15. The following provides more details on the included cryptographic
16. software:
17. Hadoop Core uses the SSL libraries from the Jetty project written
18. by mortbay.org.

3. SQL 操作

代码如下所示:

1. # 在 hdfs 上创建目录
2. [root@Slave2 ~]# hdfs dfs -mkdir /data;
3. # 向 hdfs 的 data 目录上传文件
4. [root@Slave2 ~]# hdfs dfs -put /usr/local/Hadoop-2.6.0/README.txt /data;
5. # 在 Hive 中创建表
6. Hive> create table wc(line string) location '/data';
7. OK
8. Time taken: 0.067 seconds
9. # 查询表中的数据
10. Hive> select * from wc;
11. OK
12. For the latest information about Hadoop, please visit our website at:
13. http://Hadoop.apache.org/core/
14. and our, at:
15. http://apache.org/Hadoop/
16. This distribution includes cryptographic software. The country in
17. which you currently reside may have restrictions on the import,
18. possession, use, and/or re-export to another country, of
19. encryption software. BEFORE using any encryption software, please
20. check your country's laws, regulations and policies concerning the
21. import, possession, or use, and re-export of encryption software, to
22. see if this is permitted. See <http://www.wassenaar.org/> for more
23. information.
24. The U.S. Government Department of Commerce, Bureau of In

dustry and
25. Security (BIS), has classified this software as Export Commodity
26. Control Number (ECCN) 5D002.C.1, which includes informa
tion security
27. software using or performing cryptographic functions with asymmetric
28. algorithms. The form and manner of this Apache Software Foundation
29. distribution makes it eligible for export under the License Exception
30. ENC Technology Software Unrestricted (TSU) exception (see the BIS
31. Export Administration Regulations, Section 740.13) for both object
32. code and source code.

33. The following provides more details on the included cryptographic
34. software:
35. Hadoop Core uses the SSL libraries from the Jetty project written
36. by mortbay.org.
37. Time taken: 0.523 seconds, Fetched: 31 row(s)
38. #创建WordCount的结果表
39. Hive> create table wc_result(word string,ct int);
40. OK
41. Time taken: 1.091 seconds
42. #进行单词统计的SQL语句
43. Hive> from (select explode(split(line,' ')) word from wc) t
44. > insert into wc_result
45. > select word ,count(word) group by word;
46. Query ID=root_20190407045628_22de147f-c3aa-4abb-98ed-cd6fb91e78f3
47. Total jobs=1
48. Launching Job 1 out of 1
49. Number of reduce tasks not specified. Estimated from input data size: 1
50. In order to change the average load for a reducer (in bytes):
51. set Hive.exec.reducers.bytes.per.reducer=<number>
52. In order to limit the maximum number of reducers:

53. set Hive.exec.reducers.max=<number>
54. In order to set a constant number of reducers:
55. set MapReduce.job.reduces=<number>
56. Starting Job=job_1554556586397_0010, Tracking URL= http://Master:8088/proxy/application_1554556586397_0010/
57. Kill Command=/usr/local/Hadoop-2.6.0/bin/Hadoop job-kill job_1554556586397_0010
58. Hadoop job information for Stage-1: number of mappers: 1; number of reducers: 1
59. 2019-04-07 04:56:38,949 Stage-1 map=0%, reduce=0%
60. 2019-04-07 04:56:47,461 Stage-1 map=100%, reduce=0%, Cumulative CPU 2.29 sec
61. 2019-04-07 04:56:56,926 Stage-1 map=100%, reduce=100%, Cumulative CPU 4.75 sec
62. MapReduce Total cumulative CPU time: 4 seconds 750 msec
63. Ended Job=job_1554556586397_0010
64. Loading data to table default.wc_result
65. Table default.wc_result stats: [numFiles=1, numRows=132, totalSize=1310, rawDataSize=1178]
66. MapReduce Jobs Launched:
67. Stage-Stage-1: Map: 1 Reduce: 1 Cumulative CPU: 4.75 sec HDFS Read: 9281 HDFS Write: 1386 SUCCESS
68. Total MapReduce CPU Time Spent: 4 seconds 750 msec
69. OK
70. Time taken: 30.198 seconds
71. # 查看最终的结果表
72. Hive> select * from wc_result;
73. OK
74. 27
75. (BIS), 1
76. (ECCN) 1
77. (TSU) 1
78. (see 1
79. 5D002.C.1, 1
80. 740.13) 1
81. <http://www.wassenaar.org/> 1
82. Administration 1
83. Apache 1
84. BEFORE 1

85. BIS 1
86. Bureau 1
87. Commerce, 1
88. Commodity 1
89. Control 1
90. Core 1
91. Department 1
92. ENC 1
93. Exception 1
94. Export 2
95. For 1
96. Foundation 1
97. Government 1
98. Hadoop 1
99. Hadoop, 1
100. Industry 1
101. Jetty 1
102. License 1
103. Number 1
104. Regulations, 1
105. SSL 1
106. Section 1
107. Security 1
108. See 1
109. Software 2
110. Technology 1
111. The 4
112. This 1
113. U.S. 1
114. Unrestricted 1
115. about 1
116. algorithms. 1
117. and 6
118. and/or 1
119. another 1
120. any 1
121. as 1
122. asymmetric 1
123. at: 2

124. both 1
125. by 1
126. check 1
127. classified 1
128. code 1
129. code. 1
130. concerning 1
131. country 1
132. country's 1
133. country, 1
134. cryptographic 3
135. currently 1
136. details 1
137. distribution 2
138. eligible 1
139. encryption 3
140. exception 1
141. export 1
142. following 1
143. for 3
144. form 1
145. from 1
146. functions 1
147. has 1
148. have 1
149. http://Hadoop.apache.org/core/ 1
150. http://apache.org/Hadoop/ 1
151. if 1
152. import, 2
153. in 1
154. included 1
155. includes 2
156. information 2
157. information. 1
158. is 1
159. it 1
160. latest 1
161. laws, 1
162. libraries 1

163. makes 1
164. manner 1
165. may 1
166. more 2
167. mortbay.org. 1
168. object 1
169. of 5
170. on 2
171. or 2
172. our 2
173. performing 1
174. permitted. 1
175. please 2
176. policies 1
177. possession, 2
178. project 1
179. provides 1
180. re-export 2
181. regulations 1
182. reside 1
183. restrictions 1
184. security 1
185. see 1
186. software 2
187. software, 2
188. software. 2
189. software: 1
190. source 1
191. the 8
192. this 3
193. to 2
194. under 1
195. use, 2
196. uses 1
197. using 2
198. visit 1
199. website 1
200. which 2
201. with, 1

```
202. with    1
203. written 1
204. you     1
205. your    1
206. Time taken: 0.116 seconds, Fetched: 132 row(s)
```

5.9.2 案例二：使用 Hive 实现掉话率统计业务

现在的生活已经移不开手机了，大家知道手机之间能够进行通话是因为基站信号的覆盖，现在有一批基站的数据，需要对基站的掉话率进行统计。所谓掉话率，就是指在通话过程中信号中断的时间与整个通话时长的比值。

下面开始查看数据以及具体的分析操作。

1. 需求思路讲解

根据需求，我们需要将每一个基站的所有通话时长和所有的掉话时长求和，然后求两个值的比值即可。

2. 数据介绍

下列展示了部分数据。

```
1. record_time,imei,cell,ph_num,call_num,drop_num,duration,drop_rate,net_type,erl
2. 2011-07-13 00:00:00+08,356966,29448-37062,0,0,0,0,0,G,0
3. 2011-07-13 00:00:00+08,352024,29448-51331,0,0,0,0,0,G,0
4. 2011-07-13 00:00:00+08,353736,29448-51331,0,0,0,0,0,G,0
5. 2011-07-13 00:00:00+08,353736,29448-51333,0,0,0,0,0,G,0
6. 2011-07-13 00:00:00+08,351545,29448-51333,0,0,0,0,0,G,0
7. 2011-07-13 00:00:00+08,353736,29448-51343,1,0,0,8,0,G,0
8. 2011-07-13 00:00:00+08,359681,29448-51462,0,0,0,0,0,G,0
9. 2011-07-13 00:00:00+08,354707,29448-51462,0,0,0,0,0,G,0
10. 2011-07-13 00:00:00+08,356137,29448-51470,0,0,0,0,0,G,0
```

3. SQL 操作

代码如下所示：

```
1. # 创建基站数据表
2. Hive> create table cell_monitor(
3. >   record_time string,
4. >   imei string,
5. >   cell string,
6. >   ph_num int,
```

```
7.  > call_num int,
8.  > drop_num int,
9.  > duration int,
10. > drop_rate DOUBLE,
11. > net_type string,
12. > erl string
13. > )
14. > ROW FORMAT DELIMITED FIELDS TERMINATED BY ','
15. > STORED AS TEXTFILE;
16. OK
17. Time taken: 0.128 seconds
18. #创建结果表
19. Hive> create table cell_drop_monitor(
20. > imei string,
21. > total_call_num int,
22. > total_drop_num int,
23. > d_rate DOUBLE
24. > )
25. > ROW FORMAT DELIMITED FIELDS TERMINATED BY '\t'
26. > STORED AS TEXTFILE;
27. OK
28. Time taken: 0.085 seconds
29. #向基站数据表添加数据
30. Hive> LOAD DATA LOCAL INPATH '/root/cdr_summ_imei_cell_info.csv' OVERWRITE INTO TABLE cell_monitor;
31. Loading data to table default.cell_monitor
32. Table default.cell_monitor stats: [numFiles=1, numRows=0, totalSize=57400917, rawDataSize=0]
33. OK
34. Time taken: 1.413 seconds
35. #进行结果分析
36. Hive> from cell_monitor cm
37. > insert overwrite table cell_drop_monitor
38. > select cm.imei ,sum(cm.drop_num),sum(cm.duration),sum(cm.drop_num)/sum(cm.duration) d_rate
39. > group by cm.imei
40. > sort by d_rate desc;
41. Query ID=root_20190407051104_dbe748a6-e9d4-43f0-90d2-1ee7435d684c
```

42. Total jobs=2
43. Launching Job 1 out of 2
44. Number of reduce tasks not specified. Estimated from input data size: 1
45. In order to change the average load for a reducer (in bytes):
46. set Hive.exec.reducers.bytes.per.reducer=<number>
47. In order to limit the maximum number of reducers:
48. set Hive.exec.reducers.max=<number>
49. In order to set a constant number of reducers:
50. set MapReduce.job.reduces=<number>
51. Starting Job=job_1554556586397_0011, Tracking URL= http://Master:8088/proxy/application_1554556586397_0011/
52. Kill Command=/usr/local/Hadoop-2.6.0/bin/Hadoop job -kill job_1554556586397_0011
53. Hadoop job information for Stage-1: number of mappers: 1; number of reducers: 1
54. 2019-04-07 05:11:13,468 Stage-1 map=0%, reduce=0%
55. 2019-04-07 05:11:22,898 Stage-1 map=100%, reduce=0%, Cumulative CPU 3.21 sec
56. 2019-04-07 05:11:34,477 Stage-1 map=100%, reduce=100%, Cumulative CPU 3.21 sec
57. MapReduce Total cumulative CPU time: 3 seconds 210 msec
58. Ended Job=job_1554556586397_0011
59. Launching Job 2 out of 2
60. Number of reduce tasks not specified. Estimated from input data size: 1
61. In order to change the average load for a reducer (in bytes):
62. set Hive.exec.reducers.bytes.per.reducer=<number>
63. In order to limit the maximum number of reducers:
64. set Hive.exec.reducers.max=<number>
65. In order to set a constant number of reducers:
66. set MapReduce.job.reduces=<number>
67. Starting Job=job_1554556586397_0012, Tracking URL= http://Master:8088/proxy/application_1554556586397_0012/
68. Kill Command=/usr/local/Hadoop-2.6.0/bin/Hadoop job -kill job_1554556586397_0012
69. Hadoop job information for Stage-2: number of mappers: 1; number of reducers: 1
70. 2019-04-07 05:11:44,509 Stage-2 map=0%, reduce=0%

71. 2019-04-07 05:11:58,100 Stage-2 map=100%, reduce=0%, Cumulative CPU 1.44 sec
72. 2019-04-07 05:12:07,611 Stage-2 map=100%, reduce=100%, Cumulative CPU 4.24 sec
73. MapReduce Total cumulative CPU time: 4 seconds 240 msec
74. Ended Job=job_1554556586397_0012
75. Loading data to table default.cell_drop_monitor
76. Table default.cell_drop_monitor stats: [numFiles=1, numRows=11651, totalSize=260869, rawDataSize=249218]
77. MapReduce Jobs Launched:
78. Stage-Stage-1: Map: 1 Reduce: 1 Cumulative CPU: 6.48 sec HDFS Read: 57409831 HDFS Write: 419020 SUCCESS
79. Stage-Stage-2: Map: 1 Reduce: 1 Cumulative CPU: 4.24 sec HDFS Read: 424508 HDFS Write: 260957 SUCCESS
80. Total MapReduce CPU Time Spent: 10 seconds 720 msec
81. OK
82. Time taken: 65.008 seconds
83. # 查看排名前十的基站信息
84. Hive> select * from cell_drop_monitor limit 10;
85. OK
86. 639876 1 734   0.0013623978201634877
87. 356436 1 1028 9.727626459143969E-4
88. 351760 1 1232 8.116883116883117E-4
89. 368883 1 1448 6.906077348066298E-4
90. 358849 1 1469 6.807351940095302E-4
91. 358231 1 1613 6.199628022318661E-4
92. 863738 2 3343 5.982650314089142E-4
93. 865011 1 1864 5.36480686695279E-4
94. 862242 1 1913 5.227391531625719E-4
95. 350301 2 3998 5.002501250625312E-4
96. Time taken: 0.073 seconds, Fetched: 10 row(s)

5.9.3 案例三：使用 Hive 实现房产数据统计

房地产行业会产生大量的数据，现在我们有一批房地产数据（均为虚拟），需要对房地产的相关信息进行分析。

1. 数据介绍

数据格式如下所示：

1. 天通苑北一区 3室2厅 510万 1.01101E+11 天通苑北一区 3-2厅 143.09 平米 南北 简装 有电梯 35642 510

2. 旗胜家园 2室1厅 385万 1.01101E+11 旗胜家园 2-1厅 88.68 平米 南北 简装 有电梯 43415 385
3. 天秀花园澄秀园 3室1厅 880万 1.01101E+11 天秀花园澄秀园 3-1厅 148.97 平米 东南北 精装 无电梯 59073 880
4. 西南向的两居室 高楼层电梯房 满五年 1.01101E+11 月季园 2-1厅 101.83 平米 南西 简装 有电梯 55878 569
5. 望京新城 3室2厅 850万 1.01101E+11 望京新城 3-2厅 142.93 平米 东南 精装 有电梯 59470 850
6. 翠屏北里西区 4室2厅 670万 1.01101E+11 翠屏北里西区 4-2厅 186.26 平米 南北 简装 无电梯 35972 670
7. 丽水嘉园 3室2厅 1000万 1.01101E+11 丽水嘉园 3-2厅 127.06 平米 西北 精装 有电梯 78703 1000
8. 绿荫芳邻二居客厅朝南主卧室朝南小卧室朝北满五年 1.01101E+11 绿荫芳邻 2-2厅 133.76 平米 南北 精装 有电梯 59809 800
9. 佰嘉城 3室2厅 478万 1.01101E+11 佰嘉城 3-2厅 121.63 平米 南北 简装 有电梯 39300 478
10. 模式口中里 2室1厅 290万 1.01101E+11 模式口中里 2-1厅 67.39 平米 东西 毛坯 无电梯 43034 290
11. 金星小区 2室1厅 290万 1.01101E+11 金星小区 2-1厅 53.31 平米 南北 简装 无电梯 54399 290
12. 机械研究院西区 南北三居室 此户型少出 看房方便 1.01101E+11 机械研究院西区 3-2厅 98.44 平米 南北 简装 无电梯 96506 950
13. 机械研究院西区 南北三居室 此户型少出 看房方便 1.01101E+11 机械研究院西区 3-2厅 98.44 平米 南北 简装 无电梯 96506 950
14. 南北通透 三居室 高楼层 视野很好 1.01101E+11 太阳园 3-1厅 139.63 平米 南北 简装 有电梯 103846 1450
15. 天通西苑二区 2室1厅 390万 1.01101E+11 天通西苑二区 2-1厅 97.12 平米 西 精装 有电梯 40157 390
16. 西黄新村北里 2室1厅 436万 1.01101E+11 西黄新村北里 2-1厅 92.06 平米 西南 精装 有电梯 47361 436
17. 翠微小学 板楼南北三居 中间楼层采光好 好户型无浪费 1.01101E+11 翠微路16号院 3-1厅 83.7 平米 南北 毛坯 无电梯 93190 780
18. 天通西苑二区 2室1厅 390万 1.01101E+11 天通西苑二区 2-1厅 97.12 平米 西 精装 有电梯 40157 390
19. 绿荫芳邻二居客厅朝南主卧室朝南小卧室朝北满五年 1.01101E+11 绿荫芳邻 2-2厅 133.76 平米 南北 精装 有电梯 59809 800
20. 绿荫芳邻二居客厅朝南主卧室朝南小卧室朝北满五年 1.01101E+11 绿荫芳邻 2-2厅 133.76 平米 南北 精装 有电梯 59809 800
21. 天通苑北一区 3室2厅 510万 1.01101E+11 天通苑北一区 3-2厅

143.09 平米 南北 简装 有电梯 35642 510

22. 旗胜家园 2室1厅 385万 1.01101E+11 旗胜家园 2-1厅 88.68 平米 南北 简装 有电梯 43415 385

23. 天秀园澄秀园 3室1厅 880万 1.01101E+11 天秀花园澄秀园 3-1厅 148.97 平米 东南北 精装 无电梯 59073 880

24. 西南向的两居室 高楼层电梯房 满五年 1.01101E+11 月季园 2-1厅 101.83 平米 南西 简装 有电梯 55878 569

25. 望京新城 3室2厅 850万 1.01101E+11 望京新城 3-2厅 142.93 平米 东南 精装 有电梯 59470 850

26. 翠屏北里西区 4室2厅 670万 1.01101E+11 翠屏北里西区 4-2厅 186.26 平米 南北 简装 无电梯 35972 670

27. 丽水嘉园 3室2厅 1000万 1.01101E+11 丽水嘉园 3-2厅 127.06 平米 西北 精装 有电梯 78703 1000

28. 绿荫芳邻二居客厅朝南主卧室朝南小卧室朝北满五年 1.01101E+11 绿荫芳邻 2-2厅 133.76 平米 南北 精装 有电梯 59809 800

29. 佰嘉城 3室2厅 478万 1.01101E+11 佰嘉城 3-2厅 121.63 平米 南北 简装 有电梯 39300 478

30. 模式口中里 2室1厅 290万 1.01101E+11 模式口中里 2-1厅 67.39 平米 东西 毛坯 无电梯 43034 290

31. 金星小区 2室1厅 290万 1.01101E+11 金星小区 2-1厅 53.31 平米 南北 简装 无电梯 54399 290

32. 机械研究院西区 南北三居室 此户型少出 看房方便 1.01101E+11 机械研究院西区 3-2厅 98.44 平米 南北 简装 无电梯 96506 950

33. 机械研究院西区 南北三居室 此户型少出 看房方便 1.01101E+11 机械研究院西区 3-2厅 98.44 平米 南北 简装 无电梯 96506 950

34. 南北通透 三居室 高楼层 视野很好 1.01101E+11 太阳园 3-1厅 139.63 平米 南北 简装 有电梯 103846 1450

35. 天通西苑二区 2室1厅 390万 1.01101E+11 天通西苑二区 2-1厅 97.12 平米 西 精装 有电梯 40157 390

36. 西黄新村北里 2室1厅 436万 1.01101E+11 西黄新村北里 2-1厅 92.06 平米 西南 精装 有电梯 47361 436

37. 翠微小学 板楼南北三居 中间楼层采光好 好户型无浪费 1.01101E+11 翠微路16号院 3-1厅 83.7 平米 南北 毛坯 无电梯 93190 780

38. 天通西苑二区 2室1厅 390万 1.01101E+11 天通西苑二区 2-1厅 97.12 平米 西 精装 有电梯 40157 390

39. 绿荫芳邻二居客厅朝南主卧室朝南小卧室朝北满五年 1.01101E+11 绿荫芳邻 2-2厅 133.76 平米 南北 精装 有电梯 59809 800

40. 绿荫芳邻二居客厅朝南主卧室朝南小卧室朝北满五年 1.01101E+11 绿荫芳邻 2-2厅 133.76 平米 南北 精装 有电梯 59809 800

41. 天通苑北一区 3室2厅 510万 1.01101E+11 天通苑北一区 3-2厅 143.09 平米 南北 简装 有电梯 35642 510
42. 旗胜家园 2室1厅 385万 1.01101E+11 旗胜家园 2-1厅 88.68 平米 南北 简装 有电梯 43415 385
43. 天秀花园澄秀园 3室1厅 880万 1.01101E+11 天秀花园澄秀园 3-1厅 148.97 平米 东南北 精装 无电梯 59073 880
44. 西南向的两居室 高楼层电梯房 满五年 1.01101E+11 月季园 2-1厅 101.83 平米 南西 简装 有电梯 55878 569
45. 望京新城 3室2厅 850万 1.01101E+11 望京新城 3-2厅 142.93 平米 东南 精装 有电梯 59470 850
46. 翠屏北里西区 4室2厅 670万 1.01101E+11 翠屏北里西区 4-2厅 186.26 平米 南北 简装 无电梯 35972 670
47. 丽水嘉园 3室2厅 1000万 1.01101E+11 丽水嘉园 3-2厅 127.06 平米 西北 精装 有电梯 78703 1000
48. 绿荫芳邻二居客厅朝南主卧室朝南小卧室朝北满五年 1.01101E+11 绿荫芳邻 2-2厅 133.76 平米 南北 精装 有电梯 59809 800
49. 佰嘉城 3室2厅 478万 1.01101E+11 佰嘉城 3-2厅 121.63 平米 南北 简装 有电梯 39300 478
50. 模式口中里 2室1厅 290万 1.01101E+11 模式口中里 2-1厅 67.39 平米 东西 毛坯 无电梯 43034 290
51. 金星小区 2室1厅 290万 1.01101E+11 金星小区 2-1厅 53.31 平米 南北 简装 无电梯 54399 290
52. 机械研究院西区 南北三居室 此户型少出 看房方便 1.01101E+11 机械研究院西区 3-2厅 98.44 平米 南北 简装 无电梯 96506 950
53. 机械研究院西区 南北三居室 此户型少出 看房方便 1.01101E+11 机械研究院西区 3-2厅 98.44 平米 南北 简装 无电梯 96506 950
54. 南北通透 三居室 高楼层 视野很好 1.01101E+11 太阳园 3-1厅 139.63 平米 南北 简装 有电梯 103846 1450
55. 天通西苑二区 2室1厅 390万 1.01101E+11 天通西苑二区 2-1厅 97.12 平米 西 精装 有电梯 40157 390
56. 西黄新村北里 2室1厅 436万 1.01101E+11 西黄新村北里 2-1厅 92.06 平米 西南 精装 有电梯 47361 436
57. 翠微小学 板楼南北三居 中间楼层采光好 好户型无浪费 1.01101E+11 翠微路16号院 3-1厅 83.7 平米 南北 毛坯 无电梯 93190 780
58. 天通西苑二区 2室1厅 390万 1.01101E+11 天通西苑二区 2-1厅 97.12 平米 西 精装 有电梯 40157 390
59. 绿荫芳邻二居客厅朝南主卧室朝南小卧室朝北满五年 1.01101E+11 绿荫芳邻 2-2厅 133.76 平米 南北 精装 有电梯 59809 800
60. 绿荫芳邻二居客厅朝南主卧室朝南小卧室朝北满五年 1.01101E+11 绿荫芳邻

2-2厅 133.76 平米 南北 精装 有电梯 59809 800
61．天通苑北一区 3室2厅 510万 1.01101E+11 天通苑北一区 3-2厅 143.09 平米 南北 简装 有电梯 35642 510
62．旗胜家园 2室1厅 385万 1.01101E+11 旗胜家园 2-1厅 88.68 平米 南北 简装 有电梯 43415 385
63．天秀花园澄秀园 3室1厅 880万 1.01101E+11 天秀花园澄秀园 3-1厅 148.97 平米 东南北 精装 无电梯 59073 880
64．西南向的两居室 高楼层电梯房 满五年 1.01101E+11 月季园 2-1厅 101.83 平米 南西 简装 有电梯 55878 569
65．望京新城 3室2厅 850万 1.01101E+11 望京新城 3-2厅 142.93 平米 东南 精装 有电梯 59470 850
66．翠屏北里西区 4室2厅 670万 1.01101E+11 翠屏北里西区 4-2厅 186.26 平米 南北 简装 无电梯 35972 670
67．丽水嘉园 3室2厅 1000万 1.01101E+11 丽水嘉园 3-2厅 127.06 平米 西北 精装 有电梯 78703 1000
68．绿荫芳邻二居客厅朝南主卧室朝南小卧室朝北满五年 1.01101E+11 绿荫芳邻 2-2厅 133.76 平米 南北 精装 有电梯 59809 800
69．佰嘉城 3室2厅 478万 1.01101E+11 佰嘉城 3-2厅 121.63 平米 南北 简装 有电梯 39300 478
70．模式口中里 2室1厅 290万 1.01101E+11 模式口中里 2-1厅 67.39 平米 东西 毛坯 无电梯 43034 290
71．金星小区 2室1厅 290万 1.01101E+11 金星小区 2-1厅 53.31 平米 南北 简装 无电梯 54399 290
72．机械研究院西区 南北三居室 此户型少出 看房方便 1.01101E+11 机械研究院西区 3-2厅 98.44 平米 南北 简装 无电梯 96506 950
73．机械研究院西区 南北三居室 此户型少出 看房方便 1.01101E+11 机械研究院西区 3-2厅 98.44 平米 南北 简装 无电梯 96506 950
74．南北通透 三居室 高楼层 视野很好 1.01101E+11 太阳园 3-1厅 139.63 平米 南北 简装 有电梯 103846 1450
75．天通西苑二区 2室1厅 390万 1.01101E+11 天通西苑二区 2-1厅 97.12 平米 西 精装 有电梯 40157 390
76．西黄新村北里 2室1厅 436万 1.01101E+11 西黄新村北里 2-1厅 92.06 平米 西南 精装 有电梯 47361 436
77．翠微小学 板楼南北三居 中间楼层采光好 好户型无浪费 1.01101E+11 翠微路16号院 3-1厅 83.7 平米 南北 毛坯 无电梯 93190 780
78．天通西苑二区 2室1厅 390万 1.01101E+11 天通西苑二区 2-1厅 97.12 平米 西 精装 有电梯 40157 390
79．绿荫芳邻二居客厅朝南主卧室朝南小卧室朝北满五年 1.01101E+11 绿荫芳邻 2-2厅 133.76 平米 南北 精装 有电梯 59809 800

80. 绿荫芳邻二居客厅朝南主卧室朝南小卧室朝北满五年 1.01101E+11 绿荫芳邻 2-2厅 133.76 平米 南北 精装 有电梯 59809 800

2. 需求思路讲解

现在我们需要对数据进行如下的分析：

第 1 步：统计整条房屋信息发布次数。

第 2 步：过滤，整行数据完全相同的只留一行即可。

第 3 步：第 1 列数据某些字段需要加 "[]"（自己结合分析前后观察规律）。

第 4 步：第 2 列数据不需要。

第 5 步：将第 4 列中的"-"替换成"室"。

第 6 步：将第 5 列数据中的空格去掉。

第 7 步：将 10 列数据中值小于 300 的排除掉整行数据，并将剩下的第 10 列数据后面加上单位"万"。

第 8 步：清洗完后的第 1 列和第 2 列用【Tab】键分隔，第 2、3、4、5、6、7 列分别用空格分隔。

第 9 步：全部按规则输出，并且输出文件中第一行是抬头。

3. SQL 操作

代码如下所示：

```
1. #在hdfs上创建目录
2. [root@Slave2 ~]# hdfs dfs -mkdir /house
3. #向hdfs的data目录上传文件
4. [root@Slave2 ~]# hdfs dfs -put -put /home/house.txt /house/
5. #创建房产表
6. Hive> create external table if not exists data(
7. > logs String
8. > )
9. > location '/house';
10. OK
11. Time taken: 0.118 seconds
12. #查询房产表的数据
13. Hive> select * from data;
14. OK
15. 天通苑北一区 3室2厅 510万 1.01101E+11 天通苑北一区 3-2厅 143.09 平米 南北 简装 有电梯 35642 510
16. 旗胜家园 2室1厅 385万 1.01101E+11 旗胜家园 2-1厅 88.68 平米 南北 简装 有电梯 43415 385
17. 天秀花园澄秀园 3室1厅 880万 1.01101E+11 天秀花园澄秀园 3-1厅
```

148.97 平米 东南北 精装 无电梯 59073 880

18. 西南向的两居室 高楼层电梯房 满五年 1.01101E+11 月季园 2-1厅 101.83 平米 南西 简装 有电梯 55878 569

19. 望京新城 3室2厅 850万 1.01101E+11 望京新城 3-2厅 142.93 平米 东南 精装 有电梯 59470 850

20. 翠屏北里西区 4室2厅 670万 1.01101E+11 翠屏北里西区 4-2厅 186.26 平米 南北 简装 无电梯 35972 670

21. 丽水嘉园 3室2厅 1000万 1.01101E+11 丽水嘉园 3-2厅 127.06 平米 西北 精装 有电梯 78703 1000

22. 绿荫芳邻二居客厅朝南主卧室朝南小卧室朝北满五年 1.01101E+11 绿荫芳邻 2-2厅 133.76 平米 南北 精装 有电梯 59809

23. 800 佰嘉城 3室2厅 478万 1.01101E+11 佰嘉城 3-2厅 121.63 平米 南北 简装 有电梯 39300 478

24. 模式口中里 2室1厅 290万 1.01101E+11 模式口中里 2-1厅 67.39 平米 东西 毛坯 无电梯 43034 290

25. 金星小区 2室1厅 290万 1.01101E+11 金星小区 2-1厅 53.31 平米 南北 简装 无电梯 54399 290

26. 机械研究院西区 南北三居室 此户型少出 看房方便 1.01101E+11 机械研究院西区 3-2厅 98.44 平米 南北 简装 无电梯 96506 9

27. 50 机械研究院西区 南北三居室 此户型少出 看房方便 1.01101E+11 机械研究院西区 3-2厅 98.44 平米 南北 简装 无电梯 96506 9

28. 50 南北通透 三居室 高楼层 视野很好 1.01101E+11 太阳园 3-1厅 139.63 平米 南北 简装 有电梯 103846 1450

29. 天通西苑二区 2室1厅 390万 1.01101E+11 天通西苑二区 2-1厅 97.12 平米 西 精装 有电梯 40157 390

30. 西黄新村北里 2室1厅 436万 1.01101E+11 西黄新村北里 2-1厅 92.06 平米 西南 精装 有电梯 47361 436

31. 翠微小学 板楼南北三居 中间楼层采光好 好户型无浪费 1.01101E+11 翠微路16号院 3-1厅 83.7 平米 南北 毛坯 无电梯

32. 93190 780 天通西苑二区 2室1厅 390万 1.01101E+11 天通西苑二区 2-1厅 97.12 平米 西 精装 有电梯 40157 390

33. 绿荫芳邻二居客厅朝南主卧室朝南小卧室朝北满五年 1.01101E+11 绿荫芳邻 2-2厅 133.76 平米 南北 精装 有电梯 59809

34. 800 绿荫芳邻二居客厅朝南主卧室朝南小卧室朝北满五年 1.01101E+11 绿荫芳邻 2-2厅 133.76 平米 南北 精装 有电梯 59809

35. 800 天通苑北一区 3室2厅 510万 1.01101E+11 天通苑北一区 3-2厅 143.09 平米 南北 简装 有电梯 35642 510

36. 旗胜家园 2室1厅 385万 1.01101E+11 旗胜家园 2-1厅 88.68 平米 南北 简装 有电梯 43415 385

37. 天秀花园澄秀园 3室1厅 880万 1.01101E+11 天秀花园澄秀园 3-1厅 148.97 平米 东南北 精装 无电梯 59073 880
38. 西南向的两居室 高楼层电梯房 满五年 1.01101E+11 月季园 2-1厅 101.83 平米 南西 简装 有电梯 55878 569
39. 望京新城 3室2厅 850万 1.01101E+11 望京新城 3-2厅 142.93 平米 东南 精装 有电梯 59470 850
40. 翠屏北里西区 4室2厅 670万 1.01101E+11 翠屏北里西区 4-2厅 186.26 平米 南北 简装 无电梯 35972 670
41. 丽水嘉园 3室2厅 1000万 1.01101E+11 丽水嘉园 3-2厅 127.06 平米 西北 精装 有电梯 78703 1000
42. 绿荫芳邻二居客厅朝南主卧室朝南小卧室朝北满五年 1.01101E+11 绿荫芳邻 2-2厅 133.76 平米 南北 精装 有电梯 59809
43. 800 佰嘉城 3室2厅 478万 1.01101E+11 佰嘉城 3-2厅 121.63 平米 南北 简装 有电梯 39300 478
44. 模式口中里 2室1厅 290万 1.01101E+11 模式口中里 2-1厅 67.39 平米 东西 毛坯 无电梯 43034 290
45. 金星小区 2室1厅 290万 1.01101E+11 金星小区 2-1厅 53.31 平米 南北 简装 无电梯 54399 290
46. 机械研究院西区 南北三居室 此户型少出 看房方便 1.01101E+11 机械研究院西区 3-2厅 98.44 平米 南北 简装 无电梯 96506 9
47. 50机械研究院西区 南北三居室 此户型少出 看房方便 1.01101E+11 机械研究院西区 3-2厅 98.44 平米 南北 简装 无电梯 96506 9
48. 50南北通透 三居室 高楼层 视野很好 1.01101E+11 太阳园 3-1厅 139.63 平米 南北 简装 有电梯 103846 1450
49. 天通西苑二区 2室1厅 390万 1.01101E+11 天通西苑二区 2-1厅 97.12 平米 西 精装 有电梯 40157 390
50. 西黄新村北里 2室1厅 436万 1.01101E+11 西黄新村北里 2-1厅 92.06 平米 西南 精装 有电梯 47361 436
51. 翠微小学 板楼南北三居 中间楼层采光好 好户型无浪费 1.01101E+11 翠微路16号院 3-1厅 83.7 平米 南北 毛坯 无电梯
52. 93190 780 天通西苑二区 2室1厅 390万 1.01101E+11 天通西苑二区 2-1厅 97.12 平米 西 精装 有电梯 40157 390
53. 绿荫芳邻二居客厅朝南主卧室朝南小卧室朝北满五年 1.01101E+11 绿荫芳邻 2-2厅 133.76 平米 南北 精装 有电梯 59809
54. 800 绿荫芳邻二居客厅朝南主卧室朝南小卧室朝北满五年 1.01101E+11 绿荫芳邻 2-2厅 133.76 平米 南北 精装 有电梯 59809
55. 800 天通苑北一区 3室2厅 510万 1.01101E+11 天通苑北一区 3-2厅 143.09 平米 南北 简装 有电梯 35642 510
56. 旗胜家园 2室1厅 385万 1.01101E+11 旗胜家园 2-1厅 88.68 平米 南北 简装 有电梯 43415 385

57. 天秀花园澄秀园 3室1厅 880万 1.01101E+11 天秀花园澄秀园 3-1厅 148.97 平米 东南北 精装 无电梯 59073 880

58. 西南向的两居室 高楼层电梯房 满五年 1.01101E+11 月季园 2-1厅 101.83 平米 南西 简装 有电梯 55878 569

59. 望京新城 3室2厅 850万 1.01101E+11 望京新城 3-2厅 142.93 平米 东南 精装 有电梯 59470 850

60. 翠屏北里西区 4室2厅 670万 1.01101E+11 翠屏北里西区 4-2厅 186.26 平米 南北 简装 无电梯 35972 670

61. 丽水嘉园 3室2厅 1000万 1.01101E+11 丽水嘉园 3-2厅 127.06 平米 西北 精装 有电梯 78703 1000

62. 绿荫芳邻二居客厅朝南主卧室朝南小卧室朝北满五年 1.01101E+11 绿荫芳邻 2-2厅 133.76 平米 南北 精装 有电梯 59809

63. 800 佰嘉城 3室2厅 478万 1.01101E+11 佰嘉城 3-2厅 121.63 平米 南北 简装 有电梯 39300 478

64. 模式口中里 2室1厅 290万 1.01101E+11 模式口中里 2-1厅 67.39 平米 东西 毛坯 无电梯 43034 290

65. 金星小区 2室1厅 290万 1.01101E+11 金星小区 2-1厅 53.31 平米 南北 简装 无电梯 54399 290

66. 机械研究院西区 南北三居室 此户型少出 看房方便 1.01101E+11 机械研究院西区 3-2厅 98.44 平米 南北 简装 无电梯 96506 9

67. 50机械研究院西区 南北三居室 此户型少出 看房方便 1.01101E+11 机械研究院西区 3-2厅 98.44 平米 南北 简装 无电梯 96506 9

68. 50南北通透 三居室 高楼层 视野很好 1.01101E+11 太阳园 3-1厅 139.63 平米 南北 简装 有电梯 103846 1450

69. 天通西苑二区 2室1厅 390万 1.01101E+11 天通西苑二区 2-1厅 97.12 平米 西 精装 有电梯 40157 390

70. 西黄新村北里 2室1厅 436万 1.01101E+11 西黄新村北里 2-1厅 92.06 平米 西南 精装 有电梯 47361 436

71. 翠微小学 板楼南北三居 中间楼层采光好 好户型无浪费 1.01101E+11 翠微路16号院 3-1厅 83.7 平米 南北 毛坯 无电梯

72. 93190 780 天通西苑二区 2室1厅 390万 1.01101E+11 天通西苑二区 2-1厅 97.12 平米 西 精装 有电梯 40157 390

73. 绿荫芳邻二居客厅朝南主卧室朝南小卧室朝北满五年 1.01101E+11 绿荫芳邻 2-2厅 133.76 平米 南北 精装 有电梯 59809

74. 800 绿荫芳邻二居客厅朝南主卧室朝南小卧室朝北满五年 1.01101E+11 绿荫芳邻 2-2厅 133.76 平米 南北 精装 有电梯 59809

75. 800 天通苑北一区 3室2厅 510万 1.01101E+11 天通苑北一区 3-2厅 143.09 平米 南北 简装 有电梯 35642 510

76. 旗胜家园 2室1厅 385万 1.01101E+11 旗胜家园 2-1厅 88.68 平米

南北 简装 有电梯 43415 385
77．天秀花园澄秀园 3室1厅 880万 1.01101E+11 天秀花园澄秀园 3-1厅 148.97 平米 东南北 精装 无电梯 59073 880
78．西南向的两居室 高楼层电梯房 满五年 1.01101E+11 月季园 2-1厅 101.83 平米 南西 简装 有电梯 55878 569
79．望京新城 3室2厅 850万 1.01101E+11 望京新城 3-2厅 142.93 平米 东南 精装 有电梯 59470 850
80．翠屏北里西区 4室2厅 670万 1.01101E+11 翠屏北里西区 4-2厅 186.26 平米 南北 简装 无电梯 35972 670
81．丽水嘉园 3室2厅 1000万 1.01101E+11 丽水嘉园 3-2厅 127.06 平米 西北 精装 有电梯 78703 1000
82．绿荫芳邻二居客厅朝南主卧室朝南小卧室朝北满五年 1.01101E+11 绿荫芳邻 2-2厅 133.76 平米 南北 精装 有电梯 59809
83．800佰嘉城 3室2厅 478万 1.01101E+11 佰嘉城 3-2厅 121.63 平米 南北 简装 有电梯 39300 478
84．模式口中里 2室1厅 290万 1.01101E+11 模式口中里 2-1厅 67.39 平米 东西 毛坯 无电梯 43034 290
85．金星小区 2室1厅 290万 1.01101E+11 金星小区 2-1厅 53.31 平米 南北 简装 无电梯 54399 290
86．机械研究院西区 南北三居室 此户型少出 看房方便 1.01101E+11 机械研究院西区 3-2厅 98.44 平米 南北 简装 无电梯 96506 9
87．50机械研究院西区 南北三居室 此户型少出 看房方便 1.01101E+11 机械研究院西区 3-2厅 98.44 平米 南北 简装 无电梯 96506 9
88．50南北通透 三居室 高楼层 视野很好 1.01101E+11 太阳园 3-1厅 139.63 平米 南北 简装 有电梯 103846 1450
89．天通西苑二区 2室1厅 390万 1.01101E+11 天通西苑二区 2-1厅 97.12 平米 西 精装 有电梯 40157 390
90．西黄新村北里 2室1厅 436万 1.01101E+11 西黄新村北里 2-1厅 92.06 平米 西南 精装 有电梯 47361 436
91．翠微小学 板楼南北三居 中间楼层采光好 好户型无浪费 1.01101E+11 翠微路16号院 3-1厅 83.7 平米 南北 毛坯 无电梯
92．93190 780 天通西苑二区 2室1厅 390万 1.01101E+11 天通西苑二区 2-1厅 97.12 平米 西 精装 有电梯 40157 390
93．绿荫芳邻二居客厅朝南主卧室朝南小卧室朝北满五年 1.01101E+11 绿荫芳邻 2-2厅 133.76 平米 南北 精装 有电梯 59809
94．800绿荫芳邻二居客厅朝南主卧室朝南小卧室朝北满五年 1.01101E+11 绿荫芳邻 2-2厅 133.76 平米 南北 精装 有电梯 59809
95．800Time taken: 0.059 seconds, Fetched: 80 row(s)
96．#设置打印表的字段信息

97. Hive> set Hive.cli.print.header=true;
98. #分析数据
99. Hive> select concat(split(split(logs,"\t")[0],' ')[0]," [",if(split(split(logs,"\t")[0],' ')[1] is null,"",split(split(logs,"\t")[0],' ')[1]),") ",
100. if(split(split(logs,"\t")[0],' ')[2] is null,"",split(split(logs,"\t")[0],' ')[2]),"]\t") as '房名', > con cat(split(logs,"\t")[2]," ") as '区域',
101. > concat(regexp_replace(split(logs,"\t")[3],"-","s")," ") as '户型',
102. > concat(regexp_replace(split(logs,"\t")[4]," ","")," ") as '面积',
103. > concat(concat_ws("-",split(logs,"\t")[5],split(logs,"\t")[6],split(logs,"\t")[7])," ") as '朝向-装修-电梯',
104. > concat(split(logs,"\t")[8]," ") as '单价',
105. > concat(split(logs,"\t")[9],"wan ") as '总价',
106. > count(logs) as '发布次数'
107. > from data group by logs having split(logs,"\t")[9]>=300;
108. Query ID=root_20190407052649_b11743a7-18c9-420e-94c3-88c9be3429e9
109. Total jobs=1
110. Launching Job 1 out of 1
111. Number of reduce tasks not specified. Estimated from input data size: 1
112. In order to change the average load for a reducer (in bytes):
113. set Hive.exec.reducers.bytes.per.reducer=<number>
114. In order to limit the maximum number of reducers:
115. set Hive.exec.reducers.max=<number>
116. In order to set a constant number of reducers:
117. set MapReduce.job.reduces=<number>
118. Starting Job=job_1554556586397_0014, Tracking URL=http://Master:8088/proxy/application_1554556586397_0014/
119. Kill Command=/usr/local/Hadoop-2.6.0/bin/Hadoop job -kill job_1554556586397_0014
120. Hadoop job information for Stage-1: number of mappers: 1; number of reducers: 1
121. 2019-04-07 05:26:58,037 Stage-1 map=0%, reduce=0%
122. 2019-04-07 05:27:06,357 Stage-1 map=100%, reduce=0%, Cumulative CPU 1.85 sec

```
123. 2019-04-07 05:27:14,617 Stage-1 map=100%, reduce=100%, Cumulative CPU 4.25 sec
124. MapReduce Total cumulative CPU time: 4 seconds 250 msec
125. Ended Job=job_1554556586397_0014
126. MapReduce Jobs Launched:
127. Stage-Stage-1: Map: 1 Reduce: 1 Cumulative CPU: 4.25 sec HDFS Read: 19942 HDFS Write: 2074 SUCCESS
128. Total MapReduce CPU Time Spent: 4 seconds 250 msec
129. OK
130. #结果展示
131. 房名 户型 面积 朝向-装修-电梯 单价 总价 发布次数
132. 丽水嘉园 [3室2厅 1000万] 丽水嘉园 3s2厅 127.06平米 西北-精装-有电梯 78703 1000wan 4
133. 佰嘉城 [3室2厅 478万] 佰嘉城 3s2厅 121.63平米 南北-简装-有电梯 39300 478wan 4
134. 南北通透 [三居室 高楼层] 太阳园 3s1厅 139.63平米 南北-简装-有电梯 103846 1450wan 4
135. 天秀花园澄秀园 [3室1厅 880万] 天秀花园澄秀园 3s1厅 148.97平米 东南北-精装-无电梯 59073 880wan 4
136. 天通苑北一区 [3室2厅 510万] 天通苑北一区 3s2厅 143.09平米 南北-简装-有电梯 35642 510wan 3
137. 天通西苑二区 [2室1厅 390万] 天通西苑二区 2s1厅 97.12平米 西-精装-有电梯 40157 390wan 8
138. 旗胜家园 [2室1厅 385万] 旗胜家园 2s1厅 88.68平米 南北-简装-有电梯 43415 385wan 4
139. 望京新城 [3室2厅 850万] 望京新城 3s2厅 142.93平米 东南-精装-有电梯 59470 850wan 4
140. 翠屏北里西区 [4室2厅 670万] 翠屏北里西区 4s2厅 186.26平米 南北-简装-无电梯 35972 670wan 4
141. 西南向的两居室 [高楼层电梯房 满五年] 月季园 2s1厅 101.83平米 南西-简装-有电梯 55878 569wan 4
142. 西黄新村北里 [2室1厅 436万] 西黄新村北里 2s1厅 92.06平米 西南-精装-有电梯 47361 436wan 4
143. Time taken: 26.781 seconds, Fetched: 11 row(s)
```

5.10 项目实战：数据分析

1. 数据加载

数据清洗完成后，由 Azkaban 工作流引擎启动数据加载任务，将清洗后的数据加载到 Hive 表中以供后续数据分析时使用，Hive 结构设计如表 5-11 所示。

表 5-11 Hive 结构设计

数据库名	db_Job_Info		
表类型	内部表		
数据表 1：职位数据表			
表名称	tbl_job_meta		
加载来源文件	HDFS/cleanFile/YYYYMMDD/Job_YYYYMMDD		
字段名	字段类型	原始数据标签	字段说明
fld_source	string	source	
fld_tag	string	tag	
fld_position	string	position	
fld_job_catrgory	string	job_catrgory	
fld_job_name	string	job_name	
fld_job_location	string	job_location	
fld_crawl_date	string	crawl_date	
fld_edu	string	edu	
fld_salary	string	salary	
fld_experience	string	experience	
fld_job_desc	string	job_info	
fld_company_name	string	company_name	
fld_company_addr	string	company_addr	
fld_company_scale	string	company_scale	
fld_qualification	string	qualification	
fld_key_words	string	key_words	
数据表 2：关键词统计数据表			
表名称	tbl_job_word		
加载来源文件	HDFS/cleanFile/YYYYMMDD/Word_YYYYMMDD		
字段名	字段类型	原始数据标签	字段说明
fld_tag	string	tag	
fld_position	string	position	
fld_job_name	string	job_name	
fld_word	string	word	
fld_count	int	count	
fld_crawl_date	string	crawl_date	

下面开始创建 Hive 表，用来做数据分析，其过程如下所示：

```
1.  # 创建数据库
2.  Hive> create database db_Job_Info;
3.  OK
4.  Time taken: 2.092 seconds
5.  # 切换数据库
6.  Hive> use db_Job_Info;
7.  OK
8.  Time taken: 0.107 seconds
9.  # 创建存放meta数据的表
10. Hive> create table tbl_job_meta
11. > (
12. > fld_source string,
13. > fld_tag string,
14. > fld_position string,
15. > fld_job_catrgory string,
16. > fld_job_name string,
17. > fld_job_location string,
18. > fld_crawl_date string,
19. > fld_edu string,
20. > fld_salary string,
21. > fld_experience string,
22. > fld_job_desc string,
23. > fld_company_name string,
24. > fld_company_addr string,
25. > fld_company_scale string,
26. > fld_qualification string,
27. > fld_key_words string
28. > )
29. > row format delimited fields terminated by '|';
30. OK
31. Time taken: 0.589 seconds
32. # 创建Word数据的表
33. Hive> create table tbl_job_word
34. > (
35. > fld_tag string,
36. > fld_position string,
37. > fld_job_name string,
38. > fld_word string,
```

```
39. > fld_count string,
40. > fld_crawl_date string
41. > )
42. > row format delimited fields terminated by '|';
43. OK
44. Time taken: 0.112 seconds
```

当 Hive 表创建完成之后，要导入需要的数据，因为当前项目的数据每天都会有新的数据，所以需要每天将新增的数据导入到 Hive 的表中，因此需要编写脚本，每天定时执行。脚本如下：

（1）加载 meta 数据的脚本：

创建 loadmeta.sh 的文件，并添加脚本内容，如下所示：

```
1. todaydate=`date -d -1days +%Y%m%d`
2. sudo -u hdfs Hive -e "USE db_job_info;truncate table tbl_job_meta;load data inpath '/cleanFile/$todaydate/job_*' into table tbl_job_meta;"
```

（2）加载 Word 数据的脚本：

创建 loadword.sh 的文件，并添加脚本内容，如下所示：

```
1. todaydate=`date -d -1days +%Y%m%d`
2. sudo -u hdfs Hive -e "USE db_job_info;truncate table tbl_job_word;load data inpath '/cleanFile/$todaydate/word_*' into table tbl_job_word;""
```

2. 数据分析

数据加载任务执行完成后，由 Azkaban 工作流引擎启动数据分析任务，对前一天的全部数据进行分析，分析统计任务内容如表 5-12 所示。

表 5-12 分析统计任务内容表

统计任务	文件格式
按照标签分组统计不同岗位的数量	Tag,postion,position_count,date
按照标签、岗位统计各城市数量	Tag,position,city,positon_count,date
按照标签统计岗位关键词数量	Tag,position,word,word_count,date

下面首先创建 Hive 的结果表，操作如下所示：

```
1. # 创建 "按照标签统计岗位关键词数量" 结果表
2. Hive> create table word (id string,fld_tag string,fld_position string,fld_word string,fld_positioncount string,'date' string);
```

```
3. OK
4. Time taken: 1.166 seconds
5. #创建"按照标签分组统计不同岗位的数量"结果表
6. Hive> create table meta1 (id string,fld_tag string,fld_posi tion string,fld_positioncount string,'date' string);
7. OK
8. Time taken: 0.242 seconds
9. #创建"按照标签、岗位统计各城市数量"结果表
10. Hive> create table meta2 (id string,fld_tag string,fld_posi tion string,fld_positioncount string,'date' string);
11. OK
12. Time taken: 0.09 seconds
```

由于项目中的数据会每天进行数据的分析,因此需要定期执行对应的脚本文件,数据分析的运行脚本如下:

进行"按照标签统计岗位关键词数量"的分析:

```
sudo -u hdfs Hive -e "use db_job_info;insert into table word select row_number() over() as id,fld_tag ,fld_position,lower(fld_word),count(1) as fld_positioncount,date_sub(current_date(),1) from tbl_job_word where fld_word!='null'and fld_tag!='null'group by fld_tag,fld_position,lower(fld_word);"
```

进行"按照标签分组统计不同岗位的数量"的分析:

```
sudo -u hdfs Hive -e "USE db_job_info;insert overwrite table meta1 select row_number() over() as id,fld_tag ,fld_position,count(1) as fld_positioncount,date_sub(current_date(),1) from tbl_job_meta where fld_crawl_date=date_sub(current_date(),1) group by fld_tag , fld_position,date_sub(current_date(),1);"
```

进行"按照标签、岗位统计各城市数量"的分析:

```
sudo -u hdfs Hive -e "use db_job_info;insert into table meta2 select row_number() over() as id,fld_tag ,fld_position,fld_location,count(1) as fld_positioncount,date_sub(current_date(),1) from tbl_job_meta group by fld_tag ,fld_position,fld_location;"
```

3. 数据导出

数据分析任务执行完成后,由Azkaban工作流引擎启动数据导出任务,将所有的统计结果文件通过Sqoop导出命令导出到MySQL数据库相应的表中。数据导出规则如表5-13所示。

表 5-13 数据导出规则表

数据库名	db_visualization_system		
导出数据表：职位数据表			
表名称	tbl_ts_tag_position_count		
加载来源文件	HDFS/analysisFile/YYYYMMDD/Position_YYYYMMDD		
字段名	字段类型	原始数据标签	字段说明
fld_tag_name	string	tag	
fld_position	string	position	
fld_count	string	position_count	
fld_date	string	date	
数据表 2：关键词统计数据表			
表名称	tbl_ts_tag_position_city_count		
加载来源文件	HDFS/analysisFile/YYYYMMDD/City_YYYYMMDD		
字段名	字段类型	原始数据标签	字段说明
fld_tag_name	string	tag	
fld_position	string	position	
fld_city	string	city	
fld_count	int	positon_count	
fld_date	string	date	
表名称	tbl_ts_tag_position_keyword_count		
加载来源文件	HDFS/analysisFile/YYYYMMDD/Word_YYYYMMDD		
字段名	字段类型	原始数据标签	字段说明
fld_tag_name	string	Tag	
fld_position	string	position	
fld_keyword	string	word	
fld_count	int	word_count	
fld_date	string	date	

数据导出结束后，由 Azkaban 工作流引擎启动程序调用数据可视化系统接口，通知数据可视化系统数据导出已完成。

结果导出的语句如下：

（1）导出 Word 表的数据：

```
su hdfs -c "Sqoop-export --connect jdbc:mysql://192.168.3.
```

```
120:3306/db_visualization_system --username root --password
shtddsj123. --table tbl_ts_tag_position_keyword_count --export
-dir /user/Hive/warehouse/db_job_info.db/word --input-fields-
terminated-by '\001'"
```

（2）导出 meta1 表的数据：

```
su hdfs -c "Sqoop-export --connect jdbc:mysql://192.168.3.
120:3306/db_visualization_system --username root --password
shtddsj123. --table tbl_ts_tag_position_count --export-dir /
user/Hive/warehouse/db_job_info.db/meta1 --input-fields-termi
nated-by '\001'"
```

（3）导出 meta2 表的数据：

```
su hdfs -c "Sqoop-export --connect jdbc:mysql://192.168.3.
120:3306/db_visualization_system --username root --password
shtddsj123. --table tbl_ts_tag_position_city_count --export-dir
/user/Hive/warehouse/db_job_info.db/meta2 --input-fields-termi
nated-by '\001'"
```

运行完成上述基本操作之后，表示数据的分析组件已经运行正常，并且将结果存储到 MySQL 中。至此，"任务三：通过 Hive 进行数据分析并通过 Sqoop 将数据导出到 MySQL"已经完成。

拓展阅读　大数据安全

大数据时代来临，各行业数据规模呈指数级增长，拥有高价值数据源的企业在大数据产业链中占有至关重要的核心地位。在实现大数据集中后，如何确保网络数据的完整性、可用性和保密性，不受到信息泄漏和非法篡改的安全威胁影响，已成为政府机构、事业单位、企业信息化健康发展所要考虑的核心问题。

当前，大数据、数字经济需要通过相应的法律制度以及相关的安全技术措施来保障其健康发展。《中华人民共和国数据安全法》第十四条指出："国家实施大数据战略，推进数据基础设施建设，鼓励和支持数据在各行业、各领域的创新应用。"

在技术领域，我们至少已经拥有了五大安全技术：

第一，大数据安全审计。大数据平台组件行为审计，将主客体的操作行为形成详细日志，包含用户名、IP、操作、资源、访问类型、时间、授权结果、具体设计新建事件概括、风险事件、报表管理、系统维护、规则管理、日志检索等功能。

第二，大数据脱敏系统。针对大数据存储数据全表或者字段进行敏感信息脱敏。启动数据脱敏不需要读取大数据组件的任何内容，只需要配置相应的脱敏策略。

第三，大数据脆弱性检测。大数据平台组件周期性漏洞扫描和基线检测，扫描大数据平台漏洞以及基线配置安全隐患；包含风险展示、脆弱性检测、报表管理和知识库等功能模块。

第四，大数据资产梳理。能够自动识别敏感数据，并对敏感数据进行分类，且启用敏感数据发现策略不会更改大数据组件的任何内容。

第五，大数据应用访问控制。能够对大数据平台账户进行统一管控和集中授权管理，为大数据平台用户和应用程序提供细粒度级的授权及访问控制。

除技术手段外，我们还可以通过一些宏观措施为数据安全保驾护航：一是改变计算方式，边计算边保护；二是构建免疫系统，改变安全体系结构；三是构建"安全办公室""警卫室""安全快递"这"三重"网络系统安全防护框架；四是对人的操作访问策略四要素（主体、客体、操作、环境）进行动态可信度量、识别和控制；五是对"风险分析、准确定级""评审备案、规范建设""感知预警、应急反制""严格测评、整顿完善"等环节进行全程管控，技管并重；六是达到非授权者重要信息拿不到、系统和信息改不了、攻击行为赖不掉、攻击者进不去、窃取保密信息看不懂等防护效果。

小　　结

本章首先介绍了数据仓库的概念，根据业务模型、领域模型、逻辑模型、物理模型四个层次，将整个数据仓库的建模过程分为业务建模、领域建模、逻辑建模、物理建模。介绍了 Hive 数据仓库的特点，阐述了 Hive 的架构图和存储，并从 Hive 数据类型、基本数据类型和复杂数据类型等方面介绍了 Hive 定义语言和数据库的操作。同时，从创建表、列出表、内部表、外部表、分区、更改表以及删除表等方面，介绍了 Hive 表操作内容。最后介绍了将数据装载到表中的方法和 UDF 函数等内容。

习　　题

1. 大数据的特点不包括（　　）。
   A. 巨大的数据量　　　　　　　　B. 多结构化数据
   C. 增长速度快　　　　　　　　　D. 价值密度高
2. 下面与 HDFS 类似的框架是（　　）。
   A. NTFS　　　　B. FAT32　　　　C. GFS　　　　D. EXT3
3. 关于 SecondaryNameNode，下面哪项是正确的？（　　）
   A. 它是 NameNode 的热备
   B. 它对内存没有要求
   C. 它的目的是帮助 NameNode 合并编辑日志，减少 NameNode 启动时间
   D. SecondaryNameNode 应与 NameNode 部署到一个节点

4. HBase 依靠（　　）存储底层数据。
   A. HDFS
   B. Hadoop
   C. Memory
   D. MapReduce
5. Spark 是用哪一种编程语言实现的？（　　）
   A. C
   B. C++
   C. Java
   D. Scala
6. 大数据方法的不准确性，根本原因是（　　）。
   A. 数据量大
   B. 算法变化
   C. 信息遗漏
   D. 以上都正确
7. 下列哪项通常是集群的最主要瓶颈？（　　）
   A. 内存
   B. CPU
   C. 网络
   D. 磁盘 I/O
8. 发现关联规则的算法通常要经过以下三个步骤：连接数据，作数据准备；给定最小支持度和（　　），利用数据挖掘工具提供的算法发现关联规则；可视化显示、理解、评估关联规则。
   A. 最小兴趣度
   B. 最小置信度
   C. 最大支持度
   D. 最小可信度
9. 在 Bigtable 中，（　　）主要用来存储子表数据以及一些日志文件。
   A. GFS
   B. Mapreduce
   C. Sstable
   D. Chubby
10. 噪声数据的产生原因主要有（　　）。
    A. 采集设备有问题
    B. 数据录入过程中产生错误
    C. 数据传输过程出现错误
    D. 以上都有

第6章

离线分析集群调优

在前面的章节中已经完成了数据存储与分析功能的学习,但是学习了基本功能,还应该更进一步对项目中的某些环节进行优化,用来提升项目运行的效率。本章,我们将对项目的存储与分析进行优化学习。

知识目标

- 理解 Hadoop 性能调优的技术手段。
- 理解 Hive 性能调优的技术手段。

能力目标

- 掌握 Hadoop 性能调优实验的基本操作。
- 理解 Hive 数据仓库性能调优实验的基本操作。

素质目标

- 培养读者严谨、专注、精益求精等个人品质,在学习中努力发扬工匠精神。

6.1 Hadoop性能调优

6.1.1 应用程序编码调优

1. 设置 Combiner

对于一大批 MapReduce 程序,如果可以设置一个 Combiner,对于提高作业性能是十分有帮助的。Combiner 可减少 Map Task 中间输出的结果,从而减少各个 Reduce Task 的远程复制数据量,最终表现为 Map Task 和 Reduce Task 执行时间缩短。

2. 选择合理的 Writable 类型

在 MapReduce 模型中,Map Task 和 Reduce Task 的输入和输出类型均为 Writable。Hadoop 本身已经提供了很多 Writable 实现,包括 IntWritable、FloatWritable。为应用程序处理的数据选择合适的 Writable 类型可以大大提升性能。比如处理整数类型数据时,直接采用 IntWritable 比先以 Text 类型读入再转换为整数类型要高效。如果输出整数的大部分可用一个或两个字节保存,那么直接采用

VIntWritable 或者 VLongWritable，它们采用了变长整型的编码方式，可以大大减少输出数据量。

6.1.2　作业级别参数调优

1. 规划合理的任务数目

在 Hadoop 中，每个 Map Task 处理一个 Input Split。Input Split 的划分方式是由用户自定义的 InputFormat 决定的，默认情况下，由以下参数决定：

mapred.min.split.size：Input Split 的最小值，默认值为 1。

mapred.max.split.szie：Input Split 的最大值。

dfs.block.size：HDFS 中一个 Block 大小默认值为 128 MB。

goalsize：它是用户期望的 Input Split 数目 =totalSize/numSplits。其中：totalSize 为文件的总大小；numSplits 为用户设定的 Map Task 个数，默认情况下是 1。

splitSize=max{minSize,min{goalSize,blockSize}}，如果想让 InputSize 尺寸大于 Block 尺寸，直接增大配置参数 mpared.min.split.size 即可。

2. 增加输入文件的副本数

如果一个作业并行执行的任务数目非常多，那么这些任务共同的输入文件可能成为瓶颈。为防止多个任务并行读取一个文件内容造成瓶颈，用户可根据需要增加输入文件的副本数目。

3. 启动推测执行机制

推测执行是 Hadoop 对"拖后腿"的任务的一种优化机制，当一个作业的某些任务运行速度明显慢于同作业的其他任务时，Hadoop 会在另一个节点上为"慢任务"启动一个备份任务，这样两个任务同时处理一份数据，而 Hadoop 最终会将优先完成的那个任务的结果作为最终结果，并将另一个任务杀掉。

4. 设置失败容忍度

Hadoop 运行设置任务级别和作业级别的失败容忍度。作业级别的失败容忍度是指 Hadoop 允许每个作业有一定比例的任务运行失败，这部分任务对应的输入数据将被忽略；任务级别的失败容忍度是指 Hadoop 允许任务失败后再在另外节点上尝试运行，如果一个任务经过若干次尝试运行后仍然运行失败，那么 Hadoop 才会最终认为该任务运行失败。

用户应该根据应用程序的特点设置合理的失败容忍度，以尽快让作业运行完成和避免资源浪费。

5. 适当打开 JVM 重用功能

为了实现任务隔离，Hadoop 将每个任务放到一个单独的 JVM 中执行，而对于执行时间较短的任务，JVM 启动和关闭的时间将占用很大比例，为此，用户可以启用 JVM 重用功能，这样一个 JVM 可连续启动多个同类型的任务。

6. 设置任务超时时间

如果一个任务在一定的时间内未汇报进度，则 ApplicationMaster 会主动将其杀死，从而在另一个节点上重新启动执行。用户可根据实际需要配置任务超时时间。

7. 合理使用 DistributedCache

一般情况下，得到外部文件有两种方法：一种是外部文件与应用程序 jar 包一起放到客户端，当提交作业时由客户端上传到 HDFS 的一个目录下，然后通过 Distributed Cache 分发到各个节点上；另一种方法是事先将外部文件直接放到 HDFS 上。从效率上讲，第二种方法更高效。第二种方法不仅节省了客户端上传文件的时间，还隐含着告诉 DistributedCache："请将文件下载到各个节点的 public 级别共享目录中"，这样，后续所有的作业可重用已经下载好的文件，不必重复下载。

8. 跳过坏记录

Hadoop 为用户提供了跳过坏记录的功能，当一条或几条坏数据记录导致任务运行失败时，Hadoop 可自动识别并跳过这些坏记录。

9. 提高作业优先级

所有 Hadoop 作业调度器进行任务调度时均会考虑作业优先级这一因素。作业的优先级越高，它能够获取的资源（Slot 数目）也越多。Hadoop 提供了 5 种作业优先级，分别为 VERY_HIGH、HIGH、NORMAL、LOW、VERY_LOW。

值得注意的是，在生产环境中，管理员已经按照作业重要程度对作业进行了分级，不同重要程度的作业允许配置的优先级不同，用户可以自行调整。

10. 合理控制 Reduce Task 的启动时机

如果 Reduce Task 启动过早，则可能由于 Reduce Task 长时间占用 Reduce slot 资源造成 slot Hoarding 现象，从而降低资源利用率；反之，如果 Reduce Task 启动过晚，则会导致 Reduce Task 获取资源延迟，增加了作业的运行时间。

6.1.3 任务级别参数调优

Hadoop 任务级别参数调优分为两个方面：Map Task 和 Reduce Task。

1. Map Task 调优

Map 运行阶段分为 Read、Map、Collect、Spill、Merge 五个阶段。

Map 任务执行会产生中间数据，但这些中间结果并没有直接 I/O 到磁盘上，而是先存储在缓存（buffer）中，并在缓存中进行一些预排序来优化整个 map 的性能。存储 map 中间数据的缓存默认大小为 100 MB，由 io.sort.mb 参数指定。这个大小可以根据需要调整。当 Map 任务产生了非常大的中间数据时可以适当调大该参数，使缓存能容纳更多的 Map 中间数据，而不至于大频率地 I/O 磁盘，当系统性能的瓶颈在磁盘 I/O 的速度上，可以适当调大此参数来减少频繁的 I/O 带来的性能障碍。

由于 Map 任务运行时中间结果首先存储在缓存中，默认当缓存的使用量达到 80%（或 0.8）的时候就开始写入磁盘，这个过程叫作 Spill（也叫溢出），进行

Spill 的缓存大小可以通过 io.sort.spill.percent 参数调整，这个参数可以影响 Spill 的频率，进而可以影响 I/O 的频率。

当 Map 任务计算成功完成之后，如果 Map 任务有输出，则会产生多个 Spill。接下来 Map 必须将些 Spill 进行合并，这个过程叫作 Merge，Merge 过程是并行处理 Spill 的，每次并行多少个 Spill 是由参数 io.sort.factor 指定的，默认为 10 个。但是当 Spill 的数量非常大的时候，Merge 一次并行运行的 Spill 仍然为 10 个，这样仍然会频繁的 I/O 处理，因此适当调大每次并行处理的 Spill 数有利于减少 Merge 数，因此可以影响 Map 的性能。

当 Map 输出中间结果的时候也可以配置压缩，相关的参数详见表 6-1，例如，参数 Mapreduce.task.io.sort.mb，其含义为 Map task 缓存区所占内存大小，其默认值为 100 MB。

表 6-1 Map task 相关参数

参数名称	参数含义	默认值
Mapreduce.task.io.sort.mb	Map task 缓存区所占内存大小	100 MB
Mapreduce.map.sort.spill.percent	缓存区 kvbuffer 和 kvoffsets 内存使用达到该比例后，会触发溢写操作，将内存中数据写成一个文件	0.8
mapreduce.mep.output.compress	是否压缩 Map Task 中间输出结果	False
mapreduce.mep.output.compress.codec	设置压缩器	基于 Zlib 的 DefaultCodec
mapreduce.task.io.sort.factor	文件合并时一次合并的文件数目（合并后，将合并后的文件放入磁盘上，继续进行合并。注意，每次合并时，选择最小的前 io.sort.factor 进行合并）	10
mapreduce.map.maxattempts	一个 Map task 最多尝试次数	4
mapreduce.reduce.maxattempts	一个 Reduce task 最多尝试次数	4
mapreduce.map.Speculative mapreduce.reduce.speculative	Map task 或 Reduce task 启动推测执行	True
mapreduce.task.timeout	设置任务超时时间	60000 ms
mapreduce.job.jvm.numtasks	表示每个 jvm 只能启动一个 task。若为 -1，则表示每个 jvm 最多运行 task 数目不受限制	1

2. Reduce Task 调优

Reduce 运行阶段分为 Shuflle（copy）、Merge、Sort、Reduce 和 Write 五个阶段。

Shuffle 阶段为 Reduce 全面复制 Map 任务成功结束之后产生的中间结果，如果上面 Map 任务采用了压缩的方式，那么 Reduce 将 Map 任务中间结果复制过来后首先进行解压缩，这一切是在 Reduce 的缓存中做的，当然也会占用一部分 CPU。为了优化 Reduce 的执行时间，Reduce 也不是等到所有的 Map 数据都复制过来的时候才开始运行 Reduce 任务，而是当 Job 执行完第一个 Map 任务时开始运行的。Reduce 在 Shuffle 阶段，实际上是从不同的并且已经完成的 Map 上去下载属于自己的数据，由于 Map 任务数很多，所有复制过程是并行的，即同时有许多个 Reduce 去复制 Map，这个并行的线程是通过 mapreduce.reduce.shuffle.parallelcopies 参数指定，默认为 5 个，也就是说无论 Map 的任务数是多少个，默认情况下一次只能有 5 个 Reduce 的线程去复制 Map 任务的执行结果。所以当 Map 任务数很多的情况下可以适当调整该参数，这样可以让 Reduce 快速获得运行数据来完成任务。

Reduce 线程在下载 Map 数据的时候也可能因为各种各样的原因（网络原因、系统原因等），存储该 Map 数据所在的 Datannode 发生故障，这种情况下 Reduce 任务将得不到该 DataNode 上的数据了，同时该 Download Thread 会尝试从别的 DataNode 下载，如果网络不好的集群可以通过增加该参数的值来增加下载时间，以免因为下载时间过长 Reduce 将该线程判断为下载失败。

Reduce 下载线程将 Map 结果下载到本地时，由于是多线程并行下载，所以也需要对下载回来的数据进行 Merge，所以 Map 阶段设置的 io.sort.factor 也同样会影响这个 Reduce。

同 Map 一样，该缓冲区大小也不是等到完全被占满的时候才写入磁盘，而是默认当完成 0.66 的时候就开始写磁盘操作，该参数是通过 mapred.job.shuffle.merge.percent 指定的。

当 Reduce 开始进行计算的时候，通过 mapreduce.reduce.input.buffer.percent 指定需要多少的内存百分比来作为 Reduce 已经 Sort 好的数据的 Buffer 百分比，该值默认为 0。Hadoop 假设用户的 reduce() 函数需要所有的 JVM 内存，因此执行 reduce() 函数前要释放所有内存。如果设置了该值，可将部分文件保存在内存中（不必写到磁盘上），其相关参数如表 6-2 所示。例如，mapreduce.reduce.shuffle.parallelcopie 参数，其含义为 Reduce Task 同时启动的数据复制线程数目，其默认值为 5。

表 6-2　Reduce Task 相关参数

参数名称	参数含义	默认值
mapreduce.reduce.shuffle.parallelcopies	Reduce Task 同时启动的数据复制线程数目	5
mapreduce.reduce.input.buffer.percent	ShuffleRamManager 管理的内存占 jvm heap max size 的比例	0.7
mapreduce.reduce.shuffle.merge.percent	当内存使用率超过该值后，会触发一次合并，以将内存中的数据复制到磁盘	0.66
mapreduce.reduce.merge.inmem.threshold	当内存中的文件超过该阈值后，会触发一次合并，将内存中的数据写到磁盘上	1000
mapreduce.reduce.shuffle.input.buffer.percent	Hadoop 假设用户的 reduce() 函数需要所有的 jvm 内存，因此执行 reduce() 函数前要释放所有内存，如果设置了该值，可将部分文件保存在内存中	0
mapreduce.job.reduce.slowstart.complet	设置 Reduce Task 的启动时机	0.05（Map Task 完成数目达到 5%Reduce Task）

6.2 Hive性能调优

6.2.1 Hive 的压缩存储调优

1. 合理利用文件存储格式

创建表时，尽量使用 orc、parquet 这些列式存储格式，因为列式存储的表，每一列的数据在物理上是存储在一起的，Hive 查询时会只遍历需要列数据，大大减少处理的数据量。

2. 压缩的原因

Hive 最终是转为 MapReduce 程序来执行的，而 MapReduce 的性能瓶颈在于网络 IO 和磁盘 IO，要解决性能瓶颈，最主要的是减少数据量，对数据进行压缩是个好的方式。压缩虽然减少了数据量，但是压缩过程要消耗 CPU。而在 Hadoop 中，往往性能瓶颈不在于 CPU，CPU 压力并不大，所以压缩充分利用了比较空闲的 CPU。

3. 常用压缩方法

常用压缩方法对比如表 6-3 所示。

表 6–3 压缩方法对比

压缩格式	是否可拆分	是否自带	压缩率	速度	是否 Hadoop 自带
Gzip	否	是	很高	比较快	是
Lzo	是	是	比较高	很快	否，要安装
Snappy	否	是	比较高	很快	否，要安装
Bzip2	是	否	最高	慢	是

各个压缩方式所对应的 Class 类如表 6-4 所示。

表 6–4 压缩方式对应的 Class 类

压缩格式	类
Zlib	Org.apache.hadoop.io.compress.DefaultCodec
Gzip	Org.apache.hadoop.io.compress.GzipCodec
Bzip2	Org.apache.hadoop.io.compress.Bzip2Codec
Lzo	Org.apache.hadoop.io.compress.lzo.LzoCodec
Lz4	Org.apache.hadoop.io.compress.Lz4Codec
Snappy	Org.apache.hadoop.io.compress.SnappyCodec

4. 压缩方式

压缩方式的选择，主要考虑压缩比率、压缩解压缩速度和是否支持 Split 三个方面。

6.2.2 表的调优

1. 小表、大表 Join

将 key 相对分散，并且数据量小的表放在 Join 的左边，这样可以有效减少内存溢出错误发生的概率；再进一步，可以使用 Group 让小的维度表（1 000 条以下的记录条数）先进内存。

2. 大表 Join 大表

（1）空 key 过滤。有时 Join 超时是因为某些 key 对应的数据太多，而相同 key 对应的数据都会发送到相同的 Reducer 上，从而导致内存不够。此时我们应该仔细分析这些异常的 key，很多情况下，这些 key 对应的数据是异常数据，我们需要在 SQL 语句中进行过滤。

（2）空 key 转换。有时虽然某个 key 为空对应的数据很多，但是相应的数据不是异常数据，必须要包含在 Join 的结果中，此时我们可以表 a 中 key 为空的字段赋一个随机的值，使得数据随机均匀地分不到不同的 reducer 上。

3. MapJoin

如果不指定 MapJoin 或者不符合 MapJoin 的条件，那么 Hive 解析器会将 Join 操作转换成 Common Join，即在 Reduce 阶段完成 Join，但这样容易发生数据倾斜。可以用 MapJoin 把小表全部加载到内，存在 Map 端进行 Join，避免 Reducer 处理。

（1）开启 MapJoin 参数设置：

第 1 步，设置自动选择 MapJoin：

```
hive.auto.convert.join=true;    // 默认为 true
```

第 2 步，大表小表的阈值设置（默认 25 MB 以下认为是小表）：

```
hive.mapjoin.smalltable.filesize=25000000;
```

（2）MapJoin 原理，其是在 Map 阶段进行表之间的连接，Map 阶段直接拿另外一个表的数据和内存中表数据做匹配，如图 6-1 所示。

从 MapJoin 原理图中可以看出：首先是 Task A，它是一个 Local Task（在客户端本地执行的 Task），负责扫描小表 b 的数据，将其转换成一个 HashTable 的数据结构，并写入本地的文件中，之后将该文件加载到 DistributeCache 中。

接下来是 Task B，该任务是一个没有 Reduce 的 MR，启动 MapTasks 扫描大表 a，在 Map 阶段，根据 a 的每一条记录去和 DistributeCache 中 b 表对应的 HashTable

关联，并直接输出结果。

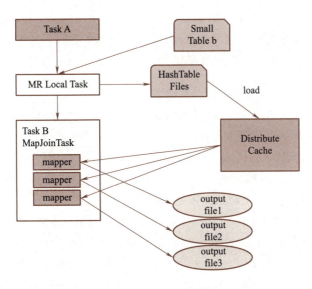

图 6-1　MapJoin 原理

由于 MapJoin 没有 Reduce，所以由 Map 直接输出结果文件，有多少个 Map Task，就有多少个结果文件。

4. Group By

默认情况下，Map 阶段同一个 key 数据分发给一个 Reduce，当一个 key 数据过大时就倾斜了。并不是所有的聚合操作都需要在 Reduce 端完成，很多聚合操作都可以先在 Map 端进行部分聚合，最后在 Reduce 端得出最终结果。

开启 map 端聚合参数设置：

（1）是否在 Map 端进行聚合，默认为 true：

```
hive.map.aggr=true
```

（2）在 Map 端进行聚合操作的条目数目：

```
hive.groupby.mapaggr.checkinterval=100000
```

（3）有数据倾斜的时候进行负载均衡（默认是 false）：

```
hive.groupby.skewindata=true
```

当选项设定为 true，生成的查询计划会有两个 MR Job。第一个 MR Job 中，Map 的输出结果会随机分布到 Reduce 中，每个 Reduce 做部分聚合操作，并输出结果，这样处理的结果是相同的 group by key 有可能被分发到不同的 Reduce 中，从而达到负载均衡的目的；第二个 MR Job 再根据预处理的数据结果按照 group by key 分布到 Reduce 中（这个过程可以保证相同的 Group By Key 被分布到同一个 Reduce 中），最后完成最终的聚合操作。

5. count distinct

数据量小的时候无所谓,数据量大的情况下,由于 count distinct 操作需要用一个 Reduce Task 来完成,这一个 Reduce 需要处理的数据量太大,就会导致整个 Job 很难完成,一般 count distinct 使用先 group by 再 count 的方式替换。

6. 笛卡儿积

尽量避免笛卡儿积 Join 的时候不加 on 条件,或者无效的 on 条件,Hive 只能使用 1 个 Reducer 来完成笛卡儿积。

当 Hive 设定为严格模式(hive.mapred.mode=strict)时,不允许在 HQL 语句中出现笛卡儿积,这实际说明了 Hive 对笛卡儿积支持较弱。因为找不到 Join key,Hive 只能使用 1 个 Reducer 来完成笛卡儿积。

当然也可以使用 limit 的办法来减少某个表参与 Join 的数据量,但对于需要笛卡儿积语义的需求来说,经常是一个大表和一个小表的 Join 操作,结果仍然很大(以至于无法用单机处理),这时 MapJoin 才是最好的解决办法。MapJoin,顾名思义,会在 Map 端完成 Join 操作。这需要将 Join 操作的一个或多个表完全读入内存。

7. 行列过滤

列处理:在 select 中,只拿需要的列,如果有,尽量使用分区过滤,少用 select *。

行处理:在分区剪裁中,当使用外关联时,如果将副表的过滤条件写在 where 后面,那么就会先全表关联,之后再过滤。

8. 动态分区调整

关系型数据库中,对分区表 insert 数据时候,数据库自动会根据分区字段的值,将数据插入相应的分区中,Hive 中也提供了类似的机制,即动态分区(Dynamic Partition),只不过,使用 Hive 的动态分区需要进行相应的配置。

开启动态分区参数设置:

(1)开启动态分区功能(默认 true,开启)

```
hive.exec.dynamic.partition=true
```

(2)设置为非严格模式(动态分区的模式,默认 strict,表示必须指定至少一个分区为静态分区,nonstrict 模式表示允许所有的分区字段都可以使用动态分区)。

```
hive.exec.dynamic.partition.mode=nonstrict
```

(3)在所有执行 MR 的节点上,最大一共可以创建多少个动态分区。

```
hive.exec.max.dynamic.partitions=1000
```

(4)在每个执行 MR 的节点上,最大可以创建多少个动态分区。该参数需要根据实际的数据来设定。比如：源数据中包含了一年的数据，即 day 字段有 365 个值，那么该参数就需要设置成大于 365，如果使用默认值 100，则会报错。

```
hive.exec.max.dynamic.partitions.pernode=100
```

（5）整个 MR Job 中，最大可以创建多少个 HDFS 文件。

```
hive.exec.max.created.files=100000
```

（6）当有空分区生成时，是否抛出异常。一般不需要设置。

```
hive.error.on.empty.partition=false
```

9．排序选择

- cluster by：对同一字段分桶并排序，不能和 sort by 连用。
- distribute by + sort by：分桶，保证同一字段值只存在一个结果文件当中，结合 sort by 保证 每个 ReduceTask 结果有序。
- sort by：单机排序，单个 Reduce 结果有序。
- order by：全局排序，缺陷是只能使用一个 Reduce。

6.2.3 数据倾斜优化

1．map 数

（1）通常情况下，作业会通过 input 的目录产生一个或者多个 Map 任务。主要的决定因素有：input 的文件总个数，input 的文件大小，集群设置的文件块大小。

在 MapReduce 的编程案例中，我们得知，一个 MR Job 的 MapTask 数量是由输入分片 InputSplit 决定的。而输入分片是由 FileInputFormat.getSplit() 决定的。一个输入分片对应一个 MapTask，而输入分片是由三个参数决定的，如表 6-5 所示。

表 6-5 输入分片参数

参 数 名 称	所占存储空间	分 片 大 小
dfs.blocksize	128 MB	HDFS 默认数据块大小
mapreduce.input.fileinputformat.split.minsize	1	最小分片大小
mapreduce.input.fileinputformat.split.maxsize	Long.MAX_VALUE	最大分片大小（MR）
mapreduce.input.fileinputformat.split.minsize	256 MB	最大处理数据量 Hive

输入分片大小的计算：

```
long splitSize=Math.max(minSize, Math.min(maxSize, blockSize))
```

默认情况下，输入分片大小和 HDFS 集群默认数据块大小一致，也就是默认一个数据块,启用一个 MapTask 进行处理,这样做的好处是避免了服务器节点之间的数据传输,提高 Job 处理效率。

(2)是不是 Map 数越多越好?(Map 数过大)答案是否定的。如果一个任务有很多小文件(远远小于块大小 128 MB),则每个小文件也会被当作一个块,用一个 Map 任务来完成,而一个 Map 任务启动和初始化的时间远远大于逻辑处理的时间,这就会造成很大的资源浪费。而且,同时可执行的 Map 数是受限的。

(3)是不是保证每个 Map 处理接近 128 MB 的文件块,就高枕无忧了?(Map 数过小)答案也是不一定的。比如有一个 127 MB 的文件,正常会用一个 Map 去完成,但这个文件只有一个或者两个小字段,却有几千万的记录,如果 Map 处理的逻辑比较复杂,用一个 Map 任务去做,肯定也比较耗时。

针对上面的问题,我们需要采取两种方式来解决,即减少 Map 数和增加 Map 数。

2. 小文件进行合并

在 Map 执行前合并小文件,减少 Map 数:CombineHiveInputFormat 具有对小文件进行合并的功能(系统默认的格式)。HiveInputFormat 没有对小文件合并功能,其操作过程如下所示:

```
1. # 在 map only 的任务结束时合并小文件
2. set hive.merge.mapfiles=true
3. # true 时在 MapReduce 的任务结束时合并小文件
4. set hive.merge.mapredfiles=false
5. # 合并文件的大小
6. set hive.merge.size.per.task=256*1000*1000
7. # 每个 map 最大分割大小
8. set mapred.max.split.size=256000000;
9. # 一个节点上 split 的最少值
10. set mapred.min.split.size.per.node=1;
11. # 执行 map 前进行小文件合并
12. set hive.input.format=org.apache.hadoop.hive.ql.io.CombineHiveInputFormat;
```

3. 复杂文件增加 Map 数

当 input 的文件都很大,任务逻辑复杂,Map 执行非常慢的时候,可以考虑增加 Map 数,来使得每个 Map 处理的数据量减少,从而提高任务的执行效率。

增加 Map 数的方法为:根据 computeSliteSize(Math.max(minSize,Math.min(maxSize,blocksize)))=blocksize=128M 公式,调整 maxSize 最大值。让 maxSize 最大值低于 blocksize 就可以增加 Map 的个数。

4. Reduce 数

Hadoop MapReduce 程序中，Reducer 个数的设定极大影响执行效率，这使得 Hive 怎样决定 Reducer 个数成为一个关键问题。遗憾的是 Hive 的估计机制很弱，不指定 Reducer 个数的情况下，Hive 会猜测确定一个 Reducer 个数，基于如下进行设定：

```
1. # 每个 Reduce 的大小
2. hive.exec.reducers.bytes.per.reducer（默认为 256000000）
3. # reduce 的最大个数
4. hive.exec.reducers.max（默认为 999）
```

计算 Reducer 数的公式很简单：N=min(参数 2，总输入数据量 / 参数 1)。通常情况下，有必要手动指定 Reducer 个数。考虑到 Map 阶段的输出数据量通常会比输入有大幅减少，因此即使不设定 Reducer 个数，重设参数 2 还是必要的。

但是 Reduce 个数并不是越多越好，过多地启动和初始化 Reduce 也会消耗时间和资源；另外，有多少个 Reduce，就会有多少个输出文件，如果生成了很多个小文件，如果这些小文件作为下一个任务的输入，则也会出现小文件过多的问题；在设置 Reduce 个数的时候也需要考虑这两个原则：处理大数据量利用合适的 Reduce 数；使单个 Reduce 任务处理数据量大小要合适。

5. 并行执行

Hive 会将一个查询转化成一个或者多个阶段。这样的阶段可以是 MapReduce 阶段、抽样阶段、合并阶段、Limit 阶段，或者 Hive 执行过程中可能需要的其他阶段。默认情况下，Hive 一次只会执行一个阶段。不过，某个特定的 Job 可能包含众多的阶段，而这些阶段可能并非完全互相依赖，也就是说，有些阶段是可以并行执行的，这样可能使得整个 Job 的执行时间缩短。不过，如果有更多的阶段可以并行执行，那么 Job 可能就越快完成。

通过设置参数 hive.exec.parallel 值为 true，就可以开启并发执行。不过，在共享集群中需要注意，如果 Job 中并行阶段增多，那么集群利用率就会增加。并行执行的操作过程如下所示：

```
1. # 打开任务并行执行
2. hive.exec.parallel=true;
3. # 同一个 SQL 允许最大并行度默认为 8
4. hive.exec.parallel.thread.number=8;
```

当然，是在系统资源比较空闲的时候才有优势，否则，没资源，也并行起不来。Hive 提供了一个严格模式，可以防止用户执行那些可能意向不到的产生不好结果的查询。

6. 严格模式

开启严格模式需要修改 hive.mapred.mode 值为 strict，开启严格模式可以禁止

3 种类型的查询：

（1）对于分区表，除非 where 语句中含有分区字段过滤条件来限制范围，否则不允许执行。换句话说，就是用户不允许扫描所有分区。进行这个限制的原因是，通常分区表都拥有非常大的数据集，而且数据增加迅速。没有进行分区限制的查询可能会消耗令人不可接受的巨大资源来处理这个表。

（2）对于使用了 order by 语句的查询，要求必须使用 limit 语句。因为 order by 为了执行排序过程会将所有的结果数据分发到同一个 Reducer 中进行处理，强制要求用户增加 limit 语句可以防止 Reducer 额外执行很长一段时间。

（3）限制笛卡儿积的查询。对关系型数据库非常了解的用户可能期望在执行 join 查询的时候不使用 on 语句，而是使用 where 语句，这样关系数据库的执行优化器就可以高效地将 where 语句转化成那个 on 语句。不幸的是，Hive 并不会执行这种优化，因此，如果表足够大，那么这个查询就会出现不可控的情况。

7. JVM 重用

JVM 重用是 Hadoop 调优参数的内容，其对 Hive 的性能具有非常大的影响，特别是对于很难避免小文件的场景或 Task 特别多的场景，这类场景大多数执行时间都很短。

Hadoop 的默认配置通常是使用派生 JVM 来执行 Map 和 Reduce 任务的。这时 JVM 的启动过程可能会造成相当大的开销，尤其是执行的 job 包含成百上千 task 任务的情况。JVM 重用可以使得 JVM 实例在同一个 job 中重新使用 N 次。N 的值可以在 Hadoop 的 mapred-site.xml 文件中配置。通常在 10 ~ 20 之间，具体多少需要根据具体业务场景测试得出。

```
mapreduce.job.jvm.numtasks=10
```

这个功能的缺点是，开启 JVM 重用将一直占用使用到的 task 插槽，以便进行重用，直到任务完成后才能释放。如果某个"不平衡的" job 中有某几个 reduce task 执行的时间要比其他 Reduce Task 消耗的时间多得多的话，那么保留的插槽就会一直空闲着却无法被其他 job 使用，直到所有的 task 都结束了才会释放。

8. 推测执行

在分布式集群环境下，因为程序 bug（包括 Hadoop 本身的 bug）、负载不均衡或者资源分布不均等原因，会造成同一个作业的多个任务之间运行速度不一致，有些任务的运行速度可能明显慢于其他任务（比如一个作业的某个任务进度只有 50%，而其他所有任务已经运行完毕），则这些任务会拖慢作业的整体执行进度。为了避免这种情况发生，Hadoop 采用了推测执行（Speculative Execution）机制，它根据一定的法则推测出"拖后腿"的任务，并为这样的任务启动一个备份任务，让该任务与原始任务同时处理同一份数据，并最终选用最先成功运行完成任务的计算结果作为最终结果。

设置开启推测执行参数，在 Hadoop 的 mapred-site.xml 文件中进行配置，如下所示：

```
1.  # map 端推测执行
2.  mapreduce.map.speculative=true
3.  # reduce 端推测执行
4.  mapreduce.reduce.speculative=true
```

不过 Hive 本身也提供了配置项来控制 reduce-side 的推测执行：

```
hive.mapred.reduce.tasks.speculative.execution=true
```

关于调优这些推测执行变量，还很难给一个具体的建议。如果用户对于运行时的偏差非常敏感的话，那么可以将这些功能关闭。如果用户因为输入数据量很大而需要执行长时间的 map 或者 reduce task 的话，那么启动推测执行造成的浪费是非常巨大的。

6.3 项目实战：Hive 的压缩

从 6.2.1 介绍的 Hive 压缩的方法可以得知，Job 输出文件可以按照 record 以 default 的方式进行压缩，其过程如下所示：

```
1.  # 是否启动文件输出压缩
2.  mapreduce.output.fileoutputformat.compress=true
3.  # 顺序文件输出可以使用的压缩类型
4.  mapreduce.output.fileoutputformat.compress.type=RECORD
5.  # 指定文件压缩类型
6.  mapreduce.output.fileoutputformat.compress.codec=org.apache.
    hadoop.io.compress.DefaultCodec
```

map 输出结果也以 default 进行压缩，如下所示：

```
1.  # 设置 map 端是否启用压缩
2.  mapred.map.output.compress=true
3.  # 设置压缩类型
4.  mapreduce.map.output.compress.codec=org.apache.hadoop.io.
    compress.DefaultCodec
```

对 Hive 输出结果和中间都进行压缩，如下所示：

```
1.  # 设置 Hive 执行结果是否启动压缩
2.  hive.exec.compress.output=true  // 默认值是 false，不压缩
3.  # 设置 Hive 执行中间过程是否启动压缩
4.  hive.exec.compress.intermediate=true  // 默认值是 false，为
                                          // true 时 MR 设置的压缩才启用
```

拓展阅读　大数据与云原生技术

在信息技术领域，传统的开发环境面临许多挑战，比如漫长的产品开发、测试和上线周期，以及不稳定的产品研发效能，这些挑战是企业 IT 领导者和开发人士所面临的核心问题。同时，在应用程序的部署过程中，软、硬件环境等基础设施的技术复杂性很大程度上束缚了开发人员对于业务实现的生产力，受制于数据库、数据中心、操作系统等传统架构的局限性，制定的业务解决方案需要不断妥协与折中，效能也可能大打折扣。

以容器、k8s、ServiceMesh、Severless 为代表的云原生技术将充分沿用云计算的设计理念，全面利用分布式、可拓展、灵活性的云计算架构，达到毫秒级别的极致弹性能力，从而应对业务突发场景。同时，基于云原生平台系统高度自动化的资源编排调度机制，实现应用的可拓展和易维护，通过微服务助力应用敏捷开发，进而大幅降低业务的试错成本，提升业务应用的部署和迭代速度。另一方面，云原生将网络、服务器、操作系统、业务流程等基础架构层高度抽象化，更高效地应用和管理异构硬件和异构环境下的各类云计算资源，向上支撑多种负载，包括大数据计算、区块链、人工智能等创新性的服务，高效解决部署一致性问题，并极大地降低云服务的使用门槛，让开发者只需关注业务逻辑本身并最大程度回归到应用程序的开发环节，专注于用户服务和商业价值的创造过程，从而帮助企业实现快速创新。

云原生将重塑 IT 技术的全链路体系，在开发、测试、上线、运维、监控和升级等环节中形成新的技术标准，通过技术生态推动整个云计算的标准化，使大规模、可复制的跨区域、跨平台和跨集群的部署能力成为可能，将更多敏捷、分布式、可扩展的技术红利带给企业和开发者。

小　　结

根据已有的理论基础，本章主要是通过对技术的性能认识，理解 Hadoop 性能调优的技术手段和 Hive 性能调优的技术手段。Hadoop 性能调优主要包括应用程序编码调优、作业级别参数调优、任务级别参数调优。Hive 性能调优主要包括 Hive 的压缩存储调优、表的调优、数据倾斜优化等内容。

习　　题

1. 在 HDFS 中，put 命令用于（　　）。
   A. 将文件从本地文件系统复制到 HDFS
   B. 将文件或者目录从本地文件系统复制到 HDFS
   C. 将文件从 HDFS 复制到本地文件系统
   D. 将文件或者目录从 HDFS 复制到本地文件系统

2. 在 Hadoop 中，下面（   ）是默认的 OutputFormat。
   A. SequenceFileOutputFormat   B. LazyOutputFormat
   C. DBOutputFormat   D. TextOutputFormat
3. 下面（   ）不是 Hadoop 的输入格式。
   A. ByteInputFormat   B. TextInputFormat
   C. SequenceFileInputFormat   D. KeyValueInputFormat
4. 在 MapReduce 中，下面（   ）数据流的顺序是正确的。
   a. InputFormat   b. Mapper
   c. Combiner   d. Reducer
   e. Partitioner   f. OutputFormat
   A. abcdfe   B. abecdf   C. acdefb   D. abcdef
5. 下面（   ）不属于 Reducer 阶段。
   A. Shuffle   B. Sort   C. Map   D. Reduce
6. Mapper 排序后的输出将作为下面哪个的输入？（   ）
   A. Reducer   B. Mapper   C. Shuffle
7. 如何禁用 Reduce 阶段？（   ）
   A. 设置 conf.setNumreduceTasks(0)
   B. 设置 job.setNumreduceTasks(0)
   C. 设置 job.setNumreduceTasks()=0
8. Shuffle 和 Sort 输出的 key 实现了下面哪个接口？（   ）
   A. Writable   B. WritableComparable
   C. Configurable   D. ComparableWritable
9. 在 MapReduce 编程时，如下阶段的顺序是（   ）。
   Partitioner   Mapper   Combiner   Shuffle/Sort
   A. Mapper Partitioner Shuffle/Sort Combiner
   B. Mapper Partitioner Combiner Shuffle/Sort
   C. Mapper Shuffle/Sort Combiner Partitione
   D. Mapper Combiner Partitioner Shuffle/Sort
10. 下面生成中间键值对的是（   ）。
    A. Reducer   B. Mapper
    C. Combiner   D. Partitioner

第7章

大数据的应用实例

笔记栏

前面 6 个章节针对大数据的数据存储和数据分析过程,并结合具体的项目实践,完成了该项目的实施。本章我们将学习一些大数据的存储分析的具体应用实例。

知识目标

掌握大数据应用的几个典型应用实例。

能力目标

- 了解 Hadoop 在 Last.fm 中的应用。

素质目标

培养读者作为未来大数据技术人员应当具备的职业道德、应该遵守的行业规范,坚守初心,牢记使命,爱岗敬业,诚实守信。

7.1 Hadoop 在 Last.fm 的应用

Last.fm 的创办是社会音乐史上的革命,其创办于 2002 年,是一个提供网络电台和网络音乐服务的社区网站,向用户提供很多服务,例如免费听音乐和音乐下载、音乐及重大事件推荐、个性化图表服务等。每个月大约有 2 500 万人使用 Last.fm,因而产生大量需要处理的数据。一个例子就是用户传输他们正在收听的音乐信息(也就是收藏"scrobbling")。Last.fm 处理并且存储这些数据,以便于用户可以直接访问这些数据(用图表的形式),并且可以利用这些数据来推断用户的个人音乐品味、喜好和喜爱的艺术家,然后用于寻找相似的音乐。

1. Hadoop 在 Last.fm 中的应用

随着 Last.fm 服务的发展,用户数目从数千增长到数百万,这时,存储、处理和管理这些用户数据渐渐变成一项挑战。幸运的是,当大家认识到 Hadoop 技术能解决众多问题之后,Hadoop 的性能迅速稳定下来,并被大家积极地运用。2006年初,Last.fm 开始使用 Hadoop,几个月之后便投入实际应用。Last.fm 使用 Hadoop 的理由归纳如下:

（1）分布式文件系统为它所存储的数据（例如，网志、用户收听音乐的数据）提供冗余备份服务而不增加额外的费用。

（2）可以方便地通过增添便宜、普通的硬件来满足可扩展性需求。当时 Last.fm 财力有限，Hadoop 是免费的。

（3）开源代码和活跃的社区团体意味着 Last.fm 能够自由地修改 Hadoop，从而增添一些自定义特性和补丁。

Hadoop 提供了一个弹性的、容易掌握的框架来进行分布式计算。

现在，Hadoop 已经成为 Last.fm 基础平台的关键组件，目前包括 2 个 Hadoop 集群，涉及 50 台计算机、300 个内核和 100 TB 的硬盘空间。在这些集群上，运行着数百种执行各种操作的日常作业，例如日志文件分析、A/B 测试评测、即时处理和图表生成。本节的例子将侧重于介绍产生图表的处理过程，因为这是 Last.fm 对 Hadoop 的第一个应用，它展示出 Hadoop 在处理大数据集时比其他方法具有更强的功能性和灵活性。

2. 用 Hadoop 产生图表

Last.fm 使用用户产生的音轨收听数据来生成许多不同类型的图表，例如针对每个国家或个人音轨数据的一周汇总图表。许多 Hadoop 程序处理收听数据和产生这些图表，它们可以以天、周或月为单位执行。图 7-1 展示了这些数据在网站上如何显示的一个例子，本例是音乐的周排行统计数据。

图 7-1　Last.fm 音乐排行统计图表

通常情况下，Last.fm 有两种收听信息。

（1）用户播放自己的音乐（例如，在 PC 或其他设备上听 MP3 文件），这种信息通过 Last.fm 的官方客户端应用或一种第三方应用（有上百种）发送到 Last.fm。

（2）用户收听 Last.fm 某个网络电台的节目，并在本地计算机上通过流技术缓冲一首歌。Last.fm 播放器或站点能被用来访问这些流数据，然后它能给用户提供一些额外的功能，比如允许用户对其收听的音频进行喜爱、跳过或禁止等操作。

在处理接收到的数据时，我们对它们进行分类：一类是用户提交的收听的音乐数据从，称为"scrobble"（收藏数据）；另一类是用户收听的 Last.fm 的电台数据称为"radio listen"（电台收听数据）。为了避免 Last.fm 的推荐系统出现信息反馈循环的问题，对数据源的区分是非常重要的，而 Last.fm 的推荐系统只使用 scrobble 数据。Last.fm 的 Hadoop 程序的一项重要任务就是接收这些收听数据，做统计并形成能够在 Last.fm 网站上进行显示和作为其他 Hadoop 程序输入的数据格式。这一过程是 Track Statistics（音轨统计）程序实现的，它就是在以下将描述的实例。

3. Track Statistics 程序

音乐收听信息被发送到 Last.fm 时，会经历验证和转换阶段，最终结果是一系列由空格分隔的文本文件，包含的信息有用户 ID（userId）、音乐（磁道）ID（trackId）、这首音乐被收藏的次数（Scrobble）、这首音乐在电台中收听的次数（Radio），以及被选择跳过的次数（Skip）。图 7-2 包含一些采样的收听数据，后面介绍的例子将用到这些数据，它是 Track Statistics 程序的输入（真实数据达 GB 数量级，并且具有更多的属性字段，为了方便介绍，这里省略了其他的字段）。

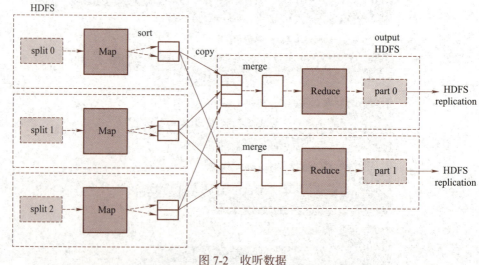

图 7-2 收听数据

这些文本文件作为初始输入提供给 Track Statistics 程序，它包括利用这个输入数据计算各种数据值的两个作业和一个用来合并结果的作业（见图 7-3）。

Unique Listeners 作业模块统计收听同一首音频的不同用户数，通过累计不同用户对该音频文件的第一次访问而忽略同一用户对这一文件的多次访问，即可得到该数值。Sum 作业模块通过对所有用户的所有收听信息进行计数来为每个音频统计收听总数、收藏总数、电台收听总数以及被跳过的总数。

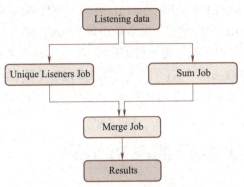

图 7-3　音频状态统计作业

尽管这两个作业模块的输入格式是相同的，我们仍然需要两个作业模块，因为 Unique Listeners 作业模块负责为每个用户对每个音频产生统计值，而 Sum 作业模块为每个音频产生统计值。最后 Merge 作业模块负责合并由这两个模块产生的中间输出数据，得到最终统计结果。运行这段程序的最终结果是对每个音频产生以下几项数值，即不同的听众数、音频的收藏次数、音频在电台中的点播次数、音频在电台中被收听的总次数和音频在电台广播中被跳过的次数。

计算不同的听众数：Unique Listeners 作业模块用于计算每个音频的不同收听用户数。

UniqueListenerMaper UniqueListenerMaper 程序处理用空格分隔的原始收听数据，然后对每个 track ID（音频 ID）产生相应的 user ID（用户 ID），其主要代码如下：

```
public void map(LongWritable position, Text rawLine, Output
Collector IntWritable> output, Reporter reporter) throws IOEx
ception { String[] parts=(rawLine.toString()).split(" ");
int scrobbles=
Integer.parseInt(parts[TrackStatisticsProgram.COL_SCROBBLES]);
int radioListens=
 Integer.parseInt(parts[TrackStatisticsProgram.COL_RADIO]);
 if (scrobbles<=0 && radioListens<=0) {
return;
}
IntWritable trackId=new IntWritable(
Integer.parseInt(parts[TrackStatisticsProgram.COL_TRACKID]));
IntWritable userId=new
```

```
IntWritable( Integer.parseInt(parts[TrackStatisticsProgram.
COL_USERID])); output.collect(trackId, userId);
}
```

从上述程序段中，我们可以分析出 UniqueListenersReducer UniqueListeners Reducer 接收到每个 track ID 对应的 user ID 数据列表之后，把这个列表放入 set 类型对象以消除重复的用户 ID 数据。然后输出每个 track ID 对应的这个集合的大小（不同用户数）。但是如果某个键对应的值太多，在 set 对象中存储所有的 reduce 值可能会有内存溢出的危险。实际上还没有出现过这个问题，但是为了避免这一问题，我们可以引入一个额外的 MapReduce 处理步骤来删除重复数据或使用辅助排序的方法。

7.2 几个大数据的应用实例

1. 大数据应用实例之教育业

在课堂上，数据不仅可以帮助改善教育教学，在重大教育决策制定和教育改革方面，大数据更有用武之地。在我国，尤其是北京、上海、广东等发达地区，大数据在教育领域就已有了非常多的应用，譬如慕课、在线课程、翻转课堂等，其中就应用了大量的大数据工具。另一方面，大数据还可以探索教育开支与学生学习成绩提升的关系、探索学生缺课与成绩的关系。

2. 大数据应用实例之交通运输业

科学的安排信号灯是一个复杂的系统工程，必须利用大数据计算平台才能计算出一个较为合理的方案。科学的信号灯安排将会提高 30% 左右已有道路的通行能力。机场的航班起降依靠大数据将会提高航班管理的效率，航空公司利用大数据可以提高上座率，降低运行成本。铁路利用大数据可以有效安排客运和货运列车，提高效率、降低成本。

3. 大数据应用实例之金融业

大数据在金融行业的应用可以总结为以下 3 个方面：精准营销——依据客户消费习惯、地理位置、消费时间进行推荐；风险管控——依据客户消费和现金流提供信用评级或融资支持，利用客户社交行为记录实施信用卡反欺诈；效率提升——利用金融行业全局数据了解业务运营薄弱点，利用大数据技术加快内部数据处理速度。

4. 大数据应用实例之零售业

将客户行为整理成数据，构建客户优选模型，根据客户价值、忠诚度对客户进行分群，定位和优选，找到准确的营销对象，解决"您的客户是谁"的问题。

分析客户特征、行为数据，构建产品推荐模型，搭建大数据智能推荐系统，精准推荐，解决"客户需要什么产品"的问题。建立商机预测模型，对客户购买可能性进行诊断，提供商机跟进建议，通过数据建模，为销售提供支持，解决"客户为什么购买您的产品"的问题。

7.3 项目实战：网络爬虫实验

本实验主要目的是爬取 www.dmoz.org 网站 Business 分类下所有的网站信息（标题、URL 和简介），并以 json 形式导出爬取的数据。

第 1 步：确定爬取内容。打开 http://www.dmoztools.net/ 网页，进入 Business 之后，不断单击子目录，直到进入最底层目录，如图 7-4 所示。

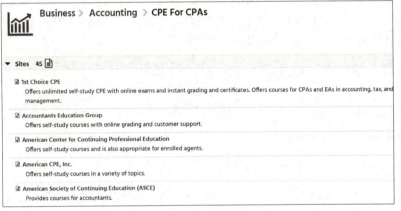

图 7-4 爬取页面

在 http://www.dmoztools.net/Business/Accounting/CPE_For_CPAs/ 页面，就有我们要爬取的数据，即标题、URL 和简介，因此可以确定 items.py。前 3 个就是标题、URL、简介，其中还加了一个 parent_url，它是网址的索引目录，不是它的网址，其代码如图 7-5 所示。

```python
import scrapy

class CurlieItem(scrapy.Item):
    # define the fields for your item here like:
    # name = scrapy.Field()
    name = scrapy.Field()
    introduction = scrapy.Field()
    url = scrapy.Field()
    parent_url = scrapy.Field()
```

图 7-5 items.py 代码

第 2 步：确定爬取内容的 xpathl 路径。用开发人员工具查看和确定 xpath，如图 7-6 所示。

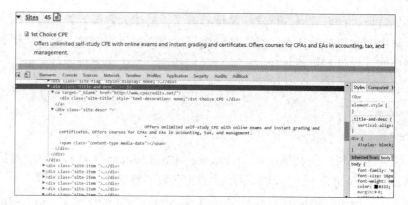

图 7-6　通过开发人员工具查看 xpath

从第一条数据的 class="title-and-desc" 的 div 中可以看到，URL 就是在这个 div 中的一个 a 标签下的 herf 属性，标题就是在此 div 下 a 标签中的一个 div 中的文本数据，所以这 3 个的 xpath 就是：

```
//div[@class='title-and-desc']/a/@href
//div[@class='title-and-desc'] /a/div/text()
//div[@class='title-and-desc']/div/text()
```

而 parent_url 的 xpath 是：

```
//head/meta[2]/@content
```

第 3 步：确定爬虫规则。确定 spider.py，爬虫规则代码如图 7-7 所示。

```
from curlie.items import CurlieItem
class MySpider(scrapy.Spider):
    #设置name
    name = "dmoz"
    #设定域名
    allowed_domains = ["www.dmoztools.net"]
    #填写爬取地址
    start_urls = ["http://www.dmoztools.net/Business/"]
    #编写爬取方法
    def parse(self, response):
        p_url=response.xpath(".//head/meta[2]/@content").extract()[0].replace(',','/').replace(' ','_')
        global next_url
        for box in response.xpath("//div[@class='section-wrapper']/section/div/div[@class='cat-item']"):
            item = CurlieItem()
            item['parent_url']=p_url
            item['url'] = "http://www.dmoztools.net" + box.xpath("a/@href").extract()[0]
            text = box.xpath("a/div/i/text()").extract_first()
            item['name'] = box.xpath("a/div/i[contains(./text(), text)]/following::text()[1]").extract()[0].strip()
            item['name'] = item['name'].replace(' ','_').replace('-n','n')
            url = "http://www.dmoztools.net/" + item['parent_url'] + "/" + item['name']
            next_url = ""
            if url in item['url']:
                next_url = item['url']
            if next_url == "":
                yield item
            else:
                yield scrapy.Request(next_url, callback=self.parse)
        for box in response.xpath('.//div[@class="title-and-desc"]'):
            item = CurlieItem()
            item['parent_url']=p_url
            item['url'] = box.xpath('.//a/@href').extract()[0]
            #获取div中的网站名
            item['name'] = box.xpath('.//a/div/text()').extract()[0].strip()
            #获取div中的网站介绍
            item['introduction'] = box.xpath('div/text()').extract()[0].strip()
            #返回信息
            yield item
```

图 7-7　爬虫规则代码

第 4 步：实验过程。在本地 cmd 窗口创建一个爬虫项目 scrapy startproject dmoz，用 pycharm 打开，爬虫结构如图 7-8 所示。

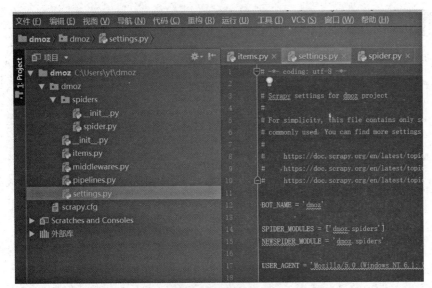

图 7-8　爬虫结构图

将 items.py 和 spider.py 写好，将 settings.py 里的 # DOWNLOAD_DELAY=3 的注释去掉，添加一个爬取时间间隔。在本地爬虫目录下，按住【Shift】键右击，在此处打开命令窗口，在窗口中输入 scrapy crawl dmoz，爬虫运行成功，在爬虫 dmoz 目录下，运行 scrapy crawl dmoz -o items.json -t json 来生成 json 文件，其结果如图 7-9 所示。

图 7-9　数据爬取结果

拓展阅读　大数据发展的新趋势

如何激活数据价值，真正从大数据中"淘金"，是大数据发展的重中之重。如今，以人工智能、大数据、云计算、物联网为代表的智能化技术，正逐渐成为各行各业发展的新驱动力。值得强调的是，在企业组织中，越来越多的机构开始重视大数据的重要性。据相关部门统计，大数据以及相关领域在 2023 年将达到 103 亿美元以上，显然大数据已经成为数字世界中活跃的分子。

第一，数据融合与数据价值挖掘。数据融合对于数据价值挖掘来说，具有重要的意义。数据融合的利用需要标准规范先行，实现数据可见性、数据易理解性、数据可链接性、数据可信性、数据互操作性、数据安全性。数据挖掘和 AI 分析需要面对海量处理能力、云边端协同、建模、人与数据融合、数据自身安全、隐私与商密保护等挑战，需要从基础理论与工程实践多方面研究数据要素价值挖掘的问题，开发出更多的大数据和 AI 分析技术。

第二，知识图谱与决策智能。随着大数据的发展，企业和公共机构越来越需要将不同的数据进行有效链接，从而形成新的动态知识，以辅助企业和公共机构的决策。这就需要运用图数据库、图计算引擎和知识图谱。而知识图谱是图数据库和图计算引擎的重要应用场景。根据 DB-Engines 排名分析，图数据库关注热度在 2013 年到 2020 年间增长了 10 倍，远远高于其他数据库或数据引擎。其中，用户画像和信用档案则是知识图谱的新应用场景。

目前，国内众多大型云厂商以及一些初创企业都在布局图数据库、图计算引擎和知识图谱，特别是知识图谱已经开始深入应用到金融、工业、能源等多个行业和领域，成为企业决策的重要技术平台与工具。

第三，数据处理实现"自治与自我进化"。随着云计算的发展、数据规模持续指数级增长，传统数据处理面临存储成本高、集群管理复杂、计算任务多样性等巨大挑战；面对海量暴增的数据规模以及复杂多元的处理场景，人工管理和系统调优捉襟见肘。因此，通过智能化方法实现数据管理系统的自动优化成为未来数据处理发展的必然选择。人工智能和机器学习手段逐渐被广泛应用于智能化的冷热数据分层、异常检测、智能建模、资源调动、参数调优、压测生成、索引推荐等领域，有效降低数据计算、处理、存储、运维的管理成本，实现数据管理系统的"自治与自我进化"。

数据管理系统一直以来是企业 IT 架构的重要组成部分，随着物联网、云计算技术的深入发展和开源生态的不断完善，传统数据管理的局限性日益凸显，存储容量有限导致公司无法长时间存储和管理海量数据集，元数据来源广泛、种类繁多，具有多源、异构的特点，这使其在管理上面临数据汇聚、集成、存储和检索成本高的问题；另一方面，计算资源匮乏，缺乏统一管理接口和大数据处理环境所需的可伸缩、可拓展的灵活性和高效性。数据管理系统需要承担更加复杂的多租户、多任务下的执行工作，人工手动管理和运维再也无法有效应对海量多源异构的数据规模和丰富复杂的数据处理场景带来的问题和挑战。

传统模式下，系统超载、资源消耗过剩不仅会影响到其他正常运行的系统作业，而且需要大量的人力资源进行系统排查和纠正，难以确保系统有效率的运行状态。因此，通过智能化方式实现数据管理系统的升级优化将成为未来数据计算与处理的必然趋势。将系统技术与人工智能技术相结合，利用机器学习算法在数据仓库与数据库系统管理、资源调度、引擎优化、压测生成等各个方面进行数据系统的自我管理，人工智能将充分嵌入到数据处理的整个生命周期，帮助提高数据查询的效率，提升整体资源调度的优化性。

同时，系统技术也将更多地辅助人工智能的深度发展，在大规模多样化数据集上进行高效的数据挖掘和机器学习优化分析的模型选择、元参数搜索、自动化的元数据学习、非结构化数据与结构化数据融合处理等工作，从而帮助系统变得更加智能、安全和可靠。

大数据时代，技术的更新换代更加迅速，这也是时代发展的必然，而大数据正在加速渗透到我们的日常生活中，从衣食住行各个层面均有体现。大数据时代，一切皆可量化，一切皆可分析。

小　　结

本章主要通过具体案例介绍了大数据应用的典型应用实例。例如，Hadoop 在 Last.fm 中的应用。与此同时，本章也介绍了大数据技术在电视媒体、社交网络、医疗、体育、汽车制造、零售业以及音乐等各方面的应用。

习　　题

1. 下列对大数据特点的说法中，错误的是（　　）。
   A. 数据规模大　　　　　　　　　B. 数据类型多
   C. 处理速度快　　　　　　　　　D. 价值密度高
2. 当前社会中，最为突出的大数据环境是（　　）。
   A. 互联网　　　　　　　　　　　B. 自然环境
   C. 综合国力　　　　　　　　　　D. 物联网
3. 在数据生命周期管理实践中，（　　）是执行方法。
   A. 数据存储和备份规范　　　　　B. 数据管理和维护
   C. 数据价值挖掘和利用　　　　　D. 数据应用开发和管理
4. 下列关于聚类挖掘技术的说法中，错误的是（　　）。
   A. 不预先设定数据归类类目，完全根据数据本身性质将数据聚合成不同类别
   B. 要求同类数据的内容相似度尽可能小

C. 要求不同类数据的内容相似度尽可能小

D. 与分类挖掘技术相似的是，都是要对数据进行分类处理

5. 下列国家的大数据发展行动中，集中体现"重视基础先行"的国家是（　　）。

　　A. 美国　　　　　　　B. 中国　　　　　　C. 日本　　　　　　D. 韩国

6. 数据仓库的最终目的是（　　）。

　　A. 开发数据仓库的应用分析

　　B. 收集业务需求

　　C. 建立数据仓库逻辑模型

　　D. 为用户和业务部门提供决策支持

7. 信息时代的三大定律不包括（　　）。

　　A. 牛顿定理　　　　　　　　　　　B. 摩尔定律

　　C. 麦特卡尔夫定律　　　　　　　　D. 吉尔德定律

8. 关于大数据在社会综合治理中的作用，以下描述不正确的是（　　）。

　　A. 大数据的运用有利于走群众路线

　　B. 大数据的运用能够维护社会治安

　　C. 大数据的运用能杜绝抗生素的滥用

　　D. 大数据的运用能够加强交通管理

9. 大数据的利用过程是（　　）。

　　A. 采集—挖掘—清洗—统计　　　　B. 采集—统计—清洗—挖掘

　　C. 采集—清洗—挖掘—统计　　　　D. 采集—清洗—统计—挖掘

10. 大数据的本质是（　　）。

　　A. 洞察　　　　　　B. 采集　　　　　　C. 统计　　　　　　D. 联系